DUMONT

Und es vererbt sich doch…

Das Humangenom ist entschlüsselt, doch es enthält bei Weitem nicht so viele Informationen wie erwartet. Eine zweite Ebene jenseits der Gene ist in den Fokus der Wissenschaft gerückt: die Epigenetik. Neben der Sequenz der DNA, aber in engster Verbindung mit ihr, existiert eine zweite, ja eine dritte und vierte Ebene der Information. Diese epigenetischen Programmierungen können ganze Chromosomen an- und abschalten. Sie sind es, die der Klaviatur der Gene die komplexe und unendlich vielfältige Musik des Lebens entlocken.

Zudem erfüllen sie eine Schanierfunktion zwischen Umwelt und Genom, als eine Art *Missing Link,* das die alte Debatte über die Bedeutung von Genen und Umwelt in eine neue Phase eintreten lässt. Besondere Brisanz erhalten die Erkenntnisse der Epigenetik durch die absehbaren Konsequenzen für Medizin und Evolutionsbiologie. Epigenetische Programmierfehler scheinen bei der Entstehung von Krebs eine entscheidende Rolle zu spielen. Ergeben sich daraus neue Möglichkeiten der Früherkennung und Therapie? Wie entstehen Schizophrenie und Depression? Oder auch: Wie entstehen die Variationen der Arten, eine der wichtigsten Voraussetzungen für den evolutionären Wandel, und wie werden sie vererbt?

Spannend und kompetent schildert Bernhard Kegel die weitreichenden Konsequenzen der Epigenetik. Wir werden Zeugen eines dramatischen Paradigmenwechsels in der Biologie.

»Bernhard Kegel macht die Forschungen zum Zellinnern so durchsichtig, dass auch Laien sie verstehen.« *SPIEGEL ONLINE*

Bernhard Kegel, geboren 1953 in Berlin, studierte Chemie und Biologie an der Freien Universität Berlin, danach Forschungstätigkeit, Arbeit als ökologischer Gutachter und Lehrbeauftragter. Seit 1993 veröffentlichte Bernhard Kegel mehrere Romane und Sachbücher, zuletzt erschienen bei DuMont ›Die Herrscher der Welt. Wie Bakterien unser Leben bestimmen‹ (2015) sowie ›Tiere in der Stadt. Eine Naturgeschichte‹ und ›Die Ameise als Tramp. Von biologischen Invasionen‹ (beide 2013). Bernhard Kegels Bücher wurden mit mehreren Publizistikpreisen ausgezeichnet. Er lebt als freier Autor und Wissenschaftspublizist in Berlin.

Bernhard Kegel

Epigenetik

Wie unsere Erfahrungen vererbt werden

DUMONT

Von Bernhard Kegel sind bei DuMont außerdem erschienen:

Die Ameise als Tramp
Tiere in der Stadt
Die Herrscher der Welt
Ausgestorben, um zu bleiben
Die Natur der Zukunft
Ausgestorbene Tiere
Mit Pflanzen die Welt retten

Das bei der Produktion dieses Buches entstandene CO_2 wurde durch die Finanzierung von Klimaschutzprojekten kompensiert: climate-id.com/17531-2110-1001/de

8. Auflage 2024
DuMont Buchverlag, Köln
Alle Rechte vorbehalten
© 2009 DuMont Buchverlag, Köln
Umschlaggestaltung: Lübbeke Naumann Thoben, Köln
Umschlagabbildung: © plainpicture/Bildhuset
Gesetzt aus der DTL Documenta
Gedruckt auf säurefreiem und chlorfrei gebleichtem Papier
Druck und Verarbeitung: CPI books GmbH, Leck
Printed in Germany
ISBN 978-3-8321-6318-1

www.dumont-buchverlag.de

Inhalt

»Es ist heutzutage anerkannt, dass genetische DNA
per se nur die Hälfte der Geschichte ist.«
Linda Van Speybroeck, Ghent University, Belgien[1]

»Das ändert alles. Es verändert definitiv
meine Vorstellung von Vererbung.«
Robert Pruitt, Purdue University, West Lafayette, Indiana, USA[2]

»Ich glaube, es ist Zeit für die Leute, tief Luft zu holen
und einen Schritt zurückzutreten.«
John Mattick, University of Queensland, Brisbane, Australia, ENCODE[3]

1. Die Menschen aus Överkalix

Weit oben im Norden Europas, am Ende des langen Bottnischen Meerbusens, liegt die schwedische Provinz Norrbotten. Vermutlich könnte unsere Auftaktgeschichte überall in der Welt spielen, aber hier, zwischen Lappland und Finnland, nur wenige Kilometer südlich des Polarkreises, inmitten von Wäldern, Feuchtgebieten und Seen ist man ihr durch glückliche Umstände auf die Spur gekommen.

Für mitteleuropäische Verhältnisse ist Norrbotten ein nahezu menschenleeres Gebiet, in dem nur sieben Einwohner pro Quadratkilometer leben. In der kleinen Gemeinde Överkalix sind es noch weniger. Forstwirtschaft und ein wachsender Fremdenverkehr bieten den Menschen Arbeitsplätze, aber der Wohlstand von heute, die hübschen, bunt bemalten Holzhäuser und -kirchen und sogar ein prächtiges Hotel, das Grand Arctic, das in malerischer Lage am Zusammenfluss von Kalix und Ängesån steht, können nicht darüber hinwegtäuschen, dass das Leben in Överkalix über lange Zeit hart und entbehrungsreich gewesen sein muss. Die Jahresmitteltemperatur liegt bei 1,3 Grad C, von Ende Oktober bis April herrscht Frost, im Januar und Februar erreicht das Thermometer durchschnittlich −11,5 Grad C, von den wenigen Stunden Tageslicht gar nicht zu reden. Das ganze 19. Jahrhundert hindurch war Överkalix eine weit abgelegene, isolierte und verarmte Gemeinde, die häufig mit Missernten zu kämpfen hatte.

Die Geschichte, die aus Överkalix zu erzählen ist, hat mit Nahrung zu tun, genauer gesagt mit einem Zuviel oder Zuwenig an Nahrung. Was wir essen, ist Privatsache und kommt nur uns selbst zugute. Denken wir zumindest. Wer sich ausreichend und gesund ernährt oder ernähren kann, profitiert davon. Wer Hunger leiden muss oder sich überfrisst, wer zu viel Fett oder Süßes zu sich nimmt, wer säuft und raucht, hat die gesundheitlichen Folgen selbst zu tragen. Die einzige Ausnahme sind Schwangere und stillende Mütter. Sie sind nicht nur für sich, sondern auch für ihre Kinder verantwortlich.

Was aber wäre, wenn Ähnliches für alle Menschen gelten würde, ob Mann oder Frau, wenn der Glaube, Qualität und Quantität unserer Nahrung habe nur Konsequenzen für uns selbst, auf Sand gebaut wäre, wenn das, was wir zu uns nehmen, nicht nur Folgen für uns und unsere Kinder, sondern sogar für unsere Enkel hätte? Mit welchem Gefühl würden wir dann die Pommes in die Mayonnaise tunken?

Normalerweise hatten Menschen, die vor 100 oder 150 Jahren im äußersten Norden Europas das Licht der Welt erblickten, kaum Chancen, in die Historie einzugehen. Dem Jahrgang 1905 ist dies jedoch in gewisser Weise gelungen, denn die Hälfte der 199 Menschen, die in diesem Jahr in der Gemeinde Överkalix geboren wurden, gelangte posthum in eine Zufallsstichprobe der Sozialmediziner Lars Olov Bygren und Gunnar Kaati, die Erstaunliches zutage förderte und weit über Norrbotten hinaus Aufmerksamkeit erregte.[1] Zwei dieser Menschen lebten Ende des 20. Jahrhunderts noch, drei hatten sich schon mit Anfang zwanzig in die weite Welt verabschiedet und blieben unauffindbar. Der Rest der Stichprobe, 94 Söhne und Töchter von Överkalix, hatten hier ihr ganzes Leben verbracht, waren hier gestorben und hinterließen im Bevölkerungsregister der an der Universität Umeå archivierten demografischen Datenbank einen Sterbeeintrag samt Todesursache.

Lars Olov Bygren und Gunnar Kaati interessierten sich ursprünglich für den Zusammenhang zwischen der Ernährung von Kindern und Jugendlichen und ihrem Risiko, später an Herz-Kreislauf-Erkrankungen zu sterben. Mit lebenden Menschen wäre eine solche Untersuchung nahezu unmöglich, zumal wenn man auch die nächste und übernächste Generation im Blick hat. Sie würde Jahrzehnte dauern und wäre zudem ethisch äußerst fragwürdig. Wenn Menschen hungern, sollte man ihnen zu essen geben, anstatt ihrem Leiden tatenlos zuzusehen und abzuwarten, wann und an welchen Krankheiten sie zugrunde gehen.

Die seit 200 Jahren geführten Gemeinderegister ermöglichen es aber, diesen Zusammenhang an historischen Datensätzen zu untersuchen. Dabei kam Bygren und Kaati der Umstand zu Hilfe, dass in Schweden seit 1799 auf Anordnung des Königs auch über Ernteerfolg und Lebensmittelpreise genau Buch geführt wird. Da es im 19. Jahrhundert in der Gegend weder Eisenbahnen noch Straßen gab und im Winter durch das Zufrieren der Ostsee auch der Seeweg versperrt war, mussten die Bewohner von Överkalix nahezu ausschließlich mit den vor Ort auf schlechten Böden und mit einfachen Methoden produzierten Nahrungsmitteln auskommen. Die jährlichen Ernteerträge waren also ein recht gutes Maß für den jeweiligen Ernährungszustand der dort lebenden Bevölkerung.

Die Frage war: Hat das, was Mama und Papa und Oma und Opa in jungen Jahren erfahren und erlitten haben, einen Einfluss auf Lebenserwartung und Todesursache ihrer Kinder und Enkel? Mithilfe von Sören Edvinsson, der für die demografische Datenbank der Universität Umeå arbeitete, gelang es Bygren und Kaati, die Geburts- und Todesdaten fast aller Eltern und Großeltern des 1905er-Geburtenjahrgangs ausfindig zu machen. Nun musste deren Leben nur noch mit den jeweils vorhandenen Nahrungsmittelmengen in Beziehung gesetzt werden.

Ein Blick in die Erntestatistik lässt erahnen, was die Vorfahren durchmachen mussten. Natürlich gab es auch gute und sehr gute Jahre, 1822 zum Beispiel, 1825 und 1826, auch 1828, 1841 und 1844. Aber darauf folgten, wie 1821, 1829 und 1851, immer wieder Totalausfälle. In einem Jahr gab es nicht genug Saatgut. In einem anderen zogen während des Schwedisch-Russischen Krieges zwei Armeen durch das Land und beschlagnahmten alles Essbare. Besonders hart müssen die Dreißigerjahre gewesen sein, denn von 1831 bis 1837 konnte in Överkalix praktisch keine Ernte eingebracht werden. Die Not war groß.

Die Forscher unterteilten die Kindheit der Eltern und Großeltern in mehrere Perioden (für Jungen 0–2, 3–8, 9–12, 13–16 Jahre, für Mädchen 0–2, 3–7, 8–10, 11–15 Jahre) und untersuchten, ob in diese Perioden mindestens ein Jahr mit besonders guter oder schlechter Ernte fiel. Dann setzen sie die Ergebnisse in Bezug zum Lebensalter, das deren Kinder bzw. Kindeskinder erreichten.

In fast allen Fällen führte die Rechnung zu keinem signifikanten Zusammenhang. Gleichgültig, ob die Eltern im Kindesalter viel oder wenig zu essen hatten, ein Einfluss auf die Lebenserwartung ihrer im Jahr 1905 geborenen Nachkommen war nicht nachweisbar.[2] Die Nahrungsmittelversorgung während der Kindheit von Großmutter und Großvater mütterlicherseits hatte ebenfalls keine erkennbaren Konsequenzen für die Enkel. Auch die Oma väterlicherseits hatte keinen Einfluss. Natürlich nicht, ist man versucht zu sagen. War die Fragestellung nicht von vornherein an den Haaren herbeigezogen?

War sie nicht. Denn als die Wissenschaftler als letzte noch zu berücksichtigende Größe die Kindheitserfahrungen der Großväter väterlicherseits in ihre Rechnung mit einbezogen, schalteten plötzlich alle Lämpchen auf Rot. Der Zusammenhang, der sich hier und nur hier auftat, war nicht nur statistisch hoch signifikant, er war genau entgegengesetzt zu dem, was man intuitiv erwarten würde, und noch dazu von einer erstaunlichen Dimension. Nicht das Hungern des Großvaters, sondern im Gegenteil ein von ihm vermutlich mit Freude und ohne jeden Reuegedanken konsumierter Nahrungsüberfluss verkürzte das Leben seiner

Enkel um viele kostbare Jahre. Dagegen erhöhte sich deren Lebenserwartung in etwa demselben Maß, wenn Großvater Not leiden musste. Für die Generation der Enkel ging es dabei nicht nur um ein paar Wochen oder Monate. Zwischen den Extremen lagen 32 Jahre, nicht weniger als ein halbes Menschenleben.

Nun kamen die Kindheitsperioden ins Spiel. Denn der erstaunliche Zusammenhang, auf den die schwedischen Forscher gestoßen waren, galt nicht für die gesamte Kindheit der Großväter, sondern nur, wenn Nahrungsmangel oder -überfluss im Alter von 9 bis 12 Jahren herrschte, der sogenannten *slow growth period*, einer Art Stagnationsphase im Leben heranwachsender Jugendlicher, bevor sie als präpubertierende Teenager in die Höhe schießen. Davor und danach blieben Hunger oder Völlerei der jungen Großväter ohne Konsequenzen für die Lebenserwartung kommender Generationen. Das Gleiche galt übrigens, wenn die Ernten während der *slow growth period* des Opas nur durchschnittlich ausgefallen waren. Offenbar machten die Extreme den Unterschied, das Zuviel oder Zuwenig an Nahrung. Wenn man sich seinen Großvater doch nur aussuchen könnte...

Die Ende der 1990er-Jahre gewonnenen Ergebnisse[3] waren statistisch abgesichert, trotzdem blieb vieles an dieser Studie unbefriedigend, vor allem die, wie die Autoren selbst einräumten, »bedauerlich geringe« Zahl an Versuchspersonen. Deren eigene Lebensführung blieb völlig unberücksichtigt. Die getestete Sterblichkeit ist zudem ein sehr unspezifischer Parameter, der von zahllosen Einflussfaktoren bestimmt wird. Detailliertere Aussagen ließ die geringe Stichprobengröße aber nicht zu. Die 94 Männer und Frauen des Jahrgangs 1905 aus Överkalix waren einfach zu wenig.

Nur ein Jahr nach ihrer ersten Untersuchung publizierten die schwedischen Forscher jedoch eine zweite Studie.[4] Schon der Titel, in dem es um konkrete Todesursachen ging, machte deutlich, dass Bygren, Kaati und Edvinsson ihrem Ziel näher gekommen waren. Die Datengrundlage hatte sich entscheidend verbessert.

Diesmal waren drei Geburtenjahrgänge aus Överkalix in die Rechnung eingeflossen, die jeweils 15 Jahre auseinanderlagen. Zu dem Jahrgang 1905 kamen die etwa gleich starken Jahrgänge 1890 und 1920. Nachdem man wieder alle Personen aus den Stichproben gestrichen hatte, die noch lebten, deren Todesursache unbekannt war, die das Land mit unbekanntem Ziel verlassen hatten oder bei denen die Geburts- und Sterbedaten von Eltern und Großeltern nicht ausfindig gemacht werden konnten, blieben 239 Probanden übrig. Da zu jeder Versuchsperson sechs Vorfahren gehörten (die Eltern der Probanden und die Großeltern väterlicher- und mütterlicherseits), flossen die Daten von 1.434 Vorfahren mit ein.

Die verblüffende Bedeutung der Großväter väterlicherseits bestätigte sich auch diesmal, allerdings nur für den Jahrgang 1890, nicht für diejenigen, die 30 Jahre später im Jahr 1920 geboren wurden. Vermutlich wirkt sich bei diesem späten Geburtstermin bereits aus, dass Missernten gegen Ende des 19. Jahrhunderts nicht mehr die katastrophalen Auswirkungen früherer Zeiten erreichten. Das Krisenmanagement der Gemeinden war effektiver geworden, und langsam verbesserte sich auch die Infrastruktur.

Für 123 der Versuchspersonen gaben die Gemeinderegister zumindest als eine der Todesursachen Erkrankungen des Herz-Kreislauf-Systems an. Bei 19 spielte Diabetes eine Rolle. Gab es einen Zusammenhang zwischen diesen Todesursachen und der Ernährung der Eltern und Großeltern?

Getestet wurde nur die offenbar besonders sensible *slow growth period* der Vorfahren. Wieder lieferten die Großväter die signifikantesten Resultate. Boten ihnen gute Ernten in Kindertagen die Gelegenheit zu üppiger Schlemmerei, hatten ihre Enkel ein um das Vierfache vergrößertes Risiko, an Diabetes zu sterben. Bei den Herz-Kreislauf-Erkrankungen waren es die Väter, die ihren Kindern eine ernährungsbedingte Mitgift mit auf den Lebensweg gaben. Hatten sie schlechte Zeiten durchgemacht, waren ihre Kinder vor diesen lebensbedrohlichen Krankheiten relativ sicher.

Die schwedischen Forscher befragten ihren Datensatz noch unter einem weiteren Aspekt. Die Familien in Överkalix hatten erstaunlich viele Kinder, im Durchschnitt waren es sieben. In einem Viertel der Familien lebten mehr als zehn. Stand auch die Zahl der Enkel in einem Zusammenhang mit der Kindheit der Großväter? Wieder ergab sich ein signifikantes Ergebnis. Hatte der väterliche Großpapa reichlich zu essen, fiel die Kinderschar seiner Söhne deutlich kleiner aus (−0,66), musste er hungern, vergrößerte sich die Zahl seiner Enkel.

Was ging hier vor? Wie war die herausragende Bedeutung des Großvaters väterlicherseits zu erklären? Sein Pendant auf mütterlicher Seite konnte essen oder hungern, so viel er wollte, für die Enkelkinder war das ohne Bedeutung. Wie war es möglich, dass Erfahrungen des einen Großvaters auf irgendeine Weise gespeichert wurden, um dann die Generation seiner Kinder zu überspringen und sich erst bei seinen Enkeln auszuwirken, während beim anderen Großvater nichts dergleichen zu beobachten war? Was hier auch geschah, es schien in besonderem Maße die väterliche Abstammungslinie zu betreffen. Die Weitergabe musste über die Spermien erfolgen.

Die zweite Studie von Kaati, Bygren und Edvinsson war im angesehenen *European Journal of Human Genetics* erschienen, einer Zeitschrift, die offenbar auch von Wissenschaftsredakteuren gelesen wird. Der *Spiegel* brachte ein kurzes Interview mit Gunnar Kaati, auch die *Zeit* widmete sich dem Thema. Aber der Ton war ungläubig, fast spöttisch. »Feist, Opa!«, titelte die *Zeit*[5] und witzelte: »Es ist nicht auszudenken, wie sich unser Verhältnis zu den Ahnen verändern wird, sollte der Schwede Gunnar Kaati recht behalten. Jeden in jungen Jahren verputzten Hamburger würden wir dem Opa posthum verübeln. Und lebte der Alte noch, könnte das einen wahren Generationenkrieg auslösen.« »Das klingt alles sehr gewagt«, kommentierte der *Spiegel*[6]. Es ging ja nur um Statistiken. Und denen glaubt man bekanntlich nur, wenn man sie selbst gefälscht hat.

Marcus Pembrey vom University College London kannte das. Der Genetiker beschäftigte sich seit Längerem mit solchen generationsübergreifenden Effekten, die der Genetik Hohn zu sprechen schienen. »Sie können die Resultate einfach nicht glauben«, sagte er und meinte die wissenschaftlichen Fachzeitschriften, die derartigen Untersuchungen grundsätzlich skeptisch bis ablehnend gegenüberstünden.[7] Kann nicht sein, was nicht sein darf?

Immer wieder fiel ein Name: Jean-Baptiste de Lamarck. Und wie schon unzählige Male zuvor wurde das umfangreiche Lebenswerk des französischen Zoologen wieder auf das berühmt-berüchtigte Giraffen-Beispiel verkürzt. In Lamarcks dreibändiger *Philosophie zoologique* (1809) nimmt es zwar nur einen kurzen Absatz ein, trotzdem sind diese wenigen Zeilen und der Name ihres Verfassers zu einem Symbol für Wissenschaft geworden, die sich in falsche, ja abwegige Vorstellungen verrennt. Nach Lamarck, berichteten *Spiegel* und *Zeit* fast gleichlautend, habe nicht die 50 Jahre später von Darwin inthronisierte natürliche Auslese zum langen Hals der afrikanischen Savannenbewohner geführt, sondern deren lebenslanger, fast Mitleid erregender Versuch, sich zu dem verführerisch unberührten Laub der Baumkronen zu strecken, was den Kopf jeder Giraffengeneration eine Winzigkeit in die Höhe beförderte.

In den Ohren von uns Heutigen, die wir mit Darwins Lehre aufgewachsen sind, kann diese Theorie nur lächerlich klingen, ein schon lange überwundener Irrweg. Wer 200 Jahre nach Lamarck noch immer eine Vererbung von Eigenschaften für möglich hält, die zu Lebzeiten erworben wurden, und aus dieser Richtung am Thron des großen Engländers zu rütteln wagt, der bekommt den geballten Zorn des wissenschaftlichen Establishments zu spüren. Nach gängiger Lehrmeinung konnte Großvaters in guten Överkalix-Kinderzeiten angefutterte Fettschicht unmöglich für den frühen Diabetes-Tod seiner Enkel verantwortlich sein. Ein Individuum, ob Mensch oder Tier, mag im Laufe seines Lebens viele bemerkenswerte Fähigkeiten erwerben, es mag gute und katastrophal schlechte Zeiten durchleben, der Weg zu den Genen in Spermien und Eizellen und damit zu kommenden Generationen bleibt diesen Einflüssen in jedem Fall versperrt. Basta.

»An Lamarck haben wir überhaupt nicht gedacht«, beteuerte Gunnar Kaati im *Spiegel*-Interview.[8] »Aber in der Tat müssen wir wohl davon ausgehen, dass bei der Vererbung noch viele unentdeckte Faktoren eine Rolle spielen. Ich frage mich zum Beispiel, was es für zukünftige Generationen bedeutet, wenn zurzeit eine ganze Generation übergewichtiger Kinder heranwächst.«

Marcus Pembrey meldete sich zu Wort und ergriff im *European Journal of Human Genetics* Partei. Es sei endlich an der Zeit, Ergebnisse, wie sie die schwedischen Forscher erarbeitet hätten, ernst zu nehmen. Die Daten aus Överkalix seien ein Glücksfall für die Wissenschaft. Die Schweden hätten kein statistisches Trugbild, sondern ein reales Phänomen entdeckt: einen »nahrungsinduzierten, durch die Spermien weitergegebenen transgenerationalen Effekt«. Pembrey legte dar, dass im kindlichen Hoden schon im Alter von acht Jahren die ersten primären Spermatozyten auftauchten, Vorläuferzellen der Spermien, deren Zahl in den Folgejahren auf dem Weg in die Pubertät stark zunehme. Die *slow growth period*, die sich in den schwedischen Untersuchungen als besonders wichtig herausgestellt habe, falle daher mit einer sensiblen Frühphase der Spermienbildung zusammen, mithin »genau der Art von dynamischem Zustand, in dem ein nahrungsmittelempfindlicher Mechanismus operieren könnte. (...) Wir brauchen eine unabhängige Bestätigung, aber diese Beobachtungen sollten zukünftigen Fragen völlig neue Richtungen geben«.[9]

Vier Jahre vergingen ohne neue Nachrichten aus Överkalix, dann meldeten sich Bygren, Kaati und Edvinsson zurück, diesmal in Kooperation mit Marcus Pembrey und einem Autorenteam aus Großbritannien.[10] Die Engländer brachten den riesigen Datensatz ihrer *Avon Longitudinal Study of Parents and Children* (ALSPAC) ein, einer bis heute andauernden Langzeituntersuchung an über 14.000 Kindern, die 1991 und 1992 in der Nähe von Bristol geboren wurden, an deren Müttern und einem Großteil der Väter.[11]

War es möglich, ähnliche transgenerationale Zusammenhänge, wie sie in Schweden gefunden wurden, auch an lebenden Menschen zu entdecken? Würde es gelingen, Einflussfaktoren dingfest zu machen, die während der *slow growth period* der Eltern einwirkten und zu Effekten bei den Kindern führten?

Da die Nahrungsmittelversorgung in einer Industrienation wie Großbritannien heute keine jährlichen Schwankungen mehr aufweist, waren Pembrey und seine schwedischen Kollegen gezwungen, sich nach anderen Einflüssen umzusehen. Die Lösung steckte in fast 10.000 Fragebögen, die den Vätern der englischen ALSPAC-Babys vorgelegt worden waren. Unter anderem wurde darin gefragt, ob die Probanden jemals geraucht hätten. Mehr als die Hälfte der Väter beantwortete die Frage positiv, und fast alle konnten sich auch erinnern, wann sie zu regelmäßigen Rauchern geworden waren. Das am häufigsten genannte Alter war

16, aber 166 Väter berichteten, schon mit elf Jahren oder noch früher regelmäßig zur Zigarette gegriffen zu haben. Zu Beginn ihrer Raucherkarriere befanden sie sich damit noch in ihrer *slow growth period.*

Als die Forscher das Rauchverhalten der Väter mit dem sogenannten Body-Mass-Index[12] der in regelmäßigen Abständen untersuchten Kinder in Beziehung setzten, erhielten sie genau das, wonach sie gesucht hatten. Denn im Alter von neun Jahren waren nur die Söhne der schon als Kinder rauchenden Väter deutlich übergewichtig. Bei den Töchtern war dieser Effekt nicht zu erkennen, und auch die Jungen, deren Väter erst später und damit nach dem Ende ihrer *slow growth period* mit dem Rauchen begannen, zeigten keine Auffälligkeiten.

Das war ein wohltuender Rückenwind für die Forscher aus Umeå. Wieder war man auf einen geschlechtsspezifischen Effekt gestoßen, der sich erst in einer nachfolgenden Generation zeigte und mit der *slow growth period* der Väter zu tun hatte, diesmal allerdings in einer Population lebender Menschen und ohne Zuhilfenahme von historischen Daten, die nur indirekt über die während der Kindheit wirksamen Einflüsse Auskunft gaben. Das Netz an Indizien zog sich langsam zusammen, denn es gab auch überaus interessante Neuigkeiten aus Överkalix.

Die statistischen Auswertungsmethoden waren erheblich verfeinert worden, und nun richtete sich das Augenmerk vor allem auf die geschlechtsspezifischen Effekte. Wenn sich das frühe Rauchen der englischen Väter nur auf die Jungen auswirkte, wie verhielt es sich dann mit den schlemmenden oder hungernden Großvätern aus Överkalix?

Bisher hatten die schwedischen Forscher bei den drei Geburtsjahrgängen nicht nach Frauen und Männern unterschieden. Doch gerade durch diese Unterscheidung nach Geschlecht erhielten die Ergebnisse eine verblüffende, bisher verborgen gebliebene Dimension. Denn nun zeigte sich, dass nicht nur die Nahrungsmittelversorgung der Großväter väterlicherseits von erheblichem Einfluss auf die Lebenserwartung ihrer Enkel war, sondern auch die ihrer Frauen. Dieser Einfluss war in beiden Fällen gleichgerichtet, Nahrungsüberfluss zu Kinderzeiten der Großeltern war für die Enkel von Nachteil und umgekehrt. Er beschränkte sich allerdings in erstaunlich strikter Weise ausschließlich auf das eigene Geschlecht. Ob gut oder schlecht – die Versorgungslage der Großväter hatte nur für ihre männlichen Enkel Konsequenzen, und für deren Schwestern war ausschließlich das relevant, was die Großmütter väterlicherseits erlebt und erlitten hatten. Die mütterliche Seite war ohne jede Bedeutung. Die neuen Ergebnisse aus Schweden gewannen zusätzlich an Aussagekraft, als sie in übereinstimmender Weise an zwei unabhängigen Stichproben gewonnen wurden, den Jahrgängen 1890 und 1905.

Da sich schon früh die Bedeutung der *slow growth period* herausstellte, hatten sich alle folgenden Arbeiten der Schweden auf diese Kindheitsphase von Eltern und Großeltern konzentriert. Jetzt lieferten die Forscher eine viel genauere Analyse, die die Nahrungsmittelversorgung der Großeltern von ihrer Zeit als Fötus bis zum Alter von 20 Jahren zum Inhalt hatte. Zu Beginn ihrer Arbeit hatten Bygren und Kaati die Dauer der *slow growth period* aufgrund von Literaturdaten festgelegt, die an heute lebenden Kindern gewonnen wurden, und sie hatten sie um ein Jahr vorverlegt, um die Verschiebung der Pubertät zu berücksichtigen, die in den letzten 100 Jahren stattgefunden hat. Jetzt stellte sich heraus, wie sehr sie damit ins Schwarze getroffen hatten. Hätten sie Beginn und Ende dieser Periode nur um ein oder zwei Jahre anders gesetzt, die in den Daten verborgene Information wäre womöglich bis zur Unkenntlichkeit verwässert worden. Genau in den von den Forschern gesetzten Grenzen der großelterlichen *slow growth period* zeigten sich nämlich bei den Enkeln die stärksten Effekte.

Nur die ersten drei Lebensjahre der Großmütter erwiesen sich als noch einflussreicher, die Zeit also, die sie als Fötus im Bauch der Urgroßmütter, als Stillbaby in deren Armen und als Brei futterndes Kleinkind auf deren Schoß verbrachten. Für ihre Enkelinnen – und nur für diese – erwies es sich als besonders verhängnisvoll, wenn die Ernteerträge in diesen entscheidenden Jahren gegen Null gingen. Während dieser Zeit wirkte sich eine gute Ernährungslage der Großmutter also sehr positiv für die Enkelinnen aus. Warum sich dieser Zusammenhang dann während der *slow growth period* umkehrt, bleibt vorerst ein Rätsel.

2007 erschien die bislang letzte Överkalix-Arbeit der schwedischen Forscher, in der sie eine Schwachstelle ihrer Untersuchung ausräumten.[13] Auch wenn sie die individuellen sozialen Lebensumstände ihrer Versuchspersonen aus den Jahrgängen 1890 und 1905 berücksichtigten, änderte sich an den Resultaten nichts. Egal, ob die Probanden früh ihre Eltern verloren, ob sie die Erst- oder Letztgeborenen waren, wie viele Geschwister sie hatten, ob der Vater Landbesitzer oder Analphabet war: Der Zusammenhang zwischen der Ernährungslage der Großeltern väterlicherseits und dem Sterberisiko der Enkel blieb bestehen.

Warum hat eine gute Versorgungslage während der offenbar entscheidenden *slow growth period* der Großeltern für die Enkel so negative Folgen? Und abgesehen von Zigarettenrauch und Nahrungsmenge, welche Einflüsse wirken noch über die Grenzen der Generationen hinaus? Spielt vielleicht nicht nur eine Rolle, wie viel, sondern auch was wir essen? Wenn Hunger und Völlerei derartige Wirkung entfalten können, was ist mit eindrücklichen und traumatischen Erlebnissen anderer Art, mit schweren Krankheiten, mit Krieg, Vertreibung oder Missbrauch?

Für Lars Olov Bygren, Gunnar Kaati und Marcus Pembrey bestehen kaum noch Zweifel: Sowohl die britischen ALSPAC- als auch die Överkalix-Resultate stützen die Hypothese, dass beim

Menschen »ein genereller Mechanismus existiert, der Informationen über die Umwelt der Vorfahren über die männliche Abstammungslinie weitergibt«.[14] Die alte, erbittert geführte Diskussion über das Verhältnis von Umwelteinflüssen und genetischer Veranlagung dürfte damit in eine neue Phase gehen. Die Sünden (und das Leid) der Väter, sie scheinen uns auf eine Weise zu verfolgen, die noch vor Kurzem für unmöglich gehalten wurde.

Nach Meinung der Forscher ist eine Beteiligung der Geschlechtschromosomen die naheliegendste Erklärung. Die Weitergabe vom Großvater über den Vater zum Sohn könnte über das Y-Chromosom erfolgen. Und das von der Großmutter stammende X-Chromosom des Vaters kann von diesem nur an seine Töchter weitergegeben werden, nicht an die Söhne, die ja stattdessen sein Y-Chromosom und ein X-Chromosom der Mutter erhalten, was genau dem beobachteten Zusammenhang entsprechen würde.

Nur ... wie und in welcher Form gelangt die Information auf das Chromosom? Erleben wir, nicht nur aufgrund der schwedischen Untersuchungen über die Menschen aus Överkalix, tatsächlich die Wiedergeburt der Lamarck'schen Idee von der Vererbung erworbener Eigenschaften?

2. Das Monster

Für Drehbuchautoren gilt bekanntlich Billy Wilders einfache Grundregel: Beginne mit einem Erdbeben – zur Not tut es auch, wie in unserem Fall, eine sensationelle Enthüllung –, und steigere dich langsam. Deshalb wartet die zweite Geschichte nun mit einem veritablen Monster auf. Es handelt sich zwar nur um eine harmlose Pflanze, besser gesagt ein Pflänzchen, aber immerhin. Sie wird uns helfen zu verstehen, was hinter den Vorgängen in Överkalix stecken könnte. Wenn man so will, hatte die Entdeckung dieses »Pflanzenmonsters« vor über 250 Jahren tatsächlich kleinere Beben zur Folge, deren Erschütterungen bis in unsere Tage zu spüren sind. Unterbrochen von langen Phasen der Ruhe, scheint ihre Intensität sogar zuzunehmen.

Die Geschichte spielt einige Hundert Kilometer südlich von Överkalix und beginnt im Jahr 1742, als der Student Magnus Ziöberg seinen Geburtsort auf einer Insel des Roslagen-Archipels nördlich von Stockholm besuchte. Wir bleiben also in Schweden.

Eigentlich war Ziöberg angehender Jurist, der später eine glänzende Karriere als Richter machen sollte, aber er interessierte sich auch für Botanik und nutzte die Gelegenheit, um durch die Inselnatur zu streifen und Pflanzen zu sammeln. Dabei stieß er auf ein unscheinbares Gewächs, das dem Gemeinen Leinkraut ähnelte, aber vollkommen anders gestaltete Blüten besaß. Ziöberg wunderte sich, presste und trocknete die seltsame Pflanze und zeigte sie Professor Olof Celsius in Uppsala. Der Professor fand, das sei in der Tat etwas Bemerkenswertes, und reichte das Herbarblatt sogleich an einen Spezialisten weiter, seinen berühmten Landsmann Carolus Linnaeus. Dieser glaubte zunächst an einen Scherz. Offenbar hatte jemand fremde Blüten an ein ordinäres Leinkraut geklebt, um ihn und seine Kollegen an der Nase herumzuführen.[1]

Aber Pflanze und Blüten gehörten tatsächlich zusammen. Linnaeus griff zum Präparierbesteck und fand im Inneren der Blüten derart ungewöhnliche Strukturen, dass er glaubte, die Pflanze müsse von weit her stammen, vom Kap der Guten Hoffnung, aus Japan oder Peru. Sie konnte unmöglich in Roslagen wachsen, quasi vor der eigenen Haustür, wo Linnaeus, der bald darauf eine Flora Schwedens veröffentlichen sollte, jeden Grashalm kannte.

Carolus Linnaeus, oder Carl von Linné, wie er sich ab 1761, nach der Verleihung des Adelstitels, nennen durfte, war die ordnende Hand, die endlich System in das Durcheinander der Pflanzen- und Tierarten brachte. Ein Jahr bevor Magnus Ziöberg die seltsame Pflanze fand, war Linnaeus an der Universität Uppsala zum Direktor des Botanischen Gartens ernannt worden und trat gleichzeitig eine Professur für Theoretische Medizin an. Seine wichtigsten Arbeiten hatte er allerdings schon Jahre zuvor als kaum Dreißigjähriger in Holland veröffentlicht. Als er nach Uppsala, in die Stadt seiner Studentenjahre, zurückkehrte, war er im Wissenschaftsbetrieb seiner Zeit bereits ein Star, der interessierte Bürger und Studenten aller Fakultäten scharenweise in die Vorlesungen lockte, nicht zuletzt durch seine verfängliche Sprache, mit der er die pflanzliche Sexualität beschrieb. In einem konkreten Fall, der Mohnblüte, hörte sich das so an: »In den Blütenkelchen finden sich die gleiche Zahl von Ehemännern und -frauen in unbeschwerter Freiheit«, schrieb Linné, »aber auch zwanzig Männer oder mehr im selben Bett mit einer Frau.« Oh, là, là … Ganz allgemein gelte: »Die Blütenblätter dienen als Hochzeitsbetten, die der große Schöpfer so herrlich hergerichtet, mit so edlen Vorhängen und Düften versehen, damit das Paar dort seine Hochzeit mit einer erhöhten Feierlichkeit begehen kann.«[2]

Aus heutiger Sicht erscheint diese Seite Linnés erstaunlich modern. Denn mithilfe von Zweideutigkeiten und gezielten Provokationen die öffentliche Aufmerksamkeit auf sich und die eigene Forschung zu lenken ist eine Methode, die sich bei Wissenschaftlern noch heute großer Beliebtheit erfreut, auch wenn, wie wir sehen werden, im 20. und 21. Jahrhundert weniger mit Anzüglichkeiten als mit vollmundigen Ankündigungen, gewagten Versprechungen und provokanten Thesen gearbeitet wird. Man pflegt das eigene Ego, lockt talentierten Nachwuchs an und positioniert sich im Kampf um Forschungsmittel. Auch Linné versuchte Helfer zu gewinnen. Als seine »Apostel« – die Bezeichnung stammt von ihm selbst – schwärmten einige zu gefahrvollen Reisen in die ganze Welt aus, um neue Pflanzen- und Tierarten zu sammeln.[3] Noch heute besitzt Linnés Name eine bemerkenswerte Anziehungskraft. Zu den Feierlichkeiten anlässlich seines 300. Geburtstags reiste 2007 sogar das japanische Kaiserpaar nach Uppsala. Kaiser Akihito, selbst Meeresbiologe und bekennender Verehrer des großen Schweden, traf dort unter anderem auf den ehemaligen UN-Generalsekretär Kofi Annan, den britischen Naturfilmer David Attenborough und die Schimpansenforscherin Jane Goodall.

Seit Linné fassen die Biologen Pflanzen- und Tierarten in immer größeren Gruppen[4] zusammen, beginnend mit den Arten, die zu Gattungen gruppiert werden, diese zu Ordnungen und Ordnungen wiederum zu Klassen: *Systema Naturae*, das wunderbare Schöpfungswerk Gottes. Seit Linné (genauer gesagt, seit 1753 für Pflanzen und seit 1758 für Tiere) benennen Botaniker und Zoologen ihre Schützlinge mit zwei lateinischen, oft grotesk unaussprechlichen Namen, was ihnen in den Augen vieler Menschen einen unausrottbaren Ruf als elitär verschrobene Blütenblatt- und Fliegenbeinzähler eingetragen hat. Aber die altsprachliche Nomenklatur ist sinnvoll, bis heute.[5] Wie könnten

Die Kleidung, in der Carl von Linné hier posiert, hatte er für seine Reise nach Lappland erworben. Ausschnitt eines Porträts von Hendrik Hollander, 1853.

sich ein Schwede und ein Spanier oder Japaner sicher sein, dass sie über dieselbe Pflanzen- oder Tierart reden, wenn jede Sprache eine eigene Bezeichnung bereithielte? Der erste Name benennt die Gattung, *Homo*, der zweite die Art, *sapiens* (manchmal kommt noch ein dritter Name für die Unterart hinzu): *Homo sapiens sapiens*. Oder eben *Linaria vulgaris*, Gemeines Leinkraut. Linné, mit gesundem Selbstbewusstsein ausgestattet, brachte seine Lebensleistung auf den Punkt: »Gott schuf die Welt, Linnaeus gab ihr eine Ordnung.«[6] Im göttlichen Schöpfungsplan sollte jede Art ihren Platz und ihren Namen haben. Man musste sie nur entdecken.

War diese seltsame Pflanze, die aussah wie ein verunglücktes Leinkraut, eine neue, unbekannte Art? Linné wollte unbedingt frische Exemplare sehen und beauftragte Magnus Ziöberg, am Originalfundort in Roslagen weitere Pflanzen mit Wurzeln und Stielen zu sammeln. Was der Student mitbrachte, versetzte Linné in große Aufregung. Diese Pflanze gehörte zu den bemerkenswertesten, die ihm je unter die Augen gekommen waren. »Nichts kann fantastischer sein als das, was hier geschehen ist«, schrieb er in einer berühmten Abhandlung, die zwei Jahre später erschien, »nämlich, dass ein missgebildeter Nachkomme einer Pflanze, die zuvor immer irreguläre Blüten hervorgebracht hat, nun reguläre Blüten produziert. (…) Das ist ein Beispiel für etwas, das in der Botanik ohne Parallele ist. (…) Es ist sicher nicht weniger bemerkenswert, als wenn eine Kuh ein Kalb mit einem Wolfskopf gebären würde.«[7]

Peloria nannte er die in seinen Augen sensationelle Pflanze – Monster (aus dem Altgriechischen). Um Linnés Aufregung zu verstehen, muss man wissen, dass die von ihm vorgenommene Einteilung der Gefäßpflanzen in 24 Klassen auf der Anatomie ihrer Blüten beruhte. Und nun hatte er ein Gewächs vor sich, das in seinen vegetativen Teilen, den Blättern, Trieben und Wurzeln, in allen Einzelheiten dem bekannten Leinkraut entsprach, aber völlig anders gebaute Blüten besaß. Diese abweichende Blütenanatomie würde die Pflanze in Linnés System nicht nur aus der Gattung *Linaria* hinaus-, sondern in eine völlig andere Klasse hineinkatapultieren, daher das Bild vom Kalb mit dem Wolfskopf. (Obwohl dieses Kalb eher einen Wolfspenis oder -uterus aufweisen müsste, da es sich bei den Blüten um die Sexualorgane der Pflanzen handelt – aber lassen wir das.)

In seiner Peloria-Abhandlung begnügte sich Linné nicht mit einer bloßen Beschreibung der ungewöhnlichen Pflanze, sondern er lieferte auch eine Erklärung für ihre Existenz. Welche Konflikte er dabei mit sich selbst auszutragen hatte, kann man heute nur noch erahnen. Schon in der Namensgebung – Monster – steckt ja eine gehörige Portion Erschrecken. So hässlich oder monströs sah diese Pflanze nun wirklich nicht aus. Das Ungeheuerliche bestand darin, dass es sie überhaupt gab.

Obwohl Carl von Linné ein wissenschaftlicher Pionier war, stand er doch felsenfest auf dem Boden des christlichen Weltbildes und sah seine Lebensaufgabe in der Erhellung des göttlichen Schöpfungsplans. Alles, was auf Erden lebte, war für ihn und seine Zeitgenossen unveränderlich und gottgegeben. »Es gibt so viele Arten, wie das Unendliche Wesen von Anfang an verschiedene Formen geschaffen hat«, schrieb er in einem seiner bedeutendsten Werke. »Diese Formen haben dann gemäß den der Schöpfung innewohnenden Gesetzen immer Nachkommen wie sie selbst erzeugt, sodass wir heute nicht mehr Arten finden, als früher existiert haben.«[8]

In dieses fest gefügte und statische Weltbild schlug Peloria ein wie eine Bombe. Wenn die Zahl der Arten konstant ist und sie immer nur Kopien ihrer selbst hervorbringen können, woher kam dann diese seltsame neue Pflanze, die unzweifelhaft ein Abkömmling des ordinären Leinkrauts war? Linné zog einen gewagten Schluss. Er behauptete, Peloria sei ein Hybrid, also das Resultat der Befruchtung einer normalen *Linaria-vulgaris*-Pflanze durch eine unbekannte zweite Pflanzenart, die er allerdings nie benennen konnte. Das Besondere dieser neuen Hybridpflanze war, dass sie Samen hervorbrachte und offenbar in der Lage war, sich selbst zu vermehren, anders als etwa Maultiere, Kreuzungen aus Pferd und Esel, die stets unfruchtbar blieben. »Als Konsequenz folgt daraus eine fantastische Schlussfolgerung«, schrieb Linné in seiner Abhandlung. »Es kann geschehen, dass innerhalb des Pflanzenreichs neue Arten entstehen.«[9]

Neue Arten? Entstanden *nach* Gottes vollkommener Schöpfung? Glücklich wurde Linné mit dieser »fantastischen Schlussfolgerung« nicht. Kirchlichen Kreisen waren seine anzüglichen Beschreibungen der pflanzlichen Sexualität schon immer ein Dorn im Auge gewesen. Jetzt schlug ihm helle Empörung entgegen. »Ihre Peloria hat jeden verärgert«, schrieb ihm 1745 ein späterer Bischof.

Bald tauchten zudem neue Pflanzen auf, die gleichzeitig normale und pelorische Blüten trugen, ja, sogar verschiedene Übergangsformen zwischen den beiden Gestalten. Die Hybridtheorie ließ sich nicht aufrechterhalten. Linné war konsterniert. Was ging hier vor? Ungnädig mit sich selbst, schrieb er später in seiner *Flora Suecica*, »eine dumme Beschreibung« dieses außergewöhnlichen Gestaltwandels könne man in seiner Arbeit über Peloria nachlesen.[10] Linnés Sohn verriet einem deutschen Botaniker, sein Vater wolle von dieser Pflanze, die seine Erwartungen bitter enttäuscht habe, nichts mehr hören.

Als aufgeklärte Bürger des 21. Jahrhunderts hegen Sie sicher schon lange einen Verdacht: Was den großen Schweden so in Aufregung versetzt hat, war vermutlich eine schlichte Mutation. Aber gemach.

Zum einen kann man Linné seine Unkenntnis kaum vorwerfen. Alles, was wir heute über Vererbung und Evolution wissen, lag damals weit außerhalb seines Horizonts. Erst 1888, fast 150 Jahre nach Linnés Peloria-Abhandlung, verwendete der deutsche Biologe Wilhelm Waldeyer zum ersten Mal das Wort Chromosom, wobei er allerdings, aus heutiger Sicht, nur eine außerordentlich vage Vorstellung davon hatte, wozu diese winzigen Kernfäden gut sind.

Zum anderen wird sich herausstellen, dass die Lösung des Rätsels weit komplizierter ist, als Sie vielleicht denken.

Linnés Pflanzenmonster blieb der Wissenschaft erhalten und beschäftigte über die Jahrzehnte viele große Geister. Goethe hinterließ der Nachwelt eine Zeichnung der beiden Blütenformen des Leinkrauts und fand, die Bezeichnung Monster sei von Linné sehr treffend gewählt. Aber aus Peloria, dem erstaunlichen Einzelfall, wurde mit der Zeit der Pelorismus, ein Phänomen, das viel weiter verbreitet war, als es zunächst den Anschein hatte. Immer mehr Pflanzenarten wurden entdeckt, mit denen Ähnliches geschah, viele davon aus der unmittelbaren Verwandtschaft des Leinkrauts. Auch bei ihnen tauchten scheinbar aus dem Nichts abweichende Blütengestalten auf, die sie zum Teil über keimfähige Samen weitervererbten. Besonders das als Gartenpflanze geschätzte Löwenmäulchen, *Antirrhinum*, sollte in diesem Zusammenhang zu einem Liebling der Forscher werden.

Einer, der mit dem Löwenmaul experimentierte, war Charles Darwin. In seinem 1868 erschienenen Buch *The Variation of Animals and Plants Under Domestication* berichtet er über eigene Kreuzungsversuche. Die Veröffentlichung seines Hauptwerks *On the Origin of Species* lag erst neun Jahre zurück, und noch immer erzitterte die Welt unter dem heftigen Schlagabtausch, den sich Gegner und Befürworter der Darwin'schen Gedanken lieferten. Die Wandelbarkeit der Arten, die Linné in Gestalt eines einzigen Gewächses, seiner Peloria, entgegentrat, war durch den Engländer 100 Jahre später zum allumfassenden Prinzip des Lebendigen erhoben worden.

Pflanzen- und Tierarten produzieren zu allen Zeiten einen

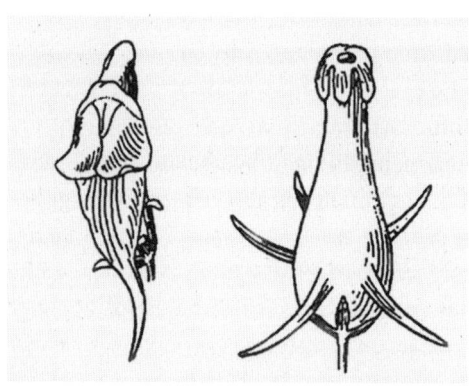

Goethes Zeichnung der Peloria, links daneben das normalblütige Leinkraut.

Überschuss an Nachkommen. Diese sind aber keineswegs identisch und bloße Kopien ihrer Eltern, sondern unterscheiden sich in ihren Eigenschaften und Fähigkeiten. Es ist die Natur, die aus diesen Varianten die Bestangepassten heraussucht. Wer mit den Anforderungen, die Naturgesetze, Fressfeinde und Konkurrenten stellen, besser zurechtkommt als andere, wird mehr Nachkommen haben und somit die Eigenschaften, denen dieser Vorsprung zu verdanken ist, in größerer Zahl an folgende Generationen weitergeben. Evolution ist das Ergebnis von Überschuss, Variation und natürlicher Selektion.

Darwin hegte große Hochachtung für Linnés Arbeit, und natürlich kannte er das Phänomen der pelorischen Blüten, aber in seinem epochalen Werk erwähnte er sie mit keinem Wort.

Er wusste, was er den Menschen mit seiner Theorie zumutete, deshalb hatte er die Veröffentlichung lange hinausgezögert. Schon 1837 legte er ein erstes Notizbuch an, das sich mit der, wie er es nannte, Transmutation der Arten beschäftigte; über viele Jahre sammelte er Beweise, Beispiele und Argumente, um seine Thesen durch die Fülle der präsentierten Fakten überzeugend und unangreifbar zu machen. Er sammelte und arbeitete, bis ihm beinahe ein anderer, der auf seinen weiten Reisen zu ganz ähnlichen Ansichten gekommen war, zuvorzukommen drohte, sein Landsmann Alfred Russel Wallace. Als Darwin sich in dieser Situation und auf Drängen seiner Freunde aus der Wissenschaft endlich zur Veröffentlichung entschloss, gab er seinen ursprünglichen Plan eines mehrbändigen Werks auf und lieferte 1859 das, was er selbst in der Einleitung als »kurzen Auszug« bezeichnete, ein Auszug, der immer noch mehrere Hundert Seiten umfasste und zu einem der berühmtesten Bücher der Weltgeschichte wurde. Alles andere, einen Großteil seines im Laufe der Jahre zusammengetragenen Materials, legte er später in weiteren umfangreichen Schriften nach. Dazu gehörte vor allem das

Buch, in dem von seinen Löwenmaul-Experimenten die Rede ist.

Es entstand in Down, einem kleinen Dorf in Kent. Die Darwins liebten das Landleben und hatten 1842, sechs Jahre nach Charles' Rückkehr von seiner berühmten Weltreise mit der *H. M. S. Beagle*, der Hektik und schlechten Luft Londons den Rücken gekehrt. Darwin lebte hier bis zu seinem Tod ein zurückgezogenes Leben als Privatgelehrter, ein chronisch magenkranker, aber begüterter *gentlemen naturalist* oder, wie er sich selbst einmal beschrieb, ein »Millionär von seltsamen und wunderlichen kleinen Tatsachen«.[11] Nie hielt er einen öffentlichen Vortrag, nie besuchte er das europäische Festland. In diesen vier arbeitsreichen Jahrzehnten spielte der Garten des alten Pfarrhauses eine wichtige Rolle, als Ort der Entspannung und Schauplatz zahlreicher Beobachtungen und Experimente.

Die Variabilität der Arten war eine der entscheidenden Voraussetzungen für Darwins Lehre. Pflanzen- und Tierzüchter hatten gezeigt, zu welchen erstaunlichen Ergebnissen es führen kann, wenn man auf der Basis der natürlicherweise vorhandenen Variationen eine sorgfältige Zuchtwahl vornahm. »Wir müssen annehmen«, schrieb Darwin, »dass eine ungeheure Anzahl von Charakteren, welche der Entwicklung fähig sind, in jedem organischen Wesen verborgen liegen.«[12] Aber woher kam dieser Variantenreichtum, welche Eigenschaften und Gesetzmäßigkeiten steckten dahinter, und wo lag die Grenze?

Das Löwenmaul hatte, wie das Leinkraut, die Fähigkeit, zwei vollkommen unterschiedliche Blütengestalten hervorzubringen: die normale und, sehr viel seltener, die pelorische Blüte, in der Darwin die ursprüngliche Form erkannt zu haben glaubte, gewissermaßen das Urlöwenmaul.

Im Garten von Down House legte er ein großes Beet mit pelorischem Löwenmaul an und befruchtete die Pflanzen künstlich mit ihren eigenen Pollen. Aus den so gewonnenen Samen wuchsen Pflanzen, die wieder ausschließlich pelorische Blüten hervorbrachten. Kreuzte er sie jedoch mit normal blühendem Löwenmaul, zeigte der Nachwuchs nicht eine einzige Monsterblüte. Erstaunliches geschah, als er diese Pflanzen sich selbst überließ, denn im nächsten Jahr tauchten die Monster wieder auf, und zwar ziemlich genau im Verhältnis 1:3. Von 127 Pflanzen waren 37 pelorisch. Darwin maß diesem Ergebnis allerdings keine große Bedeutung zu.[13]

Im tschechischen Brünn hätte es zur selben Zeit jemanden gegeben, dem dieses Zahlenverhältnis sofort bekannt vorgekommen wäre. Der Mönch Gregor Mendel hatte in seinem Klostergarten in jahrelangen Kreuzungsexperimenten einige fundamentale Gesetze der Vererbung entdeckt und 1866 in den *Verhandlungen des naturforschenden Vereins zu Brünn* veröffentlicht, aber kaum jemand hatte davon Notiz genommen, auch Darwin nicht, der stattdessen eine eigene, recht eigenwillige Theorie der Vererbung entwickelte, die Pangenesis-Hypothese, die heute nur noch für Wissenschaftshistoriker von Interesse ist. Umgekehrt entging Mendel, dass Darwin in seinen Versuchen mit dem Löwenmaul exakt bestätigte, was auch seine eigenen Experimente ergeben hatten. Er kannte Darwins Buch über die Domestikation von Pflanzen und Tieren, versah es sogar mit vielen Randbemerkungen und Kommentaren, aber das Kapitel, in dem es um die Peloria-Versuche geht, zeigt keine Eintragungen.

Zwei bedeutende Erneuerer der Biologie, Zeitgenossen, die sich gegenseitig hätten inspirieren können, forschten aneinander vorbei. Wäre die Geschichte der Wissenschaft anders verlaufen, wenn Mendel sorgfältiger gelesen und Darwin gründlichere Literaturrecherchen durchgeführt hätte?

Im Lichte der Mendel'schen Forschung stellt sich das, was Darwin mit seinem Löwenmaul-Experiment zutage förderte, als klassischer dominant-rezessiver Erbgang dar. Offenbar entscheidet ein einziger Erbfaktor darüber, heute würden wir sagen ein Gen, welche Blütengestalt die Pflanzen hervorbringen. Dabei dominiert der Faktor für die normale Blüte über die pelorische Variante, nur er kann sich ausprägen. Mendel berief sich auf neue Erkenntnisse der Zellbiologie, als er annahm, dass sich bei der Befruchtung »je eine Keim- und Pollenzelle zu einer einzigen Zelle« vereinigten, aus der dann eine neue Pflanze heranwuchs.[14] Daher lag jeder Erbfaktor in einer mütterlichen und einer väterlichen Variante vor. Darwin hatte bei Selbstbefruchtung von pelorischem Löwenmaul nur Monsterblüten erhalten. Anscheinend konnte das Merkmal sich ausprägen, wenn es reinerbig vorlag. Traf es, wie im Falle der Kreuzung, mit seinem normalen Pendant zusammen, wurde es von dessen Dominanz unterdrückt, blieb aber im Verborgenen erhalten, denn als Darwin die Hybriden untereinander kreuzte, tauchten die pelorischen Blüten wieder auf. Die Nachkommen hatten jeweils eine 50-prozentige Chance, von den Eltern das Monster-Gen zu erben. Nach Mendel sollten also ein Viertel aller Pflanzen wieder Pelorien hervorbringen, was sie, im Garten von Darwins Down House, auch taten.

Weder Darwin noch Mendel wussten, welcher Natur die Erbfaktoren waren, die für die Weitergabe der elterlichen Merkmale an kommende Generationen verantwortlich waren. Auch 40 Jahre später, im beginnenden 20. Jahrhundert, als Hugo de Vries – Pflanzenphysiologe an der Universität Amsterdam und, wie seinerzeit Linné, Direktor eines Botanischen Gartens – mit pelorischen Pflanzen zu experimentieren begann, tappte man, was die materielle Basis der Vererbung anging, im Dunkeln. Aber de Vries, der als einer der Wiederentdecker der Arbeiten Mendels in die Geschichte einging, lieferte weitere Mosaiksteine zur Lösung des Rätsels.

»Als Mutationstheorie«, schrieb er in der Einleitung zu seinem gleichnamigen Werk, »bezeichne ich den Satz, dass die Eigenschaften der Organismen aus scharf voneinander getrennten Einheiten aufgebaut sind (…) Übergänge (…) gibt es zwischen diesen Einheiten ebenso wenig wie zwischen Molekülen der Chemie.«[15] Diese Einheiten konnten sich jedoch stoßweise verändern oder plötzlich neu entstehen, sodass die betroffen Pflanzen wie aus dem Nichts über neue Eigenschaften verfügten, ein Vorgang, den de Vries als Mutation bezeichnete und als entscheidenden Grund für das Entstehen neuer Arten ansah. Damit hatte das Phänomen der plötzlich auftauchenden pelorischen Blüten einen Namen bekommen. Und es schien nur ein Beispiel von vielen zu sein, eine spezielle Erscheinungsform eines sehr viel allgemeineren Prinzips: Lebewesen mutieren, sie verändern sich.

Hugo de Vries stellte eine lange Liste von Pflanzenarten zusammen, bei denen man das Auftreten pelorischer Blüten beobachtet hatte. Häufig waren diese ungewöhnlichen Blütenbildungen die Folge einer Veränderung der Umweltbedingungen. Er beschrieb sehr variable Übergangsformen, die er »Hemipeloria« nannte – Pflanzenindividuen, bei denen sich sowohl in der Natur als auch im Gewächshaus unter vielen normalen einzelne pelorische Blüten fanden. Und er entdeckte eine weitere Mutante des Leinkrauts (genannt *Anectaria*), die sich ebenfalls über die Samen weitervererbte. Wie oft sie auftrat, konnte de Vries nicht ermitteln. Dafür bestimmte er in umfangreichen Pflanzungen die Häufigkeit, mit der Linnés mittlerweile klassische Peloria auf der Bildfläche erschien. Von 1750 Pflanzen, die zur Blüte kamen, entpuppten sich 16 als Monster, etwa ein Prozent. Aus Sicht heutiger Erkenntnisse wäre das eine sehr hohe Mutationsrate.[16]

Etwa zur selben Zeit, als de Vries seine »Mutationstheorie« veröffentlichte, erkannte man, dass die Gene in den Chromosomen der Zellkerne lokalisiert sind. Da Chromosomen zu etwa gleichen Teilen aus Proteinen und einem Stoff mit dem unaussprechlichen Namen Desoxyribonukleinsäure, kurz DNA, bestanden, musste eine dieser Verbindungen der chemische Träger der Erbinformation sein. Die meisten Forscher waren damals der Meinung, dass dafür nur die Proteine infrage kämen. Nur sie schienen über die Eigenschaften zu verfügen, die man von einem Kandidaten für diese höchst anspruchsvolle Aufgabe erwartete. Der DNA traute man nur eine stabilisierende Funktion zu. Sie war gewissermaßen das Rückgrat, das den Chromosomen ihre Struktur verlieh, »der hölzerne Rahmen hinter dem Rembrandt«, wie ein Kommentator damals schrieb.[17] Erst 1944 brachte ein berühmtes Experiment von Oswald Avery und seinen Mitarbeitern am Rockefeller Institute for Medical Research den entscheidenden Hinweis, dass die Forscher lange auf das falsche Pferd gesetzt hatten.

Seit einigen Jahren war bekannt, dass Bakterien Erbinformationen, wie immer die nun chemisch beschaffen sein mochten, aus dem umgebenden Medium aufnehmen und für sich selbst nutzbar machen konnten. Ein harmloser Stamm von *Diplococcus pneumoniae*, den man in Kontakt mit abgetöteten und zerstörten Zellen eines virulenten, also krank machenden Stammes, brachte, konnte plötzlich selbst eine Lungenentzündung auslösen – das Lamm mutierte zum Löwen. In dem Extrakt der ansteckenden Erreger musste sich irgendein »transformierendes Prinzip« befinden, das die ehemals harmlosen Zellen veränderte. Avery und seine Mitarbeiter setzten Enzyme zu, die alle Proteine verdauten, doch die als Versuchstiere benutzten Mäuse starben trotzdem. Proteine konnten demnach nicht für die Umformung der Zellen verantwortlich sein. Blieb nur die DNA. Und tatsächlich: Als die Forscher in einem weiteren Versuch statt der Proteine die DNA des Zellextrakts zerstörten, blieben die Nager am Leben. Das »Alphabet des Lebens« bestand also nicht aus 20 Aminosäuren, den Bausteinen der Proteine, sondern aus nur vier Buchstaben – aus Adenin, Thymin, Guanin und Cytosin (A, T, G und C), den sogenannten Basen der DNA.

Am 7. März 1953 gelang James Watson und Francis Crick »der wichtigste Durchbruch in der Biologie während des 20. Jahrhunderts«[18], die Aufklärung der Doppelhelix-Struktur der DNA und des überraschend einfachen Mechanismus ihrer Verdopplung, die jeder Zellteilung vorausgeht. Das lange fadenförmige DNA-Molekül sieht aus wie eine gewundene Strickleiter. Die Sprossen dieser Strickleiter werden jeweils von einem Basenpaar gebildet, das durch eine relativ lockere chemische Bindung aneinandergekoppelt ist, in den beiden Seitensträngen wechseln sich Phosphatgruppen und Zuckermoleküle ab, an denen jeweils eine Base hängt. Den besonderen Clou dieser Konstruktion erkannten Watson und Crick in der festen Basenpaarung. Denn zur Bildung der Strickleitersprossen können sich die vier Basen der DNA nicht beliebig miteinander verbinden, sondern jede Base nur mit genau einem Partner: Adenin mit Thymin, Cytosin mit Guanin (und umgekehrt). Aus der Basenfolge eines DNA-Strangs ergibt sich also zwangsläufig die des anderen. Stellt man sich nun vor, der Doppelstrang würde sich wie ein Reißverschluss auftrennen, dann existiert nur eine Möglichkeit, die beiden Einzelstränge aus dem Vorrat der Zelle wieder zu vollständigen Strickleitern zu ergänzen. Aus einem DNA-Molekül sind durch die feste Basenpaarung zwei identische Tochtermoleküle entstanden.

Wenige Monate nach dem Geniestreich von Watson und Crick stieß ein schwedischer Botaniker am Originalfundort in Roslagen erneut auf eine Population von pelorisch blühendem Leinkraut.[19] Linnés Monster hatte sich dort also über 200 Jahre gehalten. Mittlerweile füllte die Literatur über Mutationen bei Pflanzen ganze Regale. Das Rätsel schien weitgehend gelöst. Was noch fehlte, war sozusagen die molekularbiologische Feinarbeit, die Identifizierung des von der Peloria-Mutation betroffenen Gens und die Aufklärung seiner Basensequenz.

Machen wir also einen weiten Sprung in die Jetztzeit, ins Zeitalter der Sequenzierroboter, der Entzifferung des Genoms von Mensch, Schimpanse, Hefepilz und Honigbiene, des genetischen Fingerabdrucks und der gezielten Genmanipulation. Überspringen wir die vielfach nobelpreisgeadelten Leistungen ganzer Generationen von Wissenschaftlern, die der Natur Stück für Stück die Geheimnisse der Vererbung entrissen und dabei Dinge zutage förderten, von denen Linné, Darwin, Mendel und de Vries nicht einmal zu träumen gewagt hätten. Mit den Möglichkeiten moderner Labortechnik müsste es doch ein Leichtes sein, das letzte Kapitel in der langen Geschichte des Leinkraut-Monsters zu schreiben, die Buchdeckel zu schließen und das Ganze endlich ins Regal der Wissenschaftsgeschichte zu stellen.

Im John Innes Centre in Norwich, England, machte sich das Laborteam von Enrico Coen an die Arbeit. Wenige Jahre zuvor hatte man im Erbgut des Löwenmauls ein Gen namens CYCLO-IDEA identifiziert, das die Symmetrie der Blüten kontrolliert (s. Kap. 5).[20] Es lag also nahe, nach einer Entsprechung beim Leinkraut zu suchen. Enrico Coen, Pilar Cubas und Coral Vincent isolierten die DNA aus jungen Blättern normalblütiger und pelorischer Pflanzen, suchten und fanden das Gen, schnitten es mit chemischen Messern in Stücke, sortierten die Fragmente, klonierten und vervielfältigten, setzten also die ganze raffinierte Maschinerie ihrer molekularbiologischen Hexenküche in Gang und hielten schließlich nach vielen Arbeitsschritten die automatisch ermittelten Sequenzen des LCYC genannten Leinkraut-Gens in der Hand. Sie verglichen die Basenfolge der beiden Genvarianten und fanden ... nichts.

Die DNA-Sequenz dieser so unterschiedlich aussehenden Pflanzen ist identisch.[21] Peloria ist weder eine neue Art, wie Linné vermutete, noch eine Mutation, denn in beiden Fällen hätten sich die DNA-Sequenzen der Leinkraut-Varianten unterscheiden müssen. Stellt sich natürlich die Frage: Was ist sie dann?

Überrascht? – Enrico Coen und seine Mitarbeiter in Norwich waren überrascht. Da sie dies in ihrem 1999 in der Zeitschrift *Nature* veröffentlichten Aufsatz über Peloria explizit zum Ausdruck brachten, dürfte ihre Verblüffung tatsächlich groß gewesen sein. Bisher hatte man nur im Labor erzeugte Mutanten analysiert und »es war unklar, wie diese sich zu Mutanten in natürlichen Populationen verhielten«, wo unter den Bedingungen der natürlichen Selektion ganz andere Verhältnisse herrschen. Und dann, bei »der ersten natürlichen morphologischen Mutante, die charakterisiert wurde«, einer Pflanze noch dazu, die über zweieinhalb Jahrhunderte viele große Geister der Wissenschaft beschäftigt hatte, erhielten Coen und seine Kollegen dieses unerwartete Ergebnis: keine DNA-Sequenzunterschiede wie bei den bislang untersuchten Labormonstern. Identische Gene. »It is surprising.«[22]

Bei den Blüten handelt es sich nicht um irgendein unbedeutendes Merkmal. Das ganze Linné'sche Ordnungssystem basierte auf ihrer Anatomie, der Zahl und Struktur von Staubfäden und Fruchtblättern. Sie waren die entscheidende Neuentwicklung, die der größten, mehrere Hunderttausend Arten zählenden Gruppe von Gewächsen ihren Namen gab: den Blütenpflanzen. Die blühende Pflanze – für die meisten Menschen ist das die Pflanze schlechthin. Die Entwicklung der Blüte war ein wichtiger Schritt zur Eroberung des Landes und vermutlich der Grund für den überragenden Erfolg der sie hervorbringenden Gewächse, die heute einen Großteil der sichtbaren Pflanzenwelt ausmachen. Blüten ermöglichten die Bestäubung durch Tiere und lösten eine rasante, sich wechselseitig stimulierende Evolution von Pflanzen und ihren Bestäubern aus, die zum Teil aufs Engste miteinander liiert sind. (Man spricht von Koevolution.) Es scheint kaum vorstellbar, dass ausgerechnet dieses Organ von einer Gestalt in eine gänzlich andere umschlagen kann – man denke nur an Linnés Bild vom Kalb mit dem Wolfskopf –, ohne dass sich dies in einer Veränderung des genetischen Informationsträgers, der DNA, niederschlagen würde. Oder anders formuliert: Wenn unterschiedliche Gestalten einer so wichtigen Struktur nicht auf unterschiedliche DNA-Sequenzen zurückzuführen sind, was ist die Milliardensummen verschlingende Sequenziererei der letzten Jahre dann noch wert? Und was ist mit all den anderen, unendlich vielgestaltigen Strukturen im Tier- und Pflanzenreich? Identische Gene?

Noch etwas kommt hinzu. Die Merkmalsvariationen sind das Material, mit dem die natürliche Selektion arbeitet. Sie entscheiden über Erfolg oder Misserfolg eines Organismus, über die Zahl und das Überleben seiner Nachkommen, über das, was die Biologen Fitness nennen. Und die Variabilität der verschiedenen Merkmale, ob Blütengestalt, Hautfarbe oder Kältetoleranz, beruht auf der Variabilität der Gene, die ihnen zugrunde liegen. Sie sind es, die die Varianten in Gestalt bestimmter DNA-Sequenzen an kommende Generationen weitergeben.

Wie aber werden Merkmalsausprägungen vererbt, die keine genetische Basis haben?

Auch die überraschenden Ergebnisse aus Överkalix können nicht auf Mutationen und damit auf Veränderungen von Gensequenzen zurückgeführt werden. Darin liegt die Gemeinsamkeit zwischen Linnés Pflanzenmonster und den Zusammenhängen, auf die seine Landsleute von der Universität Umeå 250 Jahre später stießen. Ein Mechanismus, der eine individuelle Erfahrung – und sei sie noch so einschneidend – zu Lebzeiten in die Buchstabenfolgen der DNA von Spermien und Eizellen übersetzt, ist nicht nur unbekannt, er liefe allen heutigen Vorstellungen zuwider. Eigentlich müssten Merkmale ohne genetische Basis mit dem Tod der sie tragenden Individuen unwiederbringlich verschwinden.

Doch obwohl Wildtyp und Mutante sich genetisch nicht unterscheiden, wird die Fähigkeit zur Bildung pelorischer Blüten über viele Generationen weitergegeben.[23] Und das Essverhalten präpubertierender schwedischer Großväter findet ein generationsübergreifendes Echo, das es gar nicht geben dürfte.

Enrico Coen und seine Mitarbeiter hatten also gute Gründe, überrascht zu sein. Wir alle haben Grund dazu.

3. HUGO und das große Schweigen

Nach dem unerwarteten Ende der Peloria-Geschichte und den erstaunlichen Ergebnissen aus Schweden drängt sich ein Verdacht auf, der im Zeitalter der Genomsequenzierungen geradezu ketzerisch klingt: Stehen den Organismen etwa, über die Basenfolge der DNA hinaus, weitere Methoden der Speicherung und Weitergabe biologisch relevanter Informationen zur Verfügung? Noch vor wenigen Jahren hätte man eine ungläubig gekräuselte Stirn zu sehen bekommen, wenn man gewagt hätte, diesen Verdacht zu äußern. Marcus Pembrey und seine schwedischen Kollegen können ein Lied davon singen. Aber die Zeiten haben sich geändert. Heute scheint dieser Verdacht mitten ins Herz der Forschung zu zielen. Denn diese Methoden gibt es tatsächlich, auch wenn sie in den letzten Jahren nicht gerade im Rampenlicht der Medien standen. Einige davon sind schon seit vielen Jahren bekannt, ihre wahre Bedeutung beginnt sich aber erst jetzt abzuzeichnen. Angesichts der überall betonten überragenden Rolle der Lebenswissenschaften im Allgemeinen und der molekularen Genetik im Besonderen – wie konnte es geschehen, dass man so wenig davon gehört hat?

Die Beantwortung dieser Frage erfordert einen Exkurs, der viel über das heutige Verhältnis von Wissenschaft und Öffentlichkeit erzählt. Gleichzeitig macht er mit einem wissenschaftlichen Megaprojekt bekannt, das die molekulare Genetik methodisch und inhaltlich auf eine neue Grundlage stellte und die Medienberichterstattung der Jahrtausendwende in einer Weise beherrschte, wie man es seit der Mondlandung der Amerikaner nicht mehr erlebt hatte. Gemeint ist das 1990 in den USA aus der Taufe gehobene *Human Genome Project* (dt. Humangenomprojekt, kurz HGP).[1] In einem auf fünfzehn Jahre angelegten Kraftakt sollten sämtliche Gene des Menschen identifiziert und die Sequenz seiner 3,2 Milliarden DNA-Bausteine ermittelt werden. Parallel dazu galt es, die für die Bewältigung dieser Aufgabe erforderliche Technologie zu entwickeln. Über drei Milliarden Buchstaben, das entspricht einer stattlichen Bibliothek von 3.200 dicken Bänden, von denen jeder 500 dicht bedruckte Seiten enthält. Ein Mensch, der dies alles lesen wollte, müsste sich zwischen seinem zehnten und siebzigsten Lebensjahr jede Woche ein neues Buch vornehmen. Das menschliche Erbgut ist immerhin zehntausendmal größer als alles, was man bis zu diesem Zeitpunkt sequenziert hatte.[2]

Die Fixierung auf die Sequenz der DNA-Bausteine war so absolut, dass kaum Raum für differenziertere Betrachtungen und einen Blick über den Tellerrand blieb. Ende der 1990er-Jahre geisterten beinahe jeden Tag spektakuläre Gen-Neuentdeckungen durch die Presse. Eine verwirrte Öffentlichkeit erfuhr von Genen für Homosexualität, für Gewalttätigkeit, Alkoholismus und Depression, um nur einige aufzuzählen. »Wir hatten im Rahmen des Humangenomprojekts sicherlich so etwas wie einen aufkommenden genetischen Determinismus«, sagt Achim Plum, Sprecher eines bekannten Berliner Biotechunternehmens, »also den Glauben, dass die Gene für alles verantwortlich sind.«[3] Die lange Zeit offene und heftig diskutierte Frage: Veranlagung oder Umwelt?, *Nature or nurture?*, wagte kaum noch jemand zu stellen. Sie schien zugunsten der Genetik beantwortet. Untersuchungen wie die Överkalix-Studie aus Schweden, die im gleichen Jahr veröffentlicht wurde wie die Ergebnisse des Humangenomprojekts und die die Debatte um völlig neue Aspekte hätte bereichern können, fielen durch das grobe Raster des Zeitgeistes. »Du bist deine fleischgewordene DNA«, dieser provokante Satz des britischen Biologen Jack Cohen[4] brachte die herrschende Stimmung auf den Punkt, eine Stimmung, der sich sogar ein berühmter Psychologe wie Mihály Csíkszentmihályi nicht entziehen konnte. »Elefanten sind nur eine Nebenprodukt der genetischen Information, die in den Elefantenchromosomen enthalten ist«, schrieb er 1993. »Theoretisch könnte man Elefanten bauen, vorausgesetzt, man hätte die Blaupause ihrer Gene.«[5]

Bald, das war überall zu lesen, werde man endlich im »Buch des Menschen« blättern und gewissermaßen schwarz auf weiß (Base für Base) nachlesen können, was uns Menschen zu dem macht, was wir sind. Die Basensequenz der menschlichen DNA, das sei der »Heilige Gral«, nicht mehr und nicht weniger als »die Handschrift Gottes«.[6] Die Humangenomforschung versprach eine Revolution, »ähnlich bedeutsam wie die Mondlandung oder die Erfindung des Rades«.[7]

Die Geschichte gewann beträchtlich an Dynamik, als der Molekularbiologe Graig Venter sich im Jahr 1998 mit dem ultramodernen Computerpark des Biotechunternehmens Celera Genomics ins Entzifferungsrennen warf, auch wenn Nobelpreisträger James Watson, einer der Initiatoren des Humangenomprojekts, verächtlich kommentierte, diese Sequenzierarbeit könnten selbst Affen leisten. Mit einer anderen Forschungsstrategie wollte Venter deutlich schneller sein als die mit staatlichen Mitteln finanzierten Forscher. Aus einem wissenschaftlichen Großprojekt war ein spannender Wettlauf geworden, eine Art Olympiade in Zeiten eines kalten Forschungskrieges, bei der nur der Sieg zählte. Wer würde zuerst durchs Ziel gehen: die braven, aber schwerfälligen Wissenschaftler des internationalen Humangenomprojekts, oder der Herausforderer, *bad boy* Craig Venter, ein ehemaliger Mitarbeiter der staatlichen National Institutes of Health, ein Abtrünniger also, der mit seinem Sequenzierinstitut TIGR schon die erste vollständige Entzifferung eines Bakteriengenoms vorzuweisen hatte und von dem man glaubte, dass er die gewonnenen DNA-Sequenzen nur gegen hohe Gebühren und erst nach erfolgter Patentierung freigeben würde? Immer wieder trat der charismatische Celera-Chef vor die Mikrofone, um die seriöse Wissenschaft mit aufsehenerregenden Ankündigungen das Fürchten zu lehren und den Aktienkurs seines Unternehmens in die Höhe zu treiben – was ihm anfangs auch in spektakulärer Weise gelang. Das HGP drohte ins Hintertreffen zu geraten.

Die dramatische Endphase des Milliardensummen verschlingenden Jahrhundertprojekts, dieses »werbewirksame Wettsequenzieren«, wurde von einer intensiven, geradezu explodierenden Medienberichterstattung begleitet. Die Soziologen Jürgen Gerhards und Mike Steffen Schäfer haben sich das Echo, das die Humangenomforschung in der internationalen, vor allem der deutschen und US-amerikanischen Presse gefunden hat, genau angesehen und sind dabei auf einige bemerkenswerte Besonderheiten gestoßen.

Zwischen 1999 und 2001 erschienen allein in den beiden wichtigsten deutschen Tageszeitungen, der *FAZ* und der *Süddeutschen Zeitung*, 1.040 Artikel zum Thema, im Durchschnitt also täglich ein Beitrag. Ihre zeitliche Verteilung war jedoch alles andere als gleichmäßig. »Die Diskurse (…) verlaufen«, so Gerhards und Schäfer, »sehr eventzentriert«.[8] Ob in Deutschland, den USA, England oder Frankreich, überall waren es die ansonsten als weltfremd, schüchtern und öffentlichkeitsscheu verschrienen Wissenschaftler selbst, die plötzlich verblüffende Medienpräsenz zeigten und, wie seinerzeit Linné mit seinen anzüglichen Schilderungen des Pflanzensexes, immer wieder Anlässe zur Berichterstattung über ein nicht gerade leicht zu vermittelndes Thema lieferten. Es ging ums Prestige und um die öffentliche Legitimation einer Großforschung, die Milliarden kostete. Deshalb die vielen Pressekonferenzen, die Präsentation von Zwischenergebnissen, auch wenn sie mit Fehlern behaftet und bald darauf überholt waren, die vollmundigen Ankündigungen und Versprechungen. Drei Viertel aller damals erschienenen Zeitungsartikel waren auf solche Pseudoereignisse zurückzuführen, auf Events, die ausschließlich für die Medien inszeniert wurden. Dabei waren Bio- und Naturwissenschaftler stets die dominanten Akteure. Sie bestimmten die öffentlichen Debatten, und, wen wundert's, sie priesen die Bedeutung und Chancen ihres segensreichen Sequenzierungsprojektes. Die wenigen Stimmen aus Politik und Wirtschaft, die zu vernehmen waren, stießen in das gleiche Horn. Dezente Störgeräusche kamen nur aus den Geisteswissenschaften. »Vertreter der Zivilgesellschaft wie Kirchen, soziale Bewegungen, Patienten- oder Behindertenverbände«, die der Genomforschung ebenfalls kritisch gegenüberstanden, lieferten »nur sehr wenige Berichterstattungsanlässe«.[9] Inhaltliche Kritik, etwa an der einseitigen Ausrichtung dieses Projekts und seinem enormen Ressourcenbedarf, gab es nicht, oder sie fand in der Berichterstattung keinen nennenswerten Niederschlag.

Dieses nahezu einheitlich positive Bild der Humangenomforschung in den Medien war umso überraschender, als andere biowissenschaftliche Themen wie die Forschung an embryonalen Stammzellen, das Klonen oder die Präimplantationsdiagnostik vor allem in Deutschland noch kurz zuvor heftige Debatten ausgelöst hatten und in der Öffentlichkeit auf ein zunehmend kritisches Echo gestoßen waren. Für die Soziologen Jürgen Gerhards und Mike Steffen Schäfer hätte »die Vorstrukturierung der Diskurse« deshalb »einen kontroversen, oder wenigstens einen kontroverseren Verlauf nahegelegt«.[10] Sie kommen zu dem bemerkenswerten Schluss: »Wir haben es mit einer medien- und länderübergreifenden öffentlichen Hegemonie zu tun.«[11] Was in einem »vergleichsweise geschlossenen Netzwerk von wissenschaftlichen und politischen Institutionen« begann und »von einem relativ kleinen Zirkel von Akteuren« vorangetrieben wurde,[12] endete dank professioneller und mit üppigem Etat ausgestatteter Öffentlichkeitsarbeit in einer Art Menschheitsprojekt, das von überwältigender, wenn auch, so ist zu befürchten, weitgehend verständnisloser öffentlicher Zustimmung getragen wurde. Entscheidend dafür war, dass es den Protagonisten gelang, ihr Humangenomprojekt mit dem höchsten aller menschlichen Güter zu verknüpfen: mit der Gesundheit, der Hoffnung auf ein langes Leben ohne Leiden, Krankheiten und Schmerz.

Es kann nicht verwundern, dass es in einem solchen nahezu gleichgeschalteten gesellschaftlichen Klima schwer, wenn nicht sogar unmöglich war, am Thron der DNA-Sequenz zu rütteln. Wer Mittel für wissenschaftliche Forschung beantragt, die weit entfernt vom Mainstream liegt, läuft Gefahr, leer auszugehen, sich ins Abseits zu stellen und beruflichen Selbstmord zu begehen.

Welche Folgen der Medienhype um die Humangenomforschung für die Wissenschaft hatte, kann aus einer Studie der Mainzer Kommunikationsforscher Senja Post und Hans Mathias Kepplinger abgeleitet werden, die sich mit einem ganz anderen, nicht weniger medienwirksamen Thema beschäftigt: der Klimaforschung.[13] Post befragte 133 maßgebliche deutsche Klimaforscher nach ihrer Einschätzung der Lage und erhielt erstaunliche Antworten. Unwillkürlich denkt man an die Geschichte vom Zauberlehrling, wenn man erfährt, dass »70 bis 80 Prozent der Wissenschaftler die Berichterstattung« über Klimaforschung, die ohne ihre Mitwirkung kaum zustande gekommen sei, »für unrealistisch und überzeichnet halten«. Gleichzeitig stellen sie fest, dass der größte Batzen der üppig fließenden Forschungsgelder an die Kollegen geht, die die spektakulärsten Überschriften liefern: die Modellierer mit ihren computergenerierten Katastrophenszenarien. Wer sich der Mühsal der empirischen Grundlagenforschung verschrieben hat und keine schlagzeilenträchtigen, weil nervenstrapazierenden Resultate liefert, kommt weit schlechter weg. »Medien steuern die Forschung«, titelte die *Zeit* und fragte, warum von den »besonnenen« Forschern kein Protest zu vernehmen sei. Ganz einfach: Wenn es stark regnet,

dann fallen auch für weniger exponierte Flecken ein paar Tropfen mehr ab als üblich. Wissenschaftler sind eben auch nur Menschen. »Der Profit des Hypes lässt offenbar kritische Stimmen
verstummen.«[14] Sequenzierungsskeptikern und Molekularbiologen, die sich mit anderen Themen als der Entzifferung von
DNA-Strängen beschäftigten, dürfte es seinerzeit kaum anders
gegangen sein. Für eine öffentliche Diskussion neuer oder anderer Denkansätze war die Zeit noch nicht gekommen.

Nach einem unüberhörbaren Rüffel durch höchste politische
Kreise, die den kommerziellen Plänen von Celera Genomics eine
Absage erteilten und den Aktienkurs des Unternehmens in den
Keller katapultierten, gingen die beiden Sequenzierungskon-
trahenten schließlich im Juni 2000 gemeinsam durchs Ziel.
Friedlich neben US-Präsident Bill Clinton sitzend, verkündeten
Francis Collins, der Chef der Human Genome Organisation
(HUGO), und Graig Venter, Chief Science Officer von Celera
Genomics, auf einer historischen Pressekonferenz im Weißen
Haus, dass die Arbeit zum größten Teil getan sei.[15] Bill Clinton
bejubelte die »zweifellos wichtigste, wundervollste Karte, die je
von Menschen erschaffen wurde«, und der über Satellit zuge-
schaltete britische Premierminister Tony Blair nannte es »einen
jener seltenen Durchbrüche, die die Menschheit eine Grenze
überschreiten lassen und den Beginn einer neuen Ära einläu-
ten«. Francis Collins sah in der Sequenzierung einen »Meilen-
stein einer nie dagewesenen Reise, einer Reise in uns selbst«,
während Craig Venter, vergleichsweise nüchtern (oder ernüch-
tert?), lediglich von einem »historischen Punkt in der 100.000-
jährigen Menschheitsgeschichte« sprach.[16] Einige Monate später, im Februar 2001, vier Jahre vor dem selbst gesetzten Ziel,
wurden die Ergebnisse der beiden Forschergruppen getrennt
in *Nature* bzw. *Science* veröffentlicht. 2003 erklärte man das
Humangenomprojekt für abgeschlossen, die ermittelte mensch-

liche DNA-Sequenz ist nun in Internetdatenbanken für jeden einsehbar.[17] Der mediale Hype ist seitdem abgeklungen. Um Gene und Sequenzen ist es ruhig geworden, verdächtig ruhig.

Liegt es daran, dass die Kette der medienwirksamen Pseudoereignisse abgerissen ist? Die Wissenschaftslandschaft des Postgenomzeitalters hat sich in zahlreiche Folgeprojekte zersplittert, die zweifellos brisant sind, von denen aber bislang keines ein auch nur annähernd vergleichbares Medieninteresse erregt. Selbst das nun vollständig entzifferte Genom von Craig Venter vermag nur noch ein vergleichsweise laues Presselüftchen zu entfachen. Wen interessiert schon, dass ihm sein mutiertes APOE-Gen ein erhöhtes Risiko verleiht, an Alzheimer zu erkranken, solange man diese Krankheit beim eigenen Großvater nicht heilen kann? James Watson, der zweite sequenzierte Großgenetiker, hält sich diesbezüglich bedeckt. Welche Variante des APOE-Gens in seinem Genom gefunden wurde, wird von 454 Life Science, dem mit der Entzifferung von Watsons DNA betrauten Unternehmen, auf seinen ausdrücklichen Wunsch hin vertraulich behandelt.[18]

Das in Hochzeiten so überraschend ausgeprägte Mitteilungsbedürfnis der Genomforscher scheint jedenfalls rapide abgenommen zu haben. Man kann es schon als Skandal bezeichnen, dass heute kaum noch ernsthafte Versuche unternommen werden, die Ergebnisse der Genomforschung einer breiteren Öffentlichkeit darzustellen.

Vermutlich haben die beteiligten Forscher es nicht mehr nötig. Es wird fleißig weitersequenziert und dank eines enormen technischen Fortschritts geht die Arbeit schneller und wird immer billiger. Mittlerweile liegen Dutzende von vollständig entzifferten Tier- und Pflanzengenomen vor, von den Stechmücken *Aedes aegypti* und *Anopheles gambiae*, den Überträgern von Gelbfieber und Malaria, über Kaffee, Pappel, Reis und Wein, über nicht weniger als zwölf *Drosophila*- und 24 verschiedene

Säugetierarten, darunter Haus-Spitzmausbeutelratte, Hund, Katze, Rhesusaffe, Rind, Schimpanse und Schnabeltier, bis hin zu Kugel- und Zebrafisch, einem wichtigen Modelltier der Entwicklungsbiologen, dessen Erbgutsequenzierung noch in Arbeit ist. Bei Bakterien geht die Zahl entzifferter Genome in die Hunderte.

Und natürlich steht weiterhin das menschliche Erbgut im Mittelpunkt des Interesses. Dem ersten Forscherteam, dem es gelingt, 100 menschliche Genome in nur zehn Tagen zu sequenzieren, winkt der mit zehn Millionen Dollar dotierte »Archon X Price for Genomics« der im kalifornischen Santa Monica ansässigen X Price Foundation. Vielleicht sind Richard Durbin und seine Kooperationspartner aussichtsreiche Kandidaten. In nur drei Jahren will der britische Genforscher vom Wellcome Trust Sanger Institute bei Cambridge die Genome von 1.000 Menschen sequenzieren, um sie im Detail zu vergleichen und Krankheiten auf die Spur zu kommen. Er benötigt dafür nur 30 bis 50 Millionen Dollar.[19] Andere Institutionen wie das US National Human Genome Research Institute in Bethesda verfolgen eigene Massensequenzierungsprojekte. Dahinter steckt die Erkenntnis, dass nennenswerte medizinische Fortschritte nur dann zu erreichen sind, wenn die Computerspeicher mit der ganzen genetischen Variationsbreite der Spezies Mensch gefüttert werden.

Da im Rahmen des Humangenomprojekts ein Mischgenom von vielen verschiedenen Menschen untersucht wurde, war der Thron für das erste sequenzierte Individuum noch frei. Und als hätten sie durch ihre Auftritte, ihre Streitereien und unerfüllbaren Ankündigungen nicht schon genug öffentliche Verwunderung auf sich geladen, ist unter Genetikern nun ein Streit darüber entbrannt, wessen Genome eigentlich sequenziert werden sollen. Nur die einer ausgewählten Elite?

Im Mai 2008 gab das Medizinische Zentrum der Universität Leiden bekannt, das Erbgut der 34-jährigen Marjolein Kriek entziffert zu haben. Die junge Genetikerin ist damit zwar die erste Frau und gleichzeitig die erste Europäerin, aber weder das erste Individuum noch der erste DNA-Forscher, der in den Genuss dieses tiefen Einblicks ins eigene Genom kommt. Um diesen Rang streiten sich – wer sonst? – die Genetik-Urgesteine James Watson und Craig Venter. Bald wird mit dem »Sequenzier-Guru« George Church von der Harvard University ein vierter Stargenetiker im Bunde der Entzifferten sein, und auf der Warteliste stehen eine ganze Reihe bekannter und überaus wohlhabender amerikanischer Persönlichkeiten aus Wirtschaft und Medien.

»Ist das der nächste Weltraumtourismus?«, scherzte ein Wissenschaftler angesichts der eine Million Dollar teuren Sequenz von James Watson. »Wenn es das ist, was wir am Ende aus dem Humangenomprojekt herausbekommen, wäre das ein ziemlich trauriges Statement«, kommentierte Kathy Hudson, Direktorin an der Washingtoner Johns Hopkins University. Wird die Genomsequenzierung zu einer Sache der Reichen und Privilegierten? Auch Francis Collins, Chef des US National Human Genome Research Institutes, zeigte sich besorgt: »Wenn alle Sequenzen, die in den nächsten ein, zwei Jahren gewonnen werden, von Wissenschaftlern in hoch dotierten Positionen stammen, wird das eine Botschaft senden, die sehr gegensätzlich ist zu der, die das Humangenomprojekt angestrebt hat.«[20]

Die rasante technische Entwicklung der Sequenzierungstechnik wird diese Diskussion bald gegenstandslos machen. In nicht allzu ferner Zukunft könnten ganze Genome für den Preis eines Kleinwagens oder gar eines Fahrrads zu erhalten sein. Die Entzifferung des ersten kompletten Frauengenoms kostete nach Angaben der Universität Leiden nur noch 40.000 Euro, Peanuts im Vergleich zu den Milliarden, die in das Humangenomprojekt geflossen sind.

Nein, aufseiten der Wissenschaft gibt es keinen Grund mehr für eine forcierte Medienpräsenz. Die Schlachten sind geschlagen, die Projekte durchgesetzt und im wissenschaftlichen Mainstream angekommen. Trotz der mitunter fast verzweifelt anmutenden Versuche einiger Protagonisten, sich erneut ins Gespräch zu bringen – der kurz nach der Jahrtausendwende in der Öffentlichkeit herrschende Erregungszustand will sich partout nicht mehr einstellen.

Das Schweigen im Blätterwald könnte allerdings noch einen ganz anderen Grund haben. Die ungeahnte Komplexität der Vorgänge in den Zellen der Lebewesen, mit der wir uns nun konfrontiert sehen, ist Gift für jede vereinfachende Darstellung. Es ist überdeutlich geworden, dass es mit der beliebten Aufzählung abstruser »Gene für ...« nicht getan ist.[21]

Als 2008 in Berlin der 20. Internationale Kongress für Genetik stattfand, ein wissenschaftliches Großereignis mit über 2.000 Teilnehmern, interessierte sich die Presse nur für zwei Themen: den aktuellen Stand der Forschung über pluripotente Stammzellen, vor allem die Möglichkeit, diese durch Rückprogrammierung körpereigener Zellen zu gewinnen, und eine Stellungnahme der Deutschen Gesellschaft für Genetik zur Nazi-Vergangenheit ihrer Wissenschaft. Kaum ein Wort war darüber zu lesen, dass sich hinter den Türen der Genlabs seit Jahren eine wissenschaftliche Revolution vollzieht.[22] Auch, aber nicht nur durch die Erkenntnisse der verschiedenen Genomprojekte ist eine Wissenschaft ins Schwimmen geraten, die noch vor Kurzem als Leitwissenschaft des 21. Jahrhunderts gefeiert wurde.

Die Krise, wenn man es so nennen will, lässt sich an einer einzigen Zahl festmachen. Zu Beginn des Jahrhundertprojekts war man noch von 100.000 bis 140.000 menschlichen Genen ausgegangen, Zahlen, die damals in jedem einschlägigen Biologielehrbuch zu lesen waren und vor allem auf der geschätzten Anzahl unterschiedlicher Proteine beruhten. Aber schon nach der vollständigen Sequenzierung des ersten der 23 menschlichen Chromosomen musste diese Zahl, zur nicht geringen Überraschung der Forscher, drastisch nach unten korrigiert werden.[23] Am Ende, als die vollständige Sequenz vorlag, waren es sogar noch weniger: 26.000 Gene, kaum mehr als beim winzigen Fadenwurm und etwa genauso viel wie in einem mickrigen Gewächs namens Acker-Schmalwand. Und die Zahl der menschlichen Gene schrumpft weiter. 2007 waren die Forscher[24] bei 21.000 angekommen. Neueste Analysen[25], die kurz vor Drucklegung dieses Buches veröffentlicht wurden, sprechen gar nur von 19.042 Genen. 80 Prozent dieser Gene besitzen Entsprechungen im Genom der Maus.

Fast ist man geneigt zu rufen: Moment mal, das kann nicht sein, ihr müsst euch verzählt haben! Eine moralisch-ethische Überlegenheit haben wir uns ohnehin abgeschminkt, und nun sollen wir nicht einmal quantitativ-genetisch über Unkraut und Gewürm stehen? Jahrhundertelang haben wir uns unserer unvergleichlichen Komplexität gerühmt, aber nachweisen lässt sie sich offenbar nicht, jedenfalls nicht quantitativ und nicht im Genom, dort, wo man sie nach dem jahrelangen Medienhype um Gene und ihre vermeintliche Allmacht zuallererst vermutet hätte. Genetisch gesehen ist der Mensch offenbar mehr Masse als Klasse. Was uns aus der Tierwelt heraushebt, ist nicht so sehr die Genialität unseres genetischen Bauplans, sondern eine beispiellos geringe Gen-Dichte und eine schier unglaubliche Menge an Ballast-DNA. Nur ein kleiner Teil unserer DNA dient der Codierung von Proteinen, der Rest soll nichts als sinnloses genetisches Blabla darstellen: Junk- oder Müll-DNA, Füll- und Klebstoff, Abstandshalter. Was die Suche nach den Genen so schwierig macht, ist dieser Riesenhaufen Schrott, in dem sie verborgen sind.

Es ist wie die Suche Peer Gynts nach dem Kern der Zwiebel. Je genauer die Forscher hinschauen, desto verschwommener wird das Bild. Das Menschliche, das sie im Genom quasi Base für Base dokumentiert zu finden glaubten, zerrinnt ihnen zwischen den Sequenzierrobotern. Den überwiegenden Teil unserer Gene haben wir mit Maus und Schimpanse gemeinsam, viele sogar mit Fadenwurm und Taufliege.

Man könnte einwenden, niemand, und schon gar nicht die Fachleute, hätte ernsthaft erwartet, unsere DNA-Sequenz werde das Wunder des Menschseins erklären. Ein Blick in die Geschichte beweist das Gegenteil. Der junge James Watson wurde kurz nach dem Zweiten Weltkrieg durch die Lektüre Schrödingers elektrisiert, und Schrödinger war überzeugt, die Frage »Was ist Leben?« ließe sich beantworten, wenn man wüßte, wie die Gene gebaut sind. Watson nahm sich vor, diese Struktur aufzuklären. Und 1986, als bei einer Tagung des amerikanischen Energieministeriums erstmals über eine Sequenzierung des menschlichen Genoms gesprochen wurde, erklärte Walter Gilbert, ebenfalls mit dem Nobelpreis geadelt, er erhoffe sich davon endlich eine Antwort auf das berühmte »Erkenne Dich selbst!« des Apollo-Tempels in Delphi.

Das »Buch des Menschen« liegt nun aufgeschlagen vor uns, nur … es scheint bei Weitem nicht alles drinzustehen. Eines ist klar: Für die Einlösung der Heilsversprechen, das Gen-Ausmerzen und -Designen, für all die vollmundig angekündigten wissenschaftlich-medizinischen Großtaten wäre es viel besser gewesen, die Forscher hätten das Erbgut des Menschen auf Hunderttausende oder gar Millionen Gene beziffern können. Denn je einfacher das ist, was aus der Buchstabenfolge der DNA gelesen werden kann, desto verworrener muss das Nichtentzifferbare sein.

Lassen wir die Polemik und stellen, damit kein Missverständnis entsteht, fest: Die Sequenzierung der menschlichen DNA (und anderer Genome) ist eine großartige und faszinierende wissenschaftliche Leistung und ohne Zweifel ein notwendiger und logischer Schritt auf unserem scheinbar unaufhaltsamen Weg zur wissenschaftlichen (Selbst-)Erkenntnis. Aber eben nur das – ein Schritt, nicht die Lösung all der wissenschaftlichen und medizinischen Probleme, als die dieses Projekt uns wieder und wieder verkauft wurde. Die geringe Zahl menschlicher Gene, so der australische Wissenschaftshistoriker Jan Sapp, »widerspricht der wichtigsten wissenschaftlichen Prämisse, auf der das Humangenomprojekt basierte: dass es eine eins-zu-eins-lineare Beziehung zwischen Genen, Proteinen und genetisch bedingten Krankheiten gibt, die es erlaubt, defekte Gene aus dem DNA-Code herauszulesen«.[26] Bernd Wegener, Vorstandschef des Bundesverbandes der Pharmazeutischen Industrie in Deutschland, geht mit seiner Kritik noch weiter. Auf die Frage des Berliner *Tagesspiegels*, ob die Wissenschaftler der Öffentlichkeit etwas vorgemacht hätten, antwortete er: »Das ist eindeutig im Wecken von Hoffnungen auf kürzeste Zeiträume für die Behandlung bisher nicht therapierbarer Erkrankungen in der Vergangenheit so gewesen. Man hat die Öffentlichkeit in die Irre geführt.«[27]

Das Ziel, »lebende Systeme zu verstehen« – das Motto der 20. Internationalen Genetik-Konferenz im Jahr 2008 –, liegt nach wie vor in weiter Ferne, und da alte Gewissheiten nicht mehr gelten, haben sich die Sichtverhältnisse vorübergehend sogar verschlechtert. Wieder einmal, und in diesem Fall besonders drastisch, hat sich bewahrheitet, dass die Lösung eines Problems zahlreiche neue Fragen aufwirft. In den Medien mag seit dem Ende des Humangenomprojekts weitgehend Funkstille herrschen, in den Labors der Wissenschaft summt es hingegen vor Aktivität. Nicht wenige Forscher dürften froh darüber sein, dass die Entzifferungsfleißarbeit getan und die aufdringliche öffentliche Aufregung abgeklungen ist. So kann man endlich wieder in

Ruhe arbeiten, und zu tun gibt es wahrlich genug. Es herrscht Verunsicherung, die in eine nervöse, ja euphorische Aufbruchstimmung zu münden beginnt. Tempo und Output der Wissenschaftler sind atemberaubend.

Es entbehrt nicht einer gewissen Ironie, dass just zu dem Zeitpunkt, da die Wissenschaft die Geheimnisse der DNA endgültig gelüftet zu haben glaubte, immer deutlicher wird, dass Genetik und Biologie auf eine Zeitenwende zusteuern. Dies ist auch – aber nicht nur – auf die zum Teil sensationellen Ergebnisse zurückzuführen, die in der Folge und auf der Basis des Humangenomprojekts gewonnen werden. Aus ganz anderen Gründen, zu denen die schwedischen Överkalix-Untersuchungen und das Pflanzenmonster des Carl von Linné gehören, gelangen immer mehr Wissenschaftler zu der Überzeugung, »dass die DNA per se nur die Hälfte der Geschichte ist«.[28] Die wissenschaftliche Großwetterlage ist umgeschlagen.

Die amerikanische Entwicklungsgenetikerin Carmen Sapienza, die sich für die andere Hälfte der Geschichte zu interessieren begann, als die Mehrzahl der Forscher sie noch für eine unbedeutende Anomalie hielt, ist davon überzeugt, dass »wir in die bislang interessanteste Zeit der Genetik eintreten. Das Humangenomprojekt war nur der Anfang.« Möglicherweise warten sogar »fundamentale Mechanismen« noch auf ihre Entdeckung.[29] Selbst Craig Venter, der sich vor wenigen Jahren mit seinen Sequenzierrobotern an vorderster Front der biomedizinischen Forschung sah, muss heute eingestehen: »Im Rückblick waren unsere damaligen Annahmen über die Funktionsweise des Genoms dermaßen naiv, dass es fast schon peinlich ist.«[30]

Der neue Wind, der durch die Labore weht, drückt sich in einem Brief dreier in deutschen Instituten arbeitenden Wissenschaftler an die Zeitschrift *Nature* aus, in dem sie angesichts immer größerer Sequenzdatenmengen vor allzu großer Eile und

Euphorie warnen. Die Sequenzen in Computerdatenbanken anzuhäufen sei das eine, sie zu verstehen etwas ganz anderes. »Nur der radikalste Reduktionist würde behaupten, die Essenz einer Person könne durch sein oder ihr Proteom (die Gesamtheit seiner oder ihrer Proteine) eingefangen werden, von seinem oder ihrem Genom gar nicht zu reden.« Wenn man externe Einflüsse und die Umwelt außer Acht lasse, werde am Ende womöglich nur Unsinn dabei herauskommen.[31]

»Wir müssen blind gewesen sein«, seufzte der Entwicklungsgenetiker Timothy Bestor von der New Yorker Columbia University gegenüber dem *Scientific American* angesichts eines ganzen »Universums« ungeahnter und unerwarteter Phänomene.[32] Über Vererbung und Evolution muss neu und intensiv nachgedacht werden. Wie immer, wenn in diesen Themenkreisen fundamental Neues zutage tritt, wird das Konsequenzen haben, die weit über die Grenzen der Naturwissenschaft hinausgehen.

Bevor wir auf Peloria und die Leute aus Överkalix zurückkommen, sollten wir unser molekularbiologisches Rüstzeug mithilfe eines kritischen Blicks auf einen elementaren Begriff der Biologie noch etwas erweitern. Er spielt eine zentrale Rolle und feiert im Jahr 2009 seinen 100. Geburtstag: das Gen – ein Jubiläum, das es gebührend zu feiern gilt. Denn ob dieser Begriff seinen nächsten runden Geburtstag noch erleben wird, ist fraglich. Sollte dies doch geschehen, wird der Jubilar ein vollkommen anderes Aussehen angenommen haben. Schon jetzt ist er kaum noch wiederzuerkennen.

Es ist wie immer mit dem Heiligen Gral: Wenn man glaubt, ihn nach halsbrecherischer Jagd endlich in den Händen zu halten, entpuppt er sich als Fälschung. Oder der Boden beginnt zu beben, die Mauern und Fundamente werden rissig, Putz und Steine fallen herab, bis schließlich das ganze Gebäude mit lautem Gepolter in sich zusammenfällt.

4. Gen und Genom –
an elegant but cryptic store

Es schien so klar und einfach: Ein Gen ist ein Abschnitt der DNA, der die Information für ein Protein enthält. In Form eines Codes bestimmt es über dessen Zusammensetzung, über die Abfolge seiner Aminosäurekette, die sich windet und zu komplizierten, dreidimensionalen Strukturen faltet, zu einer charakteristischen Gestalt, die dieses Molekül für ganz bestimmte biologische Aufgaben prädestiniert. Ein Gen – ein Protein, so galt das über viele Jahrzehnte. Ach, waren das übersichtliche Zeiten!

Und was ist ein Genom? Ich zitiere ein damals an Universitäten weit verbreitetes Biologielehrbuch aus dem Jahre 1976: »Unter Genom versteht man heute die Gesamtheit der auf den Chromosomen des Kerns lokalisierten Gene.« Falls dies in etwa Ihren Wissensstand wiedergibt – wofür Sie sich keinesfalls schämen müssten –, kann ich versprechen: Sie werden umdenken müssen.

Heute versteht man unter Genom die Gesamtheit der genetischen Information, die mithilfe der DNA vererbt wird. Früher hätten diese beiden Definitionen praktisch dasselbe ausgesagt, denn Information, so die allgemeine Auffassung, steckte nur in den Genen. Dank dem Humangenomprojekt wissen wir aber nun, dass proteincodierende Gene im Sinne der eingangs gegebenen Definition nur einen kleinen, ja, winzigen Teil unserer Erbinformation ausmachen. Die neuesten verfügbaren Zahlen liegen bei 1,06 Prozent.[1] Das Genom ist also viel mehr als die Gesamtheit aller Gene.

Nur gut ein Prozent – nach all dem Wirbel um Gene muss man diese Zahl immer wieder schwarz auf weiß vor sich sehen, um sie zu glauben. Gene waren der Grund, warum man das menschliche Erbgut sequenzieren wollte, denn in Veränderungen ihrer Sequenz vermutete man die Ursache zahlloser Krankheiten. Den Rest, von dem wir jetzt wissen, dass er 99 Prozent unseres Genoms ausmacht, hatte, jedenfalls gegenüber der Öffentlichkeit, kaum jemand auf der Rechnung. Im Gegenteil – in einem ziemlich beispiellosen Anfall von Selbstüberschätzung hatten Wissenschaftler ihn schon frühzeitig als Plunder und Schrott, kurz Junk-DNA, abqualifiziert (siehe S. 77 und Kap. 9). Man stelle sich vor, für die frühen Astronomen wären alle Lichter des Nachthimmels nur ein Leuchtmüll-Einerlei gewesen, für die Zoologen das Leben der Tiefsee ein einziger Bodensatz.

Aber damit nicht genug. Die Konturen dessen, was man als Gen bezeichnen könnte, sind derart unscharf geworden, dass dieser Begriff ohne ein gründliches Update kaum noch sinnvoll zu verwenden ist.[2] Ausgerechnet im Genomzeitalter beginnen Wissenschaftler wieder zu fragen: Was ist das eigentlich, ein Gen? Tatsächlich scheint es einen beträchtlichen Klärungsbedarf zu geben. Die Wissenschaftsphilosophen Karola Stotz (Indiana University) und Paul Griffiths (University of Queensland, Australien) stellten 14 seltsame, aber reale »genetische Arrangements« zusammen, in denen einige der Komplikationen auftraten, von denen im Folgenden die Rede sein wird, legten sie 500 Biologen vor und fragten, ob man es jeweils mit einem oder mehreren Genen zu tun habe. Das Ergebnis ließ an Deutlichkeit nichts zu wünschen übrig. Etwa 60 Prozent der Befragten vertraten mit Verve die eine Antwort, während 40 Prozent mit derselben Sicherheit die andere für richtig hielten. Nur eine Reaktion hörten Stotz und Griffiths so gut wie nie: Ich weiß nicht.[3]

Als Laie kann man nur ungläubig den Kopf schütteln. Es kommt einem vor, als stritten Zoologen und Botaniker darüber, was ein Tier oder eine Pflanze sei. Es geht schließlich um das Ding, das wie kein zweites das Bild der modernen Biologie geprägt hat.

Aber genau darin besteht unter anderem das Problem. Ein Gen ist eben kein Ding, kein kompaktes Etwas, das man, wäre es nicht so winzig, quasi in die Hand nehmen oder zwischen die Stahlzungen einer Pinzette klemmen könnte. »Das Gen ist weder diskret noch kontinuierlich«, schrieb der Wissenschaftshistoriker Raphael Falk. »Es hat weder einen konstanten Ort noch eine klar umrissene Funktion. Es hat nicht einmal eine konstante Sequenz oder definitive Grenzen.«[4] Das war 1986, vier Jahre vor Beginn des Humangenomprojekts. Heute ist die Situation noch komplizierter geworden. Das Problem besteht darin, eine 100 Jahre alte Terminologie mit dem Wissen des 21. Jahrhunderts in Einklang zu bringen.

Was unserer Auffassung von einem Gen zu schaffen machte, war nicht eine einzelne Entdeckung, die alles auf den Kopf stellte, sondern eher ein langsamer Erosionsprozess, der sich in jüngster Zeit zu einem kapitalen Erdrutsch entwickelte. Immer wieder wurden die Wissenschaftler durch neue Forschungsergebnisse gezwungen, ihre Definition den aktuellen Erkenntnissen anzupassen.

Streng genommen gab es die Genetik vor dem Gen, wenn auch nur wenige Jahre. Der Brite William Bateson war der Erste, der 1905 für die Lehre von der Vererbung den Begriff Genetik verwendete, der dänische Botaniker Wilhelm Johannsen prägte vier Jahre später für die Einheiten der Vererbung das Wort Gen. Natürlich ging das zugrunde liegende Konzept auf die erst wenige Jahre zuvor wiederentdeckten Arbeiten Gregor Mendels zurück, der durch seine Kreuzungsexperimente im Klostergarten von Brünn gezeigt hatte, dass bestimmte Merkmale von Pflanzen getrennt und unabhängig voneinander vererbt werden.

Bald begannen sich in den Labors allerlei kleine Gefäße anzusammeln, in denen winzige, nur zwei Millimeter messende Fliegen herumschwirrten. Die Genetiker hatten ihre Liebe zur Schwarzbäuchigen Taufliege entdeckt, zu *Drosophila melano-*

gaster. Manche nennen sie nicht Tau-, sondern Fruchtfliege. (Was aber, bitte schön, terminologisch nicht korrekt ist: Fruchtfliegen, Familie *Tephritidae*, gibt es nämlich auch, und die sehen anders aus.) Vor allem dank der kleinen Fliege, die in nur knapp zwei Wochen bis zu 400 Nachkommen erzeugen kann, fand man heraus, dass Gene in linearer Form angeordnet waren wie Perlen auf einer Schnur, eine Vorstellung, die sich bis heute in den Köpfen der meisten Menschen mehr oder weniger unverändert erhalten haben dürfte. Die ersten Gen-Karten entstanden, in denen jedes damals bekannte Gen innerhalb einer linearen Struktur einen bestimmten Platz einnahm. Dass diese Strukturen mit den während der Zellteilungen sichtbar werdenden Chromosomen identisch waren, erkannte man erst Ende der 1920er-Jahre.

Als George Beadle und Edward Tatum zehn Jahre später in Stanford mit Schleimpilzen experimentierten, fiel ihnen auf, dass Mutationen von Genen Ausfälle in bestimmten Stoffwechselwegen zur Folge hatten. Sie entwickelten daraus 1941 die berühmte Ein-Gen-ein-Enzym-Hypothese, das Konzept, mit dem in jeweils aktuell modifizierter Form ganze Studentengenerationen heranwuchsen. Damals war noch nicht klar, wie man sich diesen Zusammenhang genau vorzustellen hatte und aus welchem Stoff die Gene bestanden, aber erstmals waren die Einheiten der Vererbung mit der Biochemie der Zelle verknüpft worden.[5] Gene wurden zu Blaupausen der Proteine.

Dann brachen die großen Jahre der Molekularbiologie an. Die DNA wurde als Träger der Erbinformation identifiziert, und Watson und Crick beschrieben ihre Struktur. Jetzt verstand man, wie das Riesenmolekül aufgebaut ist, wie es sich verdoppelt und wie dabei Kopierfehler zu Mutationen führen. Der genetische Code wurde entschlüsselt: Eine Folge von drei Basen der DNA (ein Basentriplett) steht für eine bestimmte Aminosäure des zu bauenden Proteins. So codiert die Basenfolge AAA die Aminosäure Lysin, GAC steht für Asparagin. Einige Tripletts setzen Stoppsignale.

In den Sechzigerjahren kam die RNA ins Spiel, die »kleine« Schwester der »großen« DNA, und das zentrale Dogma der Molekularbiologie begann sich herauszubilden: Die in der Basenfolge der DNA steckende Information wird in Boten- oder *messenger*-RNA übersetzt (Transkription), diese wiederum in die Aminosäurekette eines Proteinmoleküls (Translation). Information fließt von der DNA über die RNA zum Protein, niemals in die entgegengesetzte Richtung. Bekannte Ausnahmen wie die Retroviren (z. B. HIV), deren Genom als RNA vorliegt und erst in DNA zurückübersetzt werden muss, bestätigten die Regel.

All dies präzisierte die Kenntnisse über Aufbau und Funktionsweise der Gene; die Vorstellung eines kompakten, zusammenhängenden und von anderen Genen getrennten Etwas wurde dadurch jedoch nicht infrage gestellt. In Gestalt einer Basensequenz blieb das Gen weiterhin in einem bestimmten Abschnitt der DNA lokalisiert und codierte für die Aminosäurekette eines Proteins.

Bald wurde aber deutlich, dass mehr zu einem funktionsfähigen Gen gehört, viel mehr. Gene sind nicht in jeder Körperzelle und zu jeder Zeit in gleicher Weise aktiv. Ihre Dienste werden nur in bestimmten Geweben und Entwicklungsphasen benötigt, und innere und äußere Notwendigkeiten machen es erforderlich, dass mal mehr und mal weniger von einem bestimmten Genprodukt synthetisiert wird. Gene müssen also reguliert werden, und mit einem einfachen An-Aus-Schalter ist es dabei nicht getan. Schon aus ökonomischen Gründen muss die Genaktivität den jeweiligen Erfordernissen so genau wie möglich angepasst werden. Alles andere würde zu Informationschaos und Verschwendung führen, die sich kein Organismus leisten kann. Die beiden französischen Forscher Jacob und Monod machten

1961 mit einer berühmten Studie an dem Bakterium *Escherichia coli* den Anfang, viele andere folgten. Spätestens seit das Humangenomprojekts die verblüffend geringe Zahl unserer Gene aufgedeckt hat, ist die Regulation der Genaktivität zu einem, vielleicht *dem* zentralen Thema der molekularen Genetik aufgestiegen. Denn – das alte Blaupausendenken im Kopf – wie soll etwas so Komplexes wie ein Mensch oder eine Maus aus nur 19.000 Genen entstehen? Wie klang das noch, in der prägenomischen Zeit: »Der gesamte Plan des Wachstums«, schrieb der Nobelpreisträger François Jacob 1970, »die ganze Serie der auszuführenden Operationen, Ordnung und Ort der Synthese und ihre Koordination, all das ist in der Nukleinsäurebotschaft niedergeschrieben.«[6] Viel Stoff für das nun doch recht schmal ausgefallene Büchlein unserer Gene. Und in der Rückschau muss man sogar sagen: Selbst die ursprünglich vermuteten 100.000 oder 140.000 Gene allein wären mit diesem Pensum wohl überfordert gewesen.

Da kaum zu beweifeln ist, dass der *Homo sapiens* ein komplexeres Lebewesen ist als Maus oder Acker-Schmalwand, deren Genom mehr Gene enthält als das des Menschen, muss der Gral wohl auf einer oder mehreren anderen Ebenen zu finden sein, in einem Netzwerk von Regulationsmechanismen, dessen Komplexität und Flexibilität alles in den Schatten stellt, was man noch bis vor wenigen Jahren für möglich hielt.

Schon lange bevor man an die Sequenzierung ganzer Genome denken konnte, waren die Forscher auf eine immer größer werdende Schar von regulatorisch wirksamen DNA-Sequenzen gestoßen. Essenzieller Bestandteil jedes Gens ist ein sogenannter Promotor, der der codierenden Sequenz vor- oder, wie man seit Neuestem weiß, nachgelagert ist. Es handelt sich dabei um eine Art Schaltzentrale mit Andockpunkten für eine ganze Reihe von Molekülen, die die Expression dieses Gens beeinflussen. Hier, an der Promotorsequenz, setzt auch das Enzym an, das für die

Transkription sorgt, die Übersetzung der DNA-Sequenz in RNA. Promotoren können sehr vielgestaltig und in diverse Module aufgeteilt sein und sind somit auch in sequenzierten DNA-Abschnitten nicht leicht zu identifizieren. Immerhin sind sie noch in relativer Nachbarschaft der codierenden Sequenzen angesiedelt, während andere regulatorische Elemente wie die *Enhancer* (Verstärker) Tausende von Basenpaaren weit entfernt liegen können, möglicherweise in unmittelbarer Nähe ganz anderer Gene. Durch die komplizierte dreidimensionale Faltung des DNA-Fadens stehen sie in der Zelle zwar trotzdem in enger räumlicher Beziehung zum Genpromotor, das Konzept eines kompakten, zusammenhängenden Gengebildes bekam durch diese Erkenntnisse jedoch erste Risse.

Unmittelbar vor und hinter den codierenden Sequenzen eines Gens fand man zum Teil mehrere Tausend Basenpaare lange Abschnitte, die zwar in RNA, nicht aber in die Aminosäurekette von Proteinen übersetzt werden, und weitere wichtige Angriffspunkte für regulatorisch wirksame Moleküle enthalten, die sogenannten UTRs, *Untranslated Regions*. Lange DNA-Bereiche zwischen den Genen schienen dagegen ohne jede Funktion zu sein – Schrott. Nicht nur die Struktur des gesamten Genoms, auch die der Gene wurde immer komplizierter: Sie enthalten codierende und nichtcodierende Abschnitte, solche, die in RNA übersetzt werden, und andere, die »nur« regulatorische Aufgaben erfüllen, und das Ganze liegt nicht als ein kompaktes Gebilde, sondern in Gestalt verschiedener Module vor, die über größere Abschnitte der DNA verteilt sein können. Zu jedem Gen gehört gewissermaßen eine Art komplexe Eingabemaske, über die der Zustand der Zelle, die Aktivität anderer Gene und die An- oder Abwesenheit diverser Signalgeber abgefragt werden. Wie weit hinein ins Genom erstrecken sich diese »Fühler« der Gene? Wo fängt ein Gen an und wo endet es?

Zu einer noch größeren Herausforderung für das konventionelle Genkonzept wurde 1977 die Entdeckung, dass auch die protein-codierenden DNA-Abschnitte keineswegs als zusammenhängende Basenfolgen vorliegen, sondern durch lange, nichtcodierende Sequenzen, die sogenannten Introns, unterbrochen sind. Auch die Introns werden zusammen mit den codierenden Sequenzen, den Exons, während der Transkription in RNA übersetzt. Erst nachträglich schneidet ein spezieller Enzymkomplex sie aus dem Transkript heraus und fügt die codierenden RNA-Bruchstücke aneinander, ein Vorgang, der als Spleißen bezeichnet wird.

Heute weiß man, dass gerade Wirbeltiere im Vergleich zu anderen Tieren außergewöhnlich viele und lange Introns besitzen, während sich die Größe der codierenden Exons, etwa bei Mensch und Fadenwurm, kaum unterscheidet. Introns sind deutlich länger als Exons. Während Letztere beim Menschen durchschnittlich 151 Basenpaare umfassen, erreichen Introns mit 4.847 Basenpaaren die dreißigfache Länge.[7] Die größten in menschlichen Genen gefundenen Introns enthalten weit über eine halbe Million Basenpaare. Ob es uns gefällt oder nicht: Der extrem hohe Gehalt an Junk-DNA sowohl innerhalb als auch zwischen den Genen ist eines unserer Markenzeichen (s. Kap. 9).[8]

Als man schließlich entdeckte, dass aus ein und demselben RNA-Transkript mehrere unterschiedliche Proteinmoleküle entstehen können, indem das spleißende Enzym jeweils andere Sequenzen ausschneidet und beim Aneinanderkoppeln die Reihenfolge der Bruchstücke variiert, war das alte Genkonzept im Grunde nicht mehr zu halten. Ein Gen ist weder ein zusammenhängendes Ganzes, noch codiert es nur für ein Protein, denn das sogenannte alternative Spleißen scheint eher die Regel als die Ausnahme zu sein. Ein einziges Gen, das in den Haarzellen des Hühnerohrs aktiv ist, bringt es auf nicht weniger als 576 verschiedene Proteinvarianten. Die entsprechenden Gene bei Maus und Mensch könnten noch mehr hervorbringen. Wie diese Spleißprozesse gesteuert werden, ist unbekannt.[9]

Zu welchen unübersichtlichen Kolossen sich Gene entwickeln können, wenn mehrere Komplikationen zusammentreffen, zeigt ein Beispiel aus dem menschlichen Fundus. Das Dystrophin-Gen wurde zum Gegenstand intensiver Untersuchungen, weil es in mutierter Form die Krankheit Muskeldystrophie (Typ Duchenne) hervorruft. Mit mehr als zwei Millionen Basenpaaren Länge ist es eines der größten bekannten menschlichen Gene überhaupt. Sein außergewöhnliches Format geht aber nicht zuletzt auf das Konto von 78 Introns. Außerdem enthält es mindestens sieben alternative Promotoren, die teils außerhalb, teils innerhalb des Gens liegen und jeweils in einem anderen Gewebe zuständig sind. So werden etwa die drei außerhalb des Gens liegenden Promotoren nur in der Hirnrinde, in Muskeln oder im Kleinhirn aktiv und führen zu jeweils leicht veränderten Genprodukten.[10] Ein-Gen-ein-Enzym, das war einmal.

Dass alternatives Spleißen und eine üppige Ausstattung mit im Genom verteilten Regulatoren nicht zum klassischen Genkonzept, wohl aber zur Gen-Normalität gehören, darüber kann schon lange kein Zweifel mehr bestehen. Was aber ist von Folgendem zu halten? Hier in chronologischer Reihenfolge eine kleine Auswahl von Forschungsergebnissen der letzten Jahrzehnte:[11]

– Springende Gene können ihren Platz innerhalb des DNA-Doppelstrangs verändern. (1948)

– Aus der selbstständigen Teilung von Proteinen können zahlreiche neue funktionale Produkte entstehen. Anfang und Ende dieser Proteine sind demnach nicht vom genetischen Code vorgegeben. (1975)

– Gene können überlappen, sodass die gleiche Sequenz für zwei unterschiedliche Genprodukte genutzt wird. (1977)

– Eine von den Eltern über die Eizelle geerbte Boten-RNA kann zurück in DNA übersetzt und in das eigene Genom eingefügt werden (als sogenanntes Retrogen). (1980)

– Komplette Gene können in Introns anderer Gene enthalten sein. (1986)

– Das RNA-Transkript kann nachträglich von Enzymen verändert werden, entspricht also nicht mehr der Sequenz der DNA. (1988)

– RNA-Transskripte, die vom gleichen Gen, von gegenüberliegenden DNA-Strängen oder sogar von unterschiedlichen Chromosomen stammen, können zu neuen RNA-Molekülen und damit neuen Proteinvorlagen verschmelzen. (1986, 2000)

Geht es um Ausnahmen von der Regel, um Skurrilitäten, mit denen man in derart komplexen Systemen leben muss, ohne die bewährten Konzepte gleich über Bord zu werfen? Oder zeigt sich hier nur die Spitze eines Eisbergs?

»Es gab eine Reihe von Aspekten von Genen, die sehr kompliziert waren«, schrieb Mark Gerstein von der Yale University, der 2007 zusammen mit einem Kollektiv von Autoren für die Zeitschrift *Genome Research* eine gründliche Analyse des Genbegriffs vorlegte. »Aber viel von dieser Komplexität wurde in gewissem Sinne unter den Teppich gekehrt und wirkte sich nicht wirklich auf die fundamentale Definition eines Gens aus.«[12] Dass auch der Wissenschaft eine gewisse Trägheit innewohnt, ist nichts Neues, aber es muss schon verwundern, dass kaum etwas von diesen bereits seit Jahrzehnten in der Fachwelt gehegten Zweifeln und Diskussionen den Weg in die Öffentlichkeit fand. Stattdessen wurde lautstark ein simples genzentrisches Weltbild transportiert (oder seine Verbreitung unwidersprochen geduldet), das intern schon lange zur Disposition stand.

Als kürzlich 25 Wissenschaftler des *Sequence Ontology Consortiums* zusammentrafen, um sich auf bestimmte, den Vergleich verschiedener Genome erleichternde Festlegungen zu einigen, entspann sich vor der eigentlichen Arbeit ein heftiger, zwei Tage dauernder Streit um die Definition des Begriffs Gen. (»Alle schrien sich gegenseitig an.«) Schließlich einigte man sich auf folgenden Text – ersuchen Sie mal, darin das gute alte Gen wiederzufinden: Ein Gen ist »eine lokalisierbare Region genomischer Sequenz, die mit einer Einheit der Vererbung korrespondiert, die ihrerseits mit regulatorischen Regionen, transkribierten Regionen und/oder anderen funktionalen Sequenzregionen assoziiert ist«.[13]

Eines wird daran überdeutlich: Wir stoßen nicht nur an die Grenzen, was unsere Fähigkeit angeht, eine praktikable und über die engen Grenzen der Wissenschaft hinaus verständliche Definition eines Gens zu finden, auch das in den letzten Jahren und Jahrzehnten immer wieder (über)strapazierte Bild von der DNA als »Buch des Lebens« hat ausgedient. Denn ein Text, der auch nur ansatzweise in Aufbau und Struktur mit der heutigen Vorstellung eines Genoms zu vergleichen wäre, ist noch nie geschrieben worden, wäre völlig unverständlich und unlesbar und mit Sicherheit nicht auf einem zweidimensionalen Blatt Papier unterzubringen. Auch wenn es schwerfällt, dieses Bild zu vergessen – schließlich suggeriert es gemütliche Leseabende am Kamin und ein äußerst überschaubares Weltbild –, um zu verstehen, wie lebende Systeme funktionieren, müssen wir es aus dem Kopf bekommen. Ist es nicht auch tröstlich und erleichternd, dass Wissenschaftler in den Genomen der Lebewesen nicht auf simple Kochrezepte oder Bauanleitungen stoßen, sondern auf eine schier unfassbare Komplexität?

Auch wenn die internationale Forschergemeinde Überraschungen gewöhnt ist und einige in den Jahren 2005 und 2006 veröffentlichte Studien schon angedeutet hatten, dass weitere unerwartete Entdeckungen bevorstanden: Was ENCODE im Jahr

2007 zu berichten hatte, eines der wichtigsten Forschungsvorhaben in der Nachfolge des Humangenomprojekts, schlug in der Fachwelt wie eine Bombe ein und lässt sich nicht mehr unter den Teppich kehren.[14] Nun ist es Gewissheit: Wir haben es bei den aufgezählten Komplikationen nicht mit Ausnahmen, sondern tatsächlich mit einem Eisberg ungeahnter Größe zu tun.

35 Forschungsteams in aller Welt hatten sich vorgenommen, an zunächst einem Prozent des menschlichen Genoms, an immerhin 30 Millionen Basenpaaren also, eine genaue Bestandsaufnahme der funktionalen DNA-Elemente durchzuführen. Dabei handelte es sich nicht um das gut eine Prozent, das aus proteincodierenden Sequenzen besteht, sondern um 44 Regionen, die, mit Ausnahme des männlichen Y-Chromosoms, von allen 23 Chromosomen des Menschen stammen, eine Auswahl »ausreichend groß und divers«, so die ENCODE-Forscher, »um in einer gründlichen Pilotphase eine Vielzahl von experimentellen und computergestützten Methoden zu testen«.[15] Für etwa ein Drittel dieser Regionen verfügten die Forscher bereits über »substanzielles biologisches Wissen«. Der Rest wurde nach einem Zufallsprinzip ausgesucht. In den kommenden Jahren will man dann das ganze Genom unter die Lupe nehmen. Das Ziel ist eine *Encyclopedia of DNA Elements* (ENCODE). Oder anders formuliert: Was steht wirklich drin im sequenzierten menschlichen Erbgut? Welche funktionalen Elemente gibt es, und wie sind sie verteilt?

Dass solche vertiefenden Untersuchungen nötig sind, liegt in der Natur der gigantischen, ausgesprochen monotonen Datensätze, mit denen die Forscher operieren müssen. Ob Mensch, Maus, Fliege oder Fadenwurm, die verschiedenen Genomprojekte lieferten zunächst nichts als schier endlose Ketten derselben vier Buchstaben.

Stellen Sie sich 3.000 Humangenom-Bände à 500 Seiten vor,

die ausschließlich mit As, Ts, Cs und Gs bedruckt sind, ohne Punkt und Komma, ohne Groß- und Kleinschreibung, Leerzeichen, Absätze, Überschriften, Kapitel und Hervorhebungen durch Kursiv- oder Fettdruck. Daneben eine Bibliothek gleichen Umfangs vom Schimpansen und vom Schnabeltier, von Hund und Ratte und all den anderen Sequenzierungsopfern. In keinem der vielen Tausend Bände findet man einen erklärenden Anhang. Es gibt kein Glossar, keinen Index, kein Inhaltsverzeichnis. Jeder Band, nahezu jede Seite sieht auf den ersten Blick gleich aus. Brächte jemand, ein Art Sequenzierungsterrorist, die noch unbeschrifteten Erbgut-Bibliotheksbände aller entzifferten Genome durcheinander, es wäre ohne Hightech-Hilfsmittel unmöglich, sie je wieder in die richtige Reihenfolge zu bringen und der richtigen Tierart zuzuordnen.

Das Genomzeitalter konnte deshalb erst nach dem Computerzeitalter anbrechen. Es liegt auf der Hand, dass es ohne die Hilfe von leistungsfähigen Rechnern nahezu aussichtslos ist, sich in diesen gleichförmigen Datenozeanen orientieren zu wollen, geschweige denn einzelne Elemente zu identifizieren, ihren Anfang und ihr Ende. Ohne Computer hätte man die Sequenzen weder gewinnen können, noch wäre an eine einigermaßen zügige Auswertung auch nur zu denken gewesen. Die meisten Gene des Menschen wurden denn auch durch ihre Ähnlichkeit zu bekannten Genen oder durch komplizierte statistische Analysen identifiziert, was wiederum erklärt, warum ihre exakte Zahl, von den oben geschilderten Schwierigkeiten ganz abgesehen, bis heute nicht feststeht. Das Gleiche gilt in noch höherem Maß für andere DNA-Elemente, die sich in den 99 Prozent des Genoms verbergen, die nicht für Proteine codieren. Je mehr wir kennen, je voller die Datenbanken sind, desto leichter fällt die Suche. Bis die Forscher aber über eine vollständige Karte aller im menschlichen Genom vorhandenen Elemente verfügen, wird noch viel Zeit ins Land gehen.

Ist schon die Identifizierung und Abgrenzung der DNA-Bestandteile schwierig – ihnen eine Funktion zuzuordnen ist noch ungleich schwieriger. Auch das ENCODE-Projekt ist von diesem Ziel weit entfernt, aber für die 44 untersuchten DNA-Abschnitte liegt nun eine detaillierte Karte vor, die viel mehr Einzelheiten erkennen lässt als das Einerlei der nackten Sequenz. Dass man eine Vielzahl von neuen regulatorischen Elementen ausfindig machen konnte, ist vielleicht nicht die größte Überraschung. Man fand sie buchstäblich überall, vor und hinter, außerhalb und innerhalb der Gene, in den ersten Exons und Introns und verteilt über das gesamte Gen. Erstaunen riefen dagegen die vielen Hundert neuen Startpunkte für eine Übersetzung der DNA-Sequenz in RNA hervor, da sie sich an Stellen befanden, wo man sie nicht erwartet hätte.

Vermutlich damit in Zusammenhang steht die größte Überraschung, die von der Analyse des Transkriptoms geliefert wurde, einer der Schwerpunkte des ENCODE-Projekts. Die -oms boomen, genauso wie die -omiks, die Wissenschaften von den -oms, Genomik, Epigenomik, Proteomik. Von einigen wird noch die Rede sein.

Unter Transkriptom versteht man die Gesamtheit aller RNA-Moleküle einer Zelle, die zu einem bestimmten Zeitpunkt durch Transkription der DNA entstanden sind. Nach klassischer Auffassung hätte man bestenfalls die Transkripte der vollständigen Gene finden dürfen, die sich in den untersuchten ENCODE-Regionen verbergen (zuzüglich einiger nichtcodierender RNAs, s. Kap. 13). Wie im gesamten Genom machten sie nur einen Bruchteil der Sequenzen aus. Stattdessen stellte sich heraus, dass nicht nur ein Prozent, sondern zwischen 74 Prozent und 93 Prozent der DNA in RNA übersetzt wurde. Vier von fünf Basen waren in mindestens ein RNA-Transkript übertragen worden. Es muss also auch viel, sehr viel Schrott übersetzt worden sein.

Und tatsächlich, was waren das für RNA-Transkripte! Nicht

wenige enthielten mehrere in der Sequenz aufeinanderfolgende Gene, ganz oder in Teilen, mitsamt der dazwischen liegenden und vermeintlich funktionslosen intergenischen Sequenzen und langen »überhängenden« Enden. Umgekehrt gab es viele nicht-codierende RNAs, die mit Protein-Genen des gleichen oder des gegenüberliegenden DNA-Strangs überlappten. In vielen Gen-Transkripten fanden sich Bestandteile von anderen Genen, die aus weit entfernten Genomregionen stammen; dazugehörige regulatorische Sequenzen fanden sich sogar auf anderen Chromosomen. Und schließlich blieb eine große Zahl von RNAs übrig, die keinerlei Bezug zu bekannten Genen aufwiesen. Ihnen »eine klare biologische Rolle« zuzuweisen, so die ENCODE-Forscher, sei schwierig.

Von System zunächst keine Spur. Dafür aber jede Menge Arbeit für die spleißenden Enzyme, die aus diesem Transkript-Tohuwabohu unter anderem sinnvolle Proteinvorlagen formen müssen. Die wohlgeordnete massenhafte Umschreibung einzelner DNA-Gene in identische RNA-Moleküle, gab es sie nur in der Fantasie der Forscher?

»Die physischen Grenzen und die genomische Organisation der Gensequenzen beginnen sich aufzulösen«, kommentierte Thomas Gingeras vom kalifornischen Biotechunternehmen Affymetrix, das an ENCODE beteiligt ist.[16] Die Ergebnisse des Projekts bestätigen, was eigene Untersuchungen schon zwei Jahre zuvor ergeben hatten.[17] Anstelle von wohldefinierten Molekülen hatte Gingeras' Team eine Vielzahl von RNAs unterschiedlicher Länge nachgewiesen, deren Bestandteile aus verschiedenen Regionen des Genoms sowie von beiden Strängen der DNA stammten und sich vielfach überlappten. »Diskrete Gene fangen an zu verschwinden«, sagt auch Gingeras' spanischer ENCODE-Kollege Roderic Guigo vom Center for Genomic Regulation in Barcelona. »Wir haben ein Kontinuum an Transkripten.«[18]

Das Genom ein Kontinuum? Revolutionärer hätte es kaum kommen können. Was schon in der DNA nicht in strenger uniformer Ordnung vorliegt, scheint als Transkript vollends an Kontur zu verlieren. Es wäre eine seltsame Kapriole der Wissenschaftsgeschichte, wenn das Humangenomprojekt, vor fast zwei Jahrzehnten angetreten, um sämtliche Gene des Menschen zu identifizieren und zu sequenzieren, am Ende zu deren weitgehender Entmachtung führen würde.

Einige Forscher, unter ihnen Thomas Gingeras, plädieren dafür, die verzweifelten Rettungsversuche aufzugeben, das Gen in Ruhe sterben zu lassen oder ihm in einem beschränkten Geltungsbereich, etwa als Protein-Gen, ein verdientes Gnadenbrot zu sichern. Andere, wie der kanadische Biochemiker Laurence Moran von der University of Toronto, der im Internet unter dem Titel *Sandwalk. Strolling with a skeptical biochemist* einen pointiert-kritischen Blog veröffentlicht, bevorzugen einen pragmatischen Weg. Egal, ob ein Gen genau ein Protein oder, über den Umweg des alternativen Spleißens, mehrere Proteine codiert, ob der Weg von der DNA-Sequenz über die RNA bis zum Protein führt oder beim RNA-Transkript endet – entscheidend ist für ihn (wie für andere auch), dass das Genprodukt eine biologische Funktion erfüllt. Sein knapper Definitionsvorschlag, der allerdings, wie er selbst einräumt, nicht allen Eventualitäten gerecht wird, lautet daher: »Ein Gen ist eine DNA-Sequenz, die transkribiert wird, um ein funktionales Produkt herzustellen.« Zum Gen gehörende regulatorische Sequenzen werden dabei ausgeschlossen, damit das Gen nicht in Einzelteile zersplittert und einen Anfang und ein Ende besitzt. In diesem Sinn wird das Wort Gen auch in diesem Buch verwendet.[19]

Was verbirgt sich hinter all diesen Transkripten unbekannter Funktion, den TUFs? In RNA-Schrott übersetzter DNA-Schrott? Müssten Zellen nicht über sehr viel überflüssige Ressourcen verfügen, wenn sie sich mit derart nutzloser Beschäftigung die Zeit vertreiben?

»Wenn dies das wahre Bild der Genexpression im menschlichen Genom wiedergibt«, schreibt Laurence Moran unter der Überschrift »Was ist ein Gen, post-ENCODE?«, »würde dies ein radikales Überdenken unseres molekular- und evolutionsbiologischen Wissens erforderlich machen. Auf der anderen Seite: Wenn wir es zum größten Teil mit Artefakten zu tun haben, dann ist keine Revolution im Gang.«[20] Bis zum Nachweis einer biologischen Funktion sind die unbekannten RNAs für Laurence Moran daher nichts als chemischer Nonsens, der in der Zelle möglicherweise nur eine kurze Lebensdauer besitzt. Vielleicht geht der komplizierte Transkriptionsapparat sehr viel gröber zu Werke, als man bislang dachte. Den Feinschliff erhielten die RNA-Transkripte erst im Nachhinein.

»Es ist möglich, dass einige dieser Transkripte einfach das Resultat einer herumflippenden Polymerase sind«, des für die Transkription zuständigen Enzyms also, räumt auch Ewan Birney ein.[21] Sein Name rangiert ganz oben in der endlosen Autorenliste der ENCODE-Veröffentlichung. Der junge Mann vom European Bioinformatics Institute in Hinxton, England, hatte die Ehre und das Vergnügen, die 300 an ENCODE beteiligten Forscher zu koordinieren. Es könnten also tatsächlich Artefakte sein, zumindest für einen Teil dieser Transkripte aber ist dies nicht sehr wahrscheinlich.

Denn ein weiterer Forschungsansatz des weltumspannenden ENCODE-Teams erwies sich als besonders spannend: der Vergleich mit entsprechenden, sogenannten orthologen DNA-Regionen in den Genomen anderer Lebewesen, vor allem unserer Wirbeltier-Verwandtschaft. In der Regel ergibt ein solcher Vergleich, dass sich die Sequenzen verändert haben. Diese Veränderungen fallen umso größer aus, je weiter die verglichenen Arten in der Stammesgeschichte voneinander entfernt sind – oder anders ausgedrückt: je länger die Trennung der beiden Entwicklungslinien zurückliegt. Die orthologen Sequenzen zweier nah verwandter Arten, etwa Mensch und Schimpanse, deren letzte gemeinsame Vorfahren erst vor wenigen Millionen Jahren gelebt haben, sollten demnach deutlich geringere Abweichungen zeigen als weiter entfernte Verwandte wie Mensch und Maus, deren Entwicklungslinien sich schon vor mehreren zehn Millionen Jahren trennten.

Aber es gibt Ausnahmen: Sequenzen, die über lange Zeiträume konserviert wurden und sich kaum verändert haben. Es handelt sich offenbar um besonders sensible Bereiche des Genoms, in denen die Selektion keine oder nur geringe Veränderungen duldet und ihre Träger eliminiert. Sind Sequenzen evolutionär konserviert worden, besteht eine hohe Wahrscheinlichkeit, dass sie auch eine biologische Funktion besitzen.[22] Andernfalls hätten sie, wie andere neutrale Bereiche von Genomen, mehr oder weniger ungezwungen vor sich hin mutieren können. Häufig findet man Inseln konservierter Sequenz inmitten einer Umgebung, in der genau das geschieht.[23]

Gleich mit mehreren Methoden machten sich die ENCODE-Forscher daran, solche konservierten Bereiche zu suchen.[24] Zu diesem Zweck verglichen sie die ausgewählten Regionen aus dem menschlichen Genom mit ihren Entsprechungen aus 28 Wirbeltierarten, darunter 14 Säugetierspezies. Die dabei erreichte Auflösung war außerordentlich hoch. Die kleinsten konservierten Sequenzen, die man aufspüren konnte, waren nur acht Basen lang. Das Ergebnis: Insgesamt 4,9 Prozent aller Basen der menschlichen ENCODE-Sequenzen wurden jeder evolutionären Entwicklung zum Trotz über lange Zeiträume konserviert, unterliegen also vermutlich einer starken negativen Selektion.

Welche Sequenzen sind das? Natürlich denkt man sofort an lebenswichtige Proteine. Veränderungen in der Zusammensetzung ihrer Aminosäureketten könnten die biologische Funktion beeinträchtigen, etwa dadurch, dass sie die elektrische Ladung oder die komplizierte räumliche Struktur dieser großen Moleküle und damit auch ihre Fähigkeit zur Interaktion mit anderen Molekülen verändern. In diesem Fall würde die Selektion keine oder nur geringe Abweichungen vom Original tolerieren.

Tatsächlich fanden die ENCODE-Forscher ein Drittel der konservierten Basen innerhalb von Exons, sie betrafen also direkt die Sequenzinformation, die dort codiert war. Ein weiteres knappes Drittel wurde in anderen funktionalen Elementen gefunden, vor allem in regulatorisch wirksamen Sequenzen. Ein Eingriff in einem sensiblen Bereich des fein abgestimmten Regulationsnetzwerks kann für einen Organismus genauso nachteilig wirken wie eine »verschlimmbesserte« Proteinstruktur. So weit, so gut. Die restlichen 40 Prozent der konservierten DNA-Basen aber liegen in den Gen-Wüsten der nichtcodierenden Sequenzen, die der Ursprung für die große Zahl an unbekannten RNA-Transkripten sind.

Schon vor der Veröffentlichung der ENCODE-Ergebnisse waren Forscher auf eine Gruppe von ultrakonservierten, mindestens 200 Basenpaare langen Sequenzen gestoßen, die bei Maus, Ratte und Mensch identisch sind. Sie haben sich also seit mehr als 100 Millionen Jahren, der Zeit, in der der letzte gemeinsame Vorfahre von Nagetieren und Primaten lebte, nahezu unverändert erhalten. In 126.000 Basen solcher ultrakonservierter Sequenzen fanden sich nur an sechs Positionen Veränderungen.[25] Und auch diese Sequenzmethusalems, die »einem extremen evolutionären Druck ausgesetzt sind und möglicherweise kritische biologische Funktionen erfüllen«, liegen zu fast 50 Prozent in nichtcodierenden Regionen, mit anderen Worten, inmitten der sich hoch auftürmenden Schrottgebirge unseres Genoms.[26] Ihre Verteilung ist dabei nicht gleichmäßig. Sie scheinen häufig in Clustern in der Nähe von Genen vorzukommen, die mit der

Regulation der Embryonalentwicklung zu tun haben, einem der wichtigsten und empfindlichsten Lebensvorgänge überhaupt.[27] Zudem scheint der auf ihnen lastende Selektionsdruck noch um ein Vielfaches größer zu sein als bei normalen konservierten Sequenzen.[28]

Umso verwirrender sind die kürzlich von kalifornischen Wissenschaftlern veröffentlichten Befunde.[29] Bei Mäusen gelang es ihnen, vier dieser ultrakonservierten Sequenzen aus dem Genom zu entfernen, nur um am Ende vor Käfigen voller quicklebendiger, fortpflanzungsfreudiger Nager zu stehen. Es gibt einige Hundert dieser Sequenzen – haben die Forscher durch Zufall eine unglückliche Auswahl getroffen? Gibt es genug Redundanz im Genom, um solche Ausfälle problemlos zu kompensieren? Oder sind ultrakonservierte Sequenzen doch nicht so essenziell wie vermutet? Bleibt Junk eben doch nur Junk?[30]

Vielleicht hat Sie die häufige Verwendung der Bezeichnung Schrott-DNA bereits gestört. Es ist zweifellos nicht besonders wissenschaftlich, wenn Forscher das, was sie nicht verstehen, als Schrott bezeichnen. Da hat jemand den Mund zu früh zu voll genommen – das ist jedenfalls der Eindruck, der sich heute angesichts der Bezeichnung Junk-DNA aufdrängt. Wäre ja nicht das erste Mal. Wie seinerzeit Linné (»Gott schuf die Welt, Linnaeus gab ihr eine Ordnung.«) sind einige Protagonisten der modernen molekularen Genetik mit einem Übermaß an Selbstbewusstsein ausgestattet.

Der Genetiker Susumo Ohno, der das Wort Junk-DNA 1972 auf einer Konferenz in die Welt setzte (zwei Jahre zuvor hatte er noch von *garbage* gesprochen), muss sich über den überaus wertenden Beigeschmack im Klaren gewesen sein, auch wenn er sich später angesichts der steilen Karriere seiner Wortschöpfung überrascht und amüsiert zeigte. Allerdings hatte er nie die Absicht, 99 Prozent unseres Genoms als Schrott zu bezeichnen.

Seine unglückliche Terminologie war ein Produkt ihrer Zeit und auf einen konkreten Fall gemünzt (die Verdopplung bzw. Vervielfachung von Genen, bei der tatsächlich funktionsloser »Schrott« zurückbleibt). Sie war an die damals starken Adaptionisten adressiert, die dazu neigten, jedem Genomelement schon aufgrund seiner bloßen Existenz einen bedeutenden Anpassungswert zuzuschreiben.[31] Ohno konnte damals gar nicht wissen, ein wie großer Teil des menschlichen Erbguts von nichtcodierenden Sequenzen eingenommen wird. Dass der Terminus Junk-DNA viele Jahre später geradezu inflationär gebraucht werden würde, war von ihm weder vorherzusehen noch beabsichtigt. Ob Susumo Ohno seinen Kollegen und seiner Wissenschaft unter dem Strich einen guten Dienst geleistet hat, darf bezweifelt werden.[32]

In jüngeren Arbeiten zum Thema taucht das Wort Junk kaum noch auf. Einige Wissenschaftler, wie die Mitglieder der International PostGenetics Society, haben den Begriff sogar aus ihrem wissenschaftlichen Wortschatz verbannt. Ist der Respekt der Wissenschaftler vor dem Gegenstand ihrer Forschung gewachsen? Wenn man den ersten Satz der mit fast 20 Seiten außergewöhnlich umfangreichen ENCODE-Veröffentlichung in *Nature* liest, könnte man durchaus auf diesen Gedanken kommen: »The human genome is an elegant but cryptic store of information.«[33]

Vor knapp zehn Jahren, bei der gefeierten Veröffentlichung der Ergebnisse des Humangenomprojekts klang das noch anders: »Das menschliche Genom hält einen außergewöhnlichen Fundus an Informationen über die menschliche Entwicklung, Physiologie, Medizin und Evolution bereit«, lautete damals der erste Satz.[34] Von Medizin und den anderen Wissenschaften ist heute nicht mehr die Rede, stattdessen fallen Worte wie »elegant« und »kryptisch«, die in harter wissenschaftlicher Prosa ansonsten Seltenheitswert besitzen. Ja, sie sind bescheidener geworden. Und ins Schwitzen gekommen.

Rechnen wir die Pilotphase von ENCODE auf das Genom hoch und fassen überspitzt zusammen: Ein Großteil der DNA-Sequenz wird im Zuge der Transkription in RNA übersetzt. Die Protein-Gene, die vor nicht allzu langer Zeit noch als einzige relevante Informationsträger angesehen wurden, sind nur ein kleiner Teil davon, und sie drohen in der Masse der gefundenen Transkripte beinahe unterzugehen. Da nur sie in Aminosäureketten und Proteine weiterverarbeitet werden, bleibt eine enorme Menge an RNA übrig, die es nach alter Auffassung gar nicht geben dürfte und die andere Aufgaben zu erfüllen haben muss. Wir werden später sehen, dass ein Teil dieser Aufgaben in der Regulation zu suchen ist (Kap. 13). Vielen der neu entdeckten Transkripte konnte aber im Theater der Lebensvorgänge bisher keine Rolle zugewiesen werden. Ob es sich um bedeutungslose Statisten handelt, wie manche Skeptiker meinen, bleibt abzuwarten. In einigen Fällen muss man aber wohl von Haupt- oder Nebenrollen ausgehen. Warum sonst hätte die Selektion über viele Millionen Jahre verhindern sollen, dass sich an den zugrunde liegenden DNA-Sequenzen etwas ändert?

Selbst ein weit verbreitetes Standardlehrbuch wie das von Bruce Alberts und Coautoren verfasste Werk *Molecular Biology of the Cell* stellt in seiner neuesten, post-ENCODE erschienen Auflage fest: »Diese unerwarteten Entdeckungen haben Wissenschaftler zu der Schlussfolgerung geführt, dass wir viel weniger von der Zellbiologie der Wirbeltiere verstanden, als wir uns vorher vorgestellt haben. Es gibt sicherlich reichlich Gelegenheiten für neue Entdeckungen, und wir sollten uns für die Zukunft noch auf viele Überraschungen gefasst machen.«[35]

5. DNA-Methylierung –
kleine Ursache, große Wirkung

In der ersten Hälfte der Geschichte, jenem Teil, der von der unendlich komplexen biochemischen Maschinerie der Zelle handelt und in dem Gene und DNA-Sequenzen die Hauptrollen spielen, ist zweifellos vieles in Bewegung geraten. Das gute alte Gen, gehasst und geliebt und Gegenstand hitziger Debatten und Glaubenskriege weit über die engen Zirkel der Naturwissenschaft hinaus – es ist ein Auslaufmodell.

Gleichzeitig betritt die Genetik auch auf anderen Feldern unsicheres Terrain. Ein Wunderland der Vererbung tut sich auf, in dem Menschen schwer erkranken, weil ihre Großväter als Jungen zu viel zu essen bekamen, in dem genetisch identische Mäuse drei verschiedene Fellfarben besitzen und auch geklonte Katzen völlig anders aussehen als ihre zellkernspendenden Klonmütter. Und in dem kleine gelb-weiß blühende Pflänzchen plötzlich ihre Blütengestalt wechseln und diese an ihre Nachkommen weitergeben, obwohl sich an der zugrunde liegenden Gen-Sequenz nichts geändert hat. Diese andere Hälfte der Geschichte ist nicht minder aufregend und könnte das Trümmerfeld noch um einiges vergrößern. Denn wenn es hart auf hart kommt und die vorliegenden Hinweise sich weiter verdichten, könnten für eine der tragenden Säulen unseres naturwissenschaftlichen Gedankengebäudes am Ende ein paar dicke neue Stützbalken erforderlich werden, damit das altehrwürdige Gemäuer die Last der neu gewonnenen Erkenntnisse noch tragen kann. Die Rede ist von Darwins Evolutionslehre bzw. ihrem nunmehr 70 Jahre alten Nachfolger, der *Modern Synthesis*. Nicht wenige Forscher sind der Ansicht, dass diese Sanierungsmaßnahmen überfällig sind. Noch sind sie eine Minderheit, aber die Rufe nach einer *Modern Synthesis 2.0* werden lauter.

Einer der wichtigsten Herausforderer kommt gewissermaßen aus den eigenen Reihen, ein neu und hell aufstrahlender Stern am Wissenschaftshimmel des 21. Jahrhunderts. Sein Name lautet Epigenetik.

Üblicherweise beginnt die Darstellung eines Wissenschaftszweiges mit seiner Definition. Im Falle der Epigenetik stecken wir damit schon in Schwierigkeiten, denn die Bedeutung dieses Begriffs hat in den letzten Jahrzehnten eine erhebliche »Evolution« durchgemacht, vor allem durch die enorme Zunahme unseres Wissens.

Wir sollten uns an dieser Stelle jedoch nicht mit langen Terminologiediskussionen[1] aufhalten, sondern von einer einfachen, verständlichen und möglichst allgemeinen Arbeitsdefinition ausgehen, damit wir ohne Umwege zur Sache kommen können. Eine solche gibt Gary Felsenfeld in seinem Aufsatz »Die kurze Geschichte der Epigenetik«: »Epigenetik ist das Studium von mitotisch und/oder meiotisch vererbbaren Veränderungen der Genfunktion, die nicht durch Veränderungen der DNA-Sequenz erklärt werden können.«[2]

Zwei Begriffe in dieser Definition sind erklärungsbedürftig. Unter Mitose versteht man die normale Zellteilung, die bei Einzellern zu ungeschlechtlicher Vermehrung und bei Vielzellern zu Wachstum und Erneuerung ihrer Gewebe führt. Ein Bakterium, ein Pantoffeltierchen oder irgendeine Zelle eines vielzelligen Organismus teilt sich in zwei Tochterzellen. Diese müssen nicht gleich groß sein, sie sind aber in jedem Fall genetisch identisch. Die Mitose ist nichts anderes als ein komplizierter Verteilungsmechanismus, der sicherstellt, dass die schon vorher verdoppelte DNA zu gleichen Teilen in die beiden Tochterzellen gelangt.

Die zweite Form der Zellteilung wird Meiose oder Reduktionsteilung genannt. Sie findet nur bei der Bildung der Keimzellen, also von Eizellen und Spermien, statt und steht somit ausschließlich im Dienste der sexuellen Fortpflanzung. Ihre Aufgabe ist es, den doppelten Chromosomensatz der Körperzellen auf die Hälfte zu reduzieren, sodass bei Verschmelzung von Ei- und Samenzellen wieder ein doppelter Satz entstehen kann. Bliebe diese Reduktion aus, würde sich die Chromosomenzahl von Generation zu Generation verdoppeln.

Linnés Peloria erscheint im Lichte dieser Definition sofort als klassisches Beispiel einer epigenetischen Vererbung. Die Basensequenz der DNA ist nicht betroffen, die für die charakteristische Blütengestalt zuständigen Gene des normalen und des pelorischen Leinkrauts sind identisch, und doch entstehen zwei unterschiedliche Erscheinungsbilder, sogenannte Phänotypen, die sogar über die Keimzellen an kommende Generationen vererbt werden. Gerade in dieser Weitergabe über die Generationen hinweg, die man bis vor wenigen Jahren noch für ausgeschlossen hielt, liegt das – verwenden wir ruhig diesen arg strapazierten Begriff – Sensationelle dieses Fallbeispiels. Zunächst sollte jedoch eine andere Frage im Vordergrund stehen: Wie kommt der veränderte Phänotyp der Peloria bei unveränderter DNA-Sequenz überhaupt zustande?

Greifen wir, wie seinerzeit Linné, zu Präparierbesteck und Lupe und betrachten die beiden unterschiedlichen Blütengestalten des Leinkrauts einmal genauer. Auf den ersten Blick scheinen sie bis auf die gelb-orange-weiße Farbe kaum etwas miteinander gemein zu haben. Die relativ unscheinbare Blüte der Peloria besitzt durch fünf gleichartige Blütenblätter, von denen jedes einen langen nach unten ragenden hohlen Sporn trägt, eine klare radiäre Symmetrie. Wie durch die Speichen eines Rades kann man durch jeden der Sporne eine Achse legen, um jeweils spiegelbildliche Blütenhälften zu erhalten.

Geradezu spektakulär wirkt dagegen die Blüte des Wildtyps.

Auch sie besteht aus fünf Blütenblättern, besitzt aber nur einen langen Sporn, der die Nektarkammer enthält, und gehorcht einer ganz anderen Symmetrie. Die Botaniker nennen solche Blüten zygomorph, eine Form, die man auch bei Schmetterlingsblütern, Veilchenarten oder Orchideen findet und die oft mit der Bestäubung durch Bienen korreliert ist. Zygomorphe Blüten besitzen genau eine Symmetrieachse, die von oben nach unten (eigentlich von dorsal nach ventral, siehe folgende Seite) durch die Mitte der Blüte und, im Falle des Leinkrauts, durch den nach unten ragenden Sporn mit dem Nektarium führt.

Dieser unterschiedlichen Blütensymmetrie folgt auch die Zahl und Anordnung der pollentragenden Staubblätter, was für Linné seinerzeit von besonderer Bedeutung gewesen sein dürfte. Peloria besitzt fünf gleich lange Staubblätter, die Blüte des Wildtyps dagegen nur vier, die noch dazu unterschiedliche Längen aufweisen. Man kann die Verwirrung des großen Botanikers nachvollziehen. Morphologisch betrachtet scheinen zwischen diesen beiden Blüten Welten zu liegen.

Das Bild ändert sich aber, wenn wir die zarten Gebilde mithilfe von Schere und Pinzette fein säuberlich in ihre Bestandteile zerlegen. Die Schere ist erforderlich, weil die Blütenblätter in beiden Varianten an der Basis zusammengewachsen sind und eine Röhre bilden. Wir gehen davon aus, dass alle Blütenblätter zu gleichen Teilen an dieser Röhrenbildung beteiligt sind, trennen sie vorsichtig bis zum Blütenboden auf, zupfen die Staubblätter heraus und legen die Einzelteile in zwei Reihen nebeneinander, oben den Wildtyp, unten Peloria.

Sofort lichtet sich der Nebel und es genügt ein Blick, um zu erfassen, was hier geschehen ist. Während vier der fünf Blütenblätter des normalen Leinkrauts oberhalb der Röhre in verschiedenförmige breite Lappen auswachsen, die sich zu der charakteristischen Blütengestalt zusammensetzen, besitzt das Blütenblatt, das den Sporn ausbildet, nur einen kleinen, kragenförmig umgeschlagenen Lappen und darüber eine orangefarbene Lippe. Es ist exakt die Form, die bei Peloria von allen fünf Blütenblättern ausgebildet wird. Auch die dazugehörigen Staubblätter bestätigen diese Sicht. Bei Peloria sind alle fünf lang und behaart, was im Wildtyp nur für die beiden Staubblätter auf der stängelabgewandten Bauchseite gilt. Die beiden seitlichen sind dagegen kürzer und verhältnismäßig nackt, das dorsale in Stängelnähe verkümmert. (Da Pflanzen und ihre Blüten keine Bäuche besitzen, ist diese Terminologie etwas gewöhnungsbedürftig. Entscheidend ist die Lagebeziehung zu Stamm oder Stängel. Die abgewandte Seite wird als Bauchseite [ventral] bezeichnet, die dem Stängel zugewandte als Rückenseite [dorsal].)

Plötzlich erscheinen die beiden Blütengestalten gar nicht mehr so unvereinbar, denn die eine lässt sich leicht aus der anderen ableiten. Verfünffacht man das ventrale kleinlappige Blatt mit dem Sporn, erhält man sofort die fünfstrahlige Symmetrie der Peloria.

Hätten wir diese vergleichende Untersuchung mit einer normalen und einer pelorischen Blüte des Löwenmauls durchgeführt, wäre ein ganz ähnliches Ergebnis herausgekommen. Pelorische Blüten scheinen also ein Art Sparvariante des Wildtyps zu sein. Die Differenzierung in verschieden gestaltete Blüten- und Staubblattformen verschwindet, stattdessen wird eine dieser Formen, die anatomisch auf der Bauchseite liegende, vervielfältigt. Die Blüte ist vollständig »ventralisiert«.

Die Frage, wie es zu dieser Veränderung kommt, führt tief hinein in das molekulare Räderwerk der Blütenbildung. Wie hat man sich deren genetische Steuerung überhaupt vorzustellen? Gibt es ein Gen für jedes Blütenblatt, das dessen charakteristische Form und Farbe vorgibt, darüber hinaus weitere für die spezifische Ausgestaltung der Staubgefäße und der anderen Blütenstrukturen? Die unbekannte Veränderung in der pelorischen

Pflanze müsste dann gleich mehrfach eingetreten sein, in jeder einzelnen von dem Gestaltwandel betroffenen Struktur.

Antwort gibt ein seit Jahren boomendes Teilgebiet der Biologie, genannt evolutionäre Entwicklungsgenetik. Bekannter ist es unter dem Kürzel Evo-Devo, zusammengesetzt aus den englischen Wörtern *evolution* und *development*. Trotz des komplizierten Namens ist der Gedanke, der dahinter steckt, einfach und unmittelbar einleuchtend. Jeder Organismus beginnt sein Leben in Gestalt einer einzigen Zelle, der befruchteten Eizelle oder Zygote. Ihr ist nicht anzusehen, ob daraus ein Mensch, ein Schimpanse oder eine Maus entstehen wird, eine Peloria oder das vertraute Leinkraut. Erst eine lange Kette von Entwicklungsprozessen, die mit den ersten Zellteilungen einsetzen, lässt aus dieser einen Zelle den fertigen Organismus entstehen, mit all den charakteristischen Fähigkeiten und Eigenschaften, die ihn von anderen unterscheiden. Veränderungen der Tier- oder Pflanzengestalt sind demzufolge auf veränderte Entwicklungsprozesse zurückzuführen. Da diese genetisch gesteuert werden, dürften die Gene, die diese Kontrolle ausüben, entscheidenden Einfluss auf den evolutionären Gestaltwandel haben.

Ein Blick auf die Entwicklung der beiden Blütentypen des Leinkrauts könnte also weiterhelfen. Wann beginnen sich die Wege von Wildtyp und Peloria zu trennen?

Enrico Coen und seine Mitarbeiter im englischen Norwich fanden zunächst beide Pflanzen bei der Blütenbildung in perfektem Einklang vor.[3] In frühen Stadien, in denen die Blüte nur eine kleine Verdickung unterhalb der Sprossspitze ist, deutet nichts darauf hin, dass Peloria einen Sonderweg einschlagen könnte. Beide Blütenanlagen gehorchen im Inneren einer mehr oder weniger perfekten fünfstrahligen Symmetrie. Erst wenn sich die Röhre der Blüte zu bilden beginnt und die winzigen Knöspchen von Staub- und Blütenblättern erkennbar werden, zeigen sich erste Unterschiede. Das stängelnahe dorsale Staubblatt des

Wildtyps bleibt im Wachstum zurück, während die beiden dort entstehenden Blütenblätter immer größer werden und schließlich alles überdecken. Bei Peloria bleiben alle Staub- und Blütenblätter gleich groß. Anscheinend ist es also nicht Linnés Monster, das den anfangs gemeinsam eingeschlagenen Weg verlässt, sondern der Wildtyp. Es ist, als sei in dessen dorsaler stängelnaher Blütenhälfte ein Schalter betätigt worden, der irgendetwas in Bewegung setzt, um die ursprünglich vorhandene radiäre Symmetrie mehr und mehr zu verzerren, während bei der pelorischen Blütenanlage alles beim Alten bleibt.

Dies erinnerte bis ins Detail an Befunde, die man einige Jahre zuvor an pelorischem Löwenmaul erarbeitet hatte. Zufällig wurden an diesem nahen Verwandten des Leinkrauts die bislang detailliertesten Untersuchungen zur genetischen Steuerung der Blütensymmetrie durchgeführt.[4] Im Gegensatz zum Leinkraut wird das pelorische Erscheinungsbild des Löwenmauls allerdings von einer echten Mutation hervorgerufen. Sie betrifft das Gen CYCLOIDEA.[5] CYC, so die Kurzbezeichnung, ist der gesuchte Schalter, der aus einer radiärsymmetrischen Blütenanlage eine zygomorphe Blüte macht.

CYC wird nur im stängelnahen dorsalen Bereich der Blütenknospe aktiv. Die Konzentration seines Genprodukts, eines Transkriptionsfaktors, der die Aktivität anderer Gene beeinflusst, ist also genau dort am höchsten, wo sich die größten Veränderungen abspielen. Die Anlagen der beiden seitlichen Blütenblätter sind deutlich geringeren Mengen des CYC-Proteins ausgesetzt. Auf der ventralen Seite kommt praktisch nichts mehr an. Schon die einseitige Ausschüttung dieses Signalstoffes verleiht der ursprünglich radiärsymmetrischen Anlage der Blüte eine unsichtbare spiegelbildliche Symmetrie. Sichtbar wird sie erst, wenn sich die einzelnen Blütenbestandteile in unterschiedliche Richtungen entwickeln, jeweils gemäß der empfangenen Stärke des chemischen CYC-Signals.

Wie schon berichtet, besitzt auch das Leinkraut ein CYC-Gen. Es heißt LCYC und ist mit seiner Entsprechung im Löwenmaul zu 87 Prozent identisch. Als Enrico Coen, Pilar Cubas und Coral Vincent dessen normales Aktivitätsmuster analysierten, fanden sie das gleiche Bild wie beim Löwenmaul. Auch LCYC ist nur im dorsalen Teil der Blütenanlage aktiv und überzieht die ganze Struktur mit einem steilen chemischen Gradienten von dorsal nach ventral.

In der pelorischen Blüte aber ist sein Genprodukt nicht nachweisbar. LCYC ist verstummt, das richtungsweisende Signal für die dorsalen und seitlichen Strukturen bleibt aus, und die einmal eingeschlagene Entwicklung zu einer radiärsymmetrischen Blüte mit fünf identischen gespornten Blütenblättern geht unverändert weiter. Die Aktivität oder besser, die Passivität eines einzigen Gens reicht also aus, um einer so prominenten und komplexen Struktur wie einer Blüte ein vollkommen anderes Aussehen zu verleihen. Das Ergebnis ist Peloria, Linnés Monsterpflanze, das Kalb mit dem Wolfskopf. Was ist mit LCYC geschehen?

Unter dem Dach der Epigenetik sind mittlerweile über 20 verschiedene Mechanismen beschrieben worden.[6] Vermutlich verfügen alle Organismen über einen mehr oder weniger gut ausgestatteten epigenetischen Werkzeugkasten. Nachgewiesen wurde er jedenfalls überall, angefangen bei Einzellern, wie der Bierhefe *Saccharomyces cerevisiae* oder dem Pantoffeltierchen *Paramecium*, über den Fadenwurm bis hin zum Fliegenwinzling *Drosophila*. Das umfangreichste epigenetische Instrumentarium scheinen aber Blütenpflanzen und Säugetiere zu besitzen.

Fast alle epigenetischen Mechanismen haben damit zu tun, dass die DNA in den Zellkernen nicht nackt vorliegt, sondern sowohl kurz- als auch langfristige Verbindungen mit anderen Molekülen eingeht – eine Tatsache, die in der Berichterstattung über die Sequenzierung des menschlichen Genoms kaum je Erwähnung fand, obwohl sie den beteiligten Wissenschaftlern fraglos bekannt war. Gehen wir zu ihren Gunsten davon aus, dass es ihnen nicht darum ging, konkurrierende Forschungsrichtungen zu unterschlagen. Vermutlich wurde die Bedeutung epigenetischer Phänomene damals generell unterschätzt.

Eine der wichtigsten chemischen Verbindungen, die dauerhaft, aber reversibel an den DNA-Faden andockt, ist gleichzeitig eines der kleinsten organischen Moleküle überhaupt: die sogenannte Methylgruppe, die aus einem Kohlenstoffatom und drei Wasserstoffatomen besteht, $-CH_3$. Als eigenständige chemische Verbindung kann sie nicht existieren, nur als Teil und Anhang größerer Moleküle. Sie leitet sich chemisch von dem Gas Methan ab (CH_4), das durch seine enorme Treibhauswirkung im Rahmen der Klimadebatte zu trauriger Berühmtheit gelangt ist.

Die Methylierung, also die Bindung einer Methylgruppe an die DNA, kann nicht wahllos an beliebigen Stellen des langen Molekülfadens erfolgen, sondern bei Wirbeltieren, also auch uns Menschen, ausschließlich an der Base Cytosin, und zwar nur dann, wenn auf Cytosin (C) ein Guanin (G) folgt. Von einer Methylierung des Cytosins ist weder die Sequenz der DNA betroffen noch die feste Basenpaarung. Da sich Cytosin im DNA-Doppelstrang nur mit Guanin paaren kann und umgekehrt, liegt der Kurzsequenz CG im einen Strang dieselbe Sequenz im entgegengesetzt orientierten anderen Strang gegenüber. In der Regel sind beide entweder methyliert oder nicht.

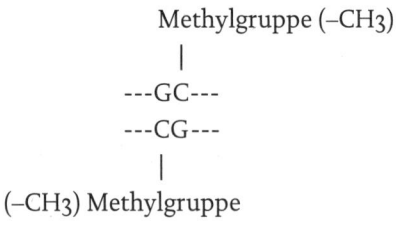

Methylgruppe ($-CH_3$)
|
---GC---
---CG---
|
($-CH_3$) Methylgruppe

Natürlich stellten sich Forscher die Frage, in welchem Ausmaß die DNA methyliert ist, wie die methylierten CG-Sequenzen im Genom verteilt sind und vor allem, welche Auswirkungen dieser kleine Molekülanhang auf die Funktion des Erbmoleküls hat. Hilfreich für die Lösung dieser Probleme waren Entdeckungen, die dem Schweizer Werner Arber und den Amerikanern Hamilton Smith und Dan Nathans in den Sechziger- und Siebzigerjahren des 20. Jahrhundert gelangen.[7] Sie stellten der Molekularbiologie ein mächtiges und völlig neuartiges Instrumentarium zur Verfügung, das auch in den Untersuchungen der Peloria durch Enrico Coen und seine Mitarbeiter Verwendung fand.

Arber, Smith und Nathans forschten an Viren und Bakterien. In Letzteren stießen sie dabei auf Enzyme, die in der Lage waren, bestimmte kurze Basenfolgen der DNA zu erkennen und den Faden an genau definierten Positionen zu durchtrennen. So erkennt zum Beispiel eines dieser Enzyme (AatII) die Sequenz GACGTC und durchtrennt den DNA-Faden zwischen den Basen Thymin und Cytosin: GACGT↓C. Andere Enzyme erkennen möglicherweise die gleiche Sequenz, schneiden aber an einer anderen Stelle. Vermutlich hätten es sich Arber und seine Kollegen kaum träumen lassen, dass knapp ein halbes Jahrhundert später über 3.500 solcher Restriktionsenzyme bekannt sein würden, ein beeindruckendes Arsenal hoch spezialisierter chemischer Messer, das für die Laborarbeit passionierter DNA-Tüftler kaum noch Wünsche offenlässt. Ein großer Teil dieser für die moderne Forschung unverzichtbaren Enzyme ist heute von speziellen Anbietern käuflich zu erwerben.[8]

Machen wir uns in einem Gedankenexperiment klar, was diese Enzyme zu leisten imstande sind. Gäbe es, sagen wir, winzig kleine automatische Scheren, die in der Lage wären, die Buchstabenfolge u-n-d zu erkennen und das Blatt Papier, auf das diese Folge gedruckt wurde, zwischen dem n und dem d zu durchschneiden, und ließen wir eine Handvoll dieser Scheren auf den dicken Manuskriptstapel los, der diesem Buch zugrunde lag, zerfiele der im Handumdrehen in einen scheinbar chaotischen Haufen von Papierschnipseln, den zu sortieren Sie wohl einen Großteil Ihres Lebens kosten würde. Würden Sie es versuchen, fiele Ihnen schnell auf, dass jeder Schnipsel mit einem u-n enden und einem d beginnen würde. Die Scheren hätten aber nicht nur das Wort »und« durchtrennt, auch »rund« wäre ihnen zum Opfer gefallen, »undenkbar« oder »Bundesrepublik«.

Anschließend wiederholen wir das Ganze mit einem zweiten Manuskriptstapel desselben Buches. Die Scheren können Sie getrost wieder verwenden. Sie erhalten einen zweiten Haufen aus Tausenden von Papierschnipseln, beginnen wieder zu sortieren und stellen am Ende verblüfft fest, dass die Scheren die beiden Manuskriptstapel in exakt dieselben Schnipsel zerschnitten haben. Jetzt testen Sie zu Vergleichszwecken einen anderen Satz Scheren, der auf die Buchstabenfolge a-n-d anspricht. Obwohl sich nur ein Buchstabe geändert hat, wird Ihnen schon die Größe und Form des resultierenden Schnipselhaufens zeigen, dass das Ergebnis ein ganz anderes ist. Diesmal hat es sehr viel seltenere Worte wie »andere«, »randständig« oder »Hand« erwischt. Im Durchschnitt dürften die einzelnen Schnipsel wesentlich größer sein. Viele Seiten sind intakt geblieben, weil die Scheren keine passende Schnittstelle finden konnten.

Die resultierenden Schnittmuster bzw. Schnipselhaufen sind also spezifisch für ein bestimmtes Manuskript und den verwendeten Scherensatz. Oder anders formuliert: Die aus dem Einsatz von Restriktionsenzymen resultierenden DNA-Fragmente sind spezifisch für ein bestimmtes Genom (oder einen Ausschnitt davon) und die verwendeten Enzyme. Vergleicht man die Schnipsel zweier unbekannter Manuskripte, die mit demselben Scherensatz behandelt wurden, ergibt ein einfacher Größenvergleich der Schnipsel, ob die beiden Manuskripte identisch waren oder nicht. Man kann das Verfahren sogar vereinfachen, indem jeweils nur die ersten zehn oder 20 Seiten analysiert werden oder die Seiten 37 bis 45. Ohne einen einzigen Satz lesen zu müssen, werden wir auch anhand kleiner Textproben mit einer gewissen Wahrscheinlichkeit entscheiden können, ob wir es mit identischen Manuskripten zu tun hatten. Nach einem ähnlichen Prinzip funktioniert eine Variante des berühmten genetischen Fingerabdrucks.

Auch das Team von Enrico Coen verwendete Restriktionsenzyme, um die aus pelorischen und normalen Leinkrautpflanzen isolierten LCYC-Gene zu zerschneiden und die erhaltenen DNA-Fragmentgemische zu vergleichen. Die Resultate fielen erwartungsgemäß aus, denn die Forscher gingen anfangs davon aus, dass sie es bei Peloria mit einer echten Mutation zu tun hatten. Sie wollten sie lokalisieren und analysieren. Und tatsächlich: Die beiden DNA-Schnipselhaufen unterschieden sich. Es musste bei Peloria also Abweichungen in der Basensequenz geben, sonst hätten die Enzymscheren die DNA-Fäden an den gleichen Positionen getrennt.

Umso größer war die Überraschung, als sich die Forscher die Ergebnisse der anschließenden Sequenzierung ansahen. Die Basenfolgen der beiden Genvarianten waren identisch. Trotzdem hatten die sonst so zuverlässigen Restriktionsenzyme an verschiedenen Stellen geschnitten. Warum?

Restriktionsenzyme sind äußerst wählerisch. Sie werden nur aktiv, wenn sie in der Basenfolge auf ihre Erkennungssequenz treffen und tolerieren dabei nicht die geringste Abweichung. Zudem, und das ist in unserem Zusammenhang von besonderer Bedeutung, sind viele von ihnen methylierungssensitiv. Sie durchtrennen die DNA nur, wenn eine innerhalb ihrer Erkennungssequenz liegende Cytosin-Guanin-Basenfolge methyliert ist oder eben nicht, sozusagen je nach enzymatischer Vorliebe.

Für unser Gedankenexperiment wurden zwei weitere Manuskriptstapel vorbereitet. Wieder handelt es sich um Ausdrucke dieses Buches, aber diesmal hat jemand ohne unser Wissen jedes »und« des Textes in Fettdruck markiert. Man teilt uns allerdings nur mit, dass einige Erkennungssequenzen fett gedruckt worden seien, und stellt uns die Aufgabe, ihre genaue Position zu ermitteln. Dafür stehen uns zwei verschiedene Scherensätze zur Verfügung. Der erste zerschneidet die Seiten des Manuskriptstapels, sobald er auf die Buchstabenfolge u-n-d trifft. Das Ergebnis ist dasselbe wie bei unserem ersten Versuch. Der zweite Scherensatz aber ist fettdruck-sensitiv und kann nur schneiden, wenn keine Markierung vorliegt. Er wird also das im gesamten Text fett markierte Wort **und** intakt lassen und nur dann aktiv, wenn u-n-d in längeren Buchstabenketten auftaucht, zum Beispiel in »Grund« oder »Underberg«. Das Ergebnis sind zwei sehr unterschiedliche Schnipselhaufen. Wer will, kann durch detaillierten Vergleich der Schnipsel herausfinden, welche u-n-d-Buchstabensequenz fett markiert war und deshalb vom zweiten Scherensatz verschont wurde und welche nicht.

Nun lässt sich auch der Widerspruch in den Resultaten der englischen Peloria-Forscher auflösen. Denn die Restriktionsenzyme, die Coen und seine Kollegen benutzten, um das LCYC-Gen zu zerlegen, waren methylierungssensitiv. Sie wiederholten ihren Versuch mit zwei neuen Scherensätzen, einer war, wie in unserem Gedankenexperiment, immun gegenüber einer möglichen Methylierung, der andere empfindlich. Ließen sie diese chemischen Messer auf das Gen des Wildtyps los, lieferten beide Sätze das gleiche Ergebnis. LCYC ist im normalen Leinkraut also nicht methyliert. Beim Gen der pelorischen Pflanze aber fielen die Schnittresultate der beiden Enzyme unterschiedlich aus.

Die Forscher sicherten sich durch eine Reihe von Kontrollversuchen ab, dann war das Rätsel Peloria gelöst. Innerhalb der

codierenden Sequenz hatten sich etwa ein Dutzend Methylgruppen angelagert und das LCYC-Gen offenbar inaktiviert, mit
einem Ergebnis, das den großen Linné in ein aufreibendes
Wechselbad der Gefühle gestürzt hatte. 250 Jahre später sorgte
dieses unerwartete Resultat in Wissenschaftskreisen erneut für
Unruhe. Die erste in der Natur vorkommende morphologische
Mutante, der man derart en detail auf den Grund ging, war nicht
das Resultat einer sequenzverändernden Mutation, sondern einer veränderten DNA-Methylierung. Peloria ist eine Epimutation, ein Phänomen, das in der gängigen Evolutionstheorie gar
nicht vorkam. Cubas, Vincent und Coen resümierten: »Epigenetische Mutationen könnten eine viel bedeutendere Rolle in der
Evolution spielen, als bisher angenommen.«[9]

In der Natur sind Methylierungsmuster nicht so leicht zu durch-
schauen wie in unserem Gedankenexperiment. Trotzdem wurde es durch Einsatz methylierungssensitiver Restriktionsenzyme möglich, den Grad der Methylierung von Genomen oder
Teilen davon zu bestimmen und die Verteilung der methylierten
CG-Sequenzen innerhalb der DNA zu ermitteln. Mittlerweile
gibt es dafür ausgefeiltere Methoden (etwa die sogenannte Bi-
sulfid-Modifikation), die es möglich machen, Methylierungsmuster für große Genombereiche zu bestimmen.[10]

Es zeigte sich, dass bei einfach gebauten vielzelligen Organismen das Ausmaß der DNA-Methylierung gering ist; bei Wirbeltieren mit ihren hoch komplexen großen Genomen tragen
bis zu zehn Prozent aller Cytosin-Basen einen Methylanhang.[11]
Eine Methylierung ist aber nur in der Sequenz CG möglich, die
im menschlichen Erbgut etwa 30 Millionen Mal vorkommt.[12]
Hier liegt der Anteil dementsprechend viel höher und schwankt
zwischen 60 und 90 Prozent. Es handelt sich also keinesfalls um
ein unbedeutendes Randphänomen.

Welche Funktion hat diese Methylierung? Und wozu verfügen einfache Zellen wie Bakterien über ein derart beeindruckendes Arsenal an chemischen Präzisionsscheren? Bei Bakterien, den ältesten Lebensformen auf unserem Planeten, arbeiten Methylierung und Restriktionsenzyme vereint im Dienste der Verteidigung gegen fremde DNA. Nicht nur der Mensch und sein Geflügel, auch Bakterien werden von Viren attackiert, die ihre Erbsubstanz zum Zwecke der eigenen Vermehrung in Wirtszellen injizieren. Fremde DNA kann aber auch einfach aus der Umgebung aufgenommen werden, eine Fähigkeit von Bakterien, die sich Avery und seine Mitarbeiter in ihren berühmten Experimenten zunutze machten, um die DNA als Träger der Erbinformation zu identifizieren (s. Kap. 2). Fremde DNA kann in Bakterienzellen allerdings erhebliches Unheil anrichten. Falls sie nicht sinnvoll in das eigene Genom integrierbar ist, muss sie möglichst unschädlich gemacht werden, bevor der fein abgestimmte biochemische Apparat der Zelle in gefährliche Unordnung gerät. Es ist, als würde eine Baukolonne unwissentlich zwei unterschiedlichen Bauplänen folgen. Das seltsame Gebäude, das dabei herauskäme, wäre wahrscheinlich akut einsturzgefährdet. Methylierungsempfindliche Restriktionsenzyme beenden das Informationschaos in der Zelle. Damit sie nicht auch die eigene DNA angreifen, ist diese in den Erkennungssequenzen der Enzyme durch ein spezifisches Methylierungsmuster geschützt. Die Enzymscheren werden blockiert. Fremde DNA aber, die mit hoher Wahrscheinlichkeit über ein anderes Muster verfügt, wird als fremd erkannt und zerschnitten. Aus Erbsubstanz wird Nahrung.

Auch in höher entwickelten vielzelligen Organismen – einschließlich uns Menschen – hat die Methylierung der DNA primär eine Schutzfunktion, die allerdings in ganz anderer Weise funktioniert.[13] Gerade unser Erbmolekül enthält eine erstaunlich große Menge an parasitischen und mobilen DNA-Sequenzen, die sich dort im Laufe der Jahrmillionen eingenistet haben, oftmals in hundertfacher, ja, vieltausendfacher Ausfertigung (s. Kap. 9). Und genau in diesen Bereichen des Genoms findet man mehr als 90 Prozent der methylierten CG-Sequenzen.[14]

An Modellen des DNA-Moleküls kann man zwei spiralig gewundene Furchen erkennen, eine breite Haupt- und eine schmalere Nebenfurche. Die Methylanhänge der Cytosin-Basen liegen in der Hauptfurche und damit in dem Bereich, den auch viele andere Moleküle zur Andockung an die DNA benutzen. Sie locken eine ganze Gruppe von speziellen Proteinen[15] an, die sich an methylierte CG-Sequenzen anlagern und die Transkription der betroffenen DNA-Elemente unterdrücken.[16] Auf diese Weise wird die Methylierung zu einem der wichtigsten Instrumente der Zelle, um Genomparasiten in Schach zu halten und zu inaktivieren.

In Zeiten der Gentechnik hat auch der Mensch begonnen, fremde Gene in Organismen einzuschleusen. Und interessanterweise erfahren diese künstlich eingeführten Fremdgene nicht selten dasselbe Schicksal wie die natürlicherweise vorhandenen und vermutlich uralten DNA-Parasiten. Zuerst nehmen sie in der neuen Umgebung, wie erhofft, ihre Arbeit auf, dann aber, nach nur ein oder zwei Generationen, ist ihr Genprodukt plötzlich nicht mehr nachweisbar. Die Vermutung verblüffter Forscher, dass das eingeschleuste Fremdgen verloren gegangen sei, bewahrheitete sich nicht. Stattdessen fand man die Gene noch immer an Ort und Stelle, allerdings in stark methylierter Form. Der Empfänger hatte den Gen-Eindringling stillgelegt, man spricht von *transgene silencing.* Die »Zellverteidigung« ist also jederzeit einsatzbereit. Einmal ausgeschaltet, vererbte sich dieser Zustand des Gens über viele Generationen.[17]

Der winzige Molekülanhang leistet aber noch mehr. Die Stilllegung von Genen, das sogenannte *gene silencing*, das in der Evolution vermutlich als Verteidigungsinstrument gegen fremde DNA entstanden ist, erfüllt heute Aufgaben, die viel weiter reichen. Das LCYC-Gen des pelorischen Leinkrauts ist ein ganz normales Gen. Methyliertes Cytosin findet man also nicht nur in parasitischen DNA-Abschnitten.

Abgesehen von den Keimzellen besitzen alle Körperzellen eines Organismus dieselbe genetische Ausstattung. Will man die DNA-Sequenz eines Individuums bestimmen, ist es daher egal, ob man von einer Nerven-, Haut- oder Darmzelle ausgeht, von Zellen, die aus Blütenblättern oder Wurzelgewebe stammen. Ihre DNA-Sequenzen sind identisch. Was sich bei diesen verschiedenen Zelltypen allerdings deutlich unterscheidet, ist das Verteilungsmuster der an die DNA gebundenen Methylgruppen, ihr Methylom. Es entspricht ihren jeweiligen Spezialisierungen. Jeder Zelltyp greift für seine spezifischen Aufgaben nur auf einen kleinen Teil des gesamten Geninventars zurück. Eine Hautzelle muss kein Hämoglobin produzieren, eine Darmzelle keine Neurotransmitter, also werden die entsprechenden Gene stummgeschaltet, unter Beteiligung der Methylgruppen. Offenbar sind sie in diesem Zusammenhang nicht die entscheidenden Faktoren, aber Methylgruppen verstärken, verfestigen und erhalten eine bereits auf andere Weise angelegte Inaktivierung. Der Grad der Methylierung ist bei denjenigen Genen besonders hoch, die von einem bestimmten Zelltyp nicht gebraucht werden.

Im Zusammenhang mit der umstrittenen Forschung an embryonalen Stammzellen ist immer wieder von deren Totipotenz die Rede, ihrer Fähigkeit, sich nach Empfang bestimmter chemischer Signale in jeden beliebigen Zelltyp zu differenzieren. In einem sehr frühen Stadium der Embryonalentwicklung sind die Zellen noch nicht spezialisiert, ihre DNA ist relativ arm an Methylgruppen. Vor der Einnistung des Embryos durchläuft die

DNA sogar einen Prozess der Demethylierung, bei dem mehr als die Hälfte der von den Eltern über die Keimzellen geerbten Methylgruppen entfernt werden.[18] Nach der Einnistung entsteht dann ein neues embryotypisches Methylierungsmuster, das beim Menschen von der neunten Schwangerschaftswoche an dem Muster erwachsener Zellen entspricht.[19] Schon bei der Bildung von Eizellen und Spermien in den Keimdrüsen der Eltern spielt sich ein ähnlicher Prozess ab: Alte Methylierungen werden entfernt und durch neue ersetzt. Einige der für den Nachwuchs bestimmten elterlichen Gene erhalten eine geschlechtsspezifische Prägung, ein sogenanntes Imprinting.[20] Noch ist nicht verstanden, wie diese Prozesse im Einzelnen funktionieren und gesteuert werden, klar ist aber, dass eine Störung für die Zelle und den betroffenen Organismus katastrophale Folgen hat.

Die Zellen müssen daher sicherstellen, dass die während der frühen Entwicklung von Embryo und Fötus angesammelten Informationen nicht verloren gehen. Denn genau darum handelt es sich bei der DNA-Methylierung: um eine zweite epigenetische Informationsebene, die der Basensequenz nachgeordnet ist, nicht eine Ebene der Konstruktion, sondern der Regulation. Sie enthält keine Informationen über die Synthese von Proteinen, sondern darüber, ob die Proteinbauanleitung, die in der DNA-Sequenz steckt, vom biochemischen Apparat der Zelle überhaupt ausgeführt werden soll, und sie bestimmt, zusammen mit anderen Faktoren, darüber, in welcher Phase des Heranwachsens und wo im Körper dies zu geschehen hat. Man spricht deshalb auch von epigenetischer Programmierung.

Im Falle einer Zellteilung droht nun aber genau dieser Ernstfall: der Verlust von Methylgruppen und damit von lebenswichtiger Information. Denn während der identischen Verdopplung der DNA – der sogenannten Replikation, die einer Zellteilung vorausgeht – werden die beiden Stränge voneinander getrennt und die jeweils fehlenden »Partner« aus dem Ersatzteillager der

Zelle ergänzt. Einen reibungslosen Ablauf vorausgesetzt, entstehen aufgrund der festen Basenpaarung zwei perfekte Kopien des ursprünglichen Erbmoleküls. Sie bestehen jeweils aus einem alten und einem neu synthetisierten Strang, nur Erstere aber tragen das für ihren Zelltyp charakteristische Methylierungsmuster. Die jeweils ergänzten neuen Stränge sind nackt. Würde sich eine solche Zelle mit nur einseitig methylierter DNA ein weiteres Mal teilen, wäre die Methylierung in einer der beiden Tochterzellen völlig verschwunden, was, wie wir gleich sehen werden, einem Super-GAU für den betroffenen Organismus gleichkäme.

Wenn sich eine Leberzelle teilt, müssen daraus wieder zwei vollwertige Leberzellen mit intakter epigenetischer Programmierung hervorgehen, also mit dem kompletten Methylgruppenarsenal an beiden Strängen. Und tatsächlich ist dies der Zustand, den man in der Natur vorfindet. Die sich im DNA-Doppelstrang gegenüberliegenden CG-Sequenzen sind entweder beide methyliert oder nicht. Schon in den 1970er-Jahren postulierten Wissenschaftler deshalb einen Kopiermechanismus, der in der Lage wäre, das Methylierungsmuster eines Strangs auf den komplementären zweiten Strang zu übertragen.

1983 beschrieben Timothy Bestor und Vernon Ingram ein Enzym, das genau das zu leisten vermag. Alle Enzymnamen enden auf die Silbe -ase, und dieses spezielle Enzym transferiert Methylgruppen an die DNA, also wurde es Methyltransferase genannt. Da es dafür sorgt, den bereits vorhandenen Methylierungsstatus der DNA über eine Mitose hinaus zu erhalten, lautet seine vollständige Bezeichnung Erhaltungs-Methyltransferase (Dnmt1). Das Enzym erkennt einseitig methylierte CG-Sequenzen und ergänzt den fehlenden Molekülanhang. Der zelluläre Super-GAU ist abgewendet.

Das, was die Molekularbiologen identische Reduplikation nennen, umfasst also noch mehr, als Watson und Crick vor einem halben Jahrhundert im Blick hatten. Bei der Verdopplung der DNA bleibt nicht nur ihre Sequenz erhalten – auch die seit der frühen Embryonalentwicklung an das Cytosin gebundenen Methylgruppen befinden sich danach in beiden Tochtermolekülen an exakt denselben Positionen (s. aber Kap. 11). Im Zusammenhang mit epigenetischen Mechanismen im Allgemeinen und der Methylierung im Besonderen wird daher auch von einem »zellulären Gedächtnis« gesprochen.

Bald wurde allerdings klar, dass es noch weitere Enzyme mit ähnlichen Fähigkeiten geben musste, denn Mäuse, deren Erhaltungs-Methyltransferase stillgelegt wurde, waren trotzdem in der Lage, ein eingeschleustes Virengenom zu methylieren. Tatsächlich stieß man Ende der 1990er-Jahre in DNA-Sequenzdatenbanken auf zwei weitere Enzymkandidaten. Heute weiß man, dass sie im Gegensatz zur Erhaltungs-Methyltransferase ausschließlich damit beschäftigt sind, neue Methylgruppen an beide Stränge der DNA zu heften. Es sind De-Novo-Methyltransferasen.[21]

Die Entdeckung eines Gens und des von ihm codierten Enzyms ist eine Sache, die Aufklärung ihrer genauen Funktion eine ganz andere. Um diese herauszufinden, hat sich eine recht brachiale Methode bewährt. Man schaltet das betreffende Gen aus und verfolgt, was passiert. Auszubaden haben das in vielen Fällen die Labormäuse, deren große Verdienste um die epigenetische Forschung noch ausführlich zur Spache kommen werden.

Nimmt man ihnen durch gezielte Veränderung der Methyltransferase-Gene die Fähigkeit, Methylgruppen an die DNA zu heften, sind die Tiere nicht lebensfähig. Je nachdem, welches Transferase-Gen betroffen ist, sterben die Mäuse mit schweren Entwicklungsstörungen wenige Tage nach der Einnistung des Embryos oder spätestens vier Wochen nach der Geburt. Als man ausgewählte Genomabschnitte genauer überprüfte, zeigte sich, dass Methylierungen tatsächlich verschwunden oder zumindest deutlich reduziert waren. Erwartungsgemäß ist ein Totalverlust nur dann zu beobachten, wenn das Gen für die Erhaltungs-Methyltransferase ausgeschaltet wird und die Methylierungsmuster während der Zellteilungen verloren gehen. Fehlen die De-Novo-Methyltransferasen, wird der Methylierungsstatus der DNA gewissermaßen eingefroren, weil keine neuen Molekülanhänge dazukommen. Ein Forscherteam der Harvard Medical School beobachtete zudem zahlreiche Chromosomenbrüche und -fusionen. Bei männlichen Mäusen, denen eine De-Novo-Methyltransferase fehlte, erwachten parasitische DNA-Sequenzen zum Leben. Die Tiere erwiesen sich zwar als lebensfähig, waren aber steril, da alle Spermien während des Reifungsprozesses abstarben.

Alles in allem also eine Liste ziemlich verheerender Fehlentwicklungen. Offenbar ist die Ausbildung spezifischer Methylierungsmuster, an der mindestens drei Enzyme beteiligt sind, entscheidend für die Stabilität der Chromosomen und den Prozess der Zelldifferenzierung und damit für einen geordneten Ablauf der Embryonalentwicklung.[22]

Die DNA-Methylierung mit ihren zweifellos segensreichen epigenetischen Eigenschaften besitzt allerdings einen Pferdefuß. Wie eingangs berichtet, werden bei Säugetieren nur diejenigen Cytosin-Basen methyliert, denen in der Sequenz der DNA ein Guanin folgt. Im Gesamtgenom ist das Basenduo CG aber viel seltener, als rechnerisch zu erwarten wäre. Der Grund liegt in der Instabilität des Methylcytosin-Moleküls. Es neigt dazu, durch Abgabe einiger Atome spontan zu Thymin zu mutieren. In der Doppelhelix entsteht dadurch eine falsche Basenpaarung, denn im gegenüberliegenden Strang befindet sich ja an der betreffenden Stelle weiterhin der »alte« Cytosin-Partner Guanin und nicht das zum Thymin passende Adenin. Unglücklicherweise tolerieren die für derartige Fehler zuständigen Reparaturmechanismen der Zelle diese Veränderung, vielleicht, weil Thymin eine normale DNA-Base ist – eine Nachlässigkeit mit gravierenden Konsequenzen, denn auf die spontane Umwandlung von Methylcytosin in Thymin sind beim Menschen etwa ein Drittel aller Punktmutationen zurückzuführen. Sie stellt damit wohl eine der wichtigsten Ursachen genetischer Erkrankungen beim Menschen dar.[23]

6. Die Frau, ein Mosaik – die X-Inaktivierung

Obwohl durch die Instabilität des Methylcytosins deutlich unterrepräsentiert, finden sich CG-Sequenzen in bestimmten, etwa 500 bis 2.000 Basenpaare langen Abschnitten des Genoms in einer überdurchschnittlich hohen Dichte, die dem Zehn- bis Zwanzigfachen des Normalwerts entspricht. Im menschlichen Genom sind etwa 30.000 dieser CpG-Inseln[1] aufgespürt worden. Viele davon befinden sich in den Promotorregionen sogenannter Haushaltsgene, die für grundlegende Stoffwechselvorgänge der Zellen zuständig und deshalb immer aktiv sind. Man findet sie aber auch in vielen anderen Genen.

Im Gegensatz zu den sonstigen im Genom verteilten CG-Sequenzen präsentieren sich ausgerechnet die CpG-Inseln trotz ihrer überdurchschnittlich großen Zahl an potenziellen Methylierungsstellen in der Regel nackt. Mit einer bemerkenswerten Ausnahme: In einem der beiden X-Chromosomen weiblicher Säugetiere sind nahezu alle in Promotoren liegenden CpG-Inseln schwer mit Methylgruppen beladen. Es ist dies nur eines von mehreren Anzeichen, dass es sich hierbei um ein ganz besonderes Chromosom handeln muss.

Bei Säugetieren wird die Ausbildung des Geschlechts über zwei spezielle Chromosomen gesteuert, genannt X und Y. Wer in den Kernen seiner Zellen zwei X-Chromosomen sein Eigen nennt, entwickelt sich zum Weibchen, Träger eines X- und eines Y-Chromosoms werden zu Männchen-, ob bei Maus, Löwe oder *Homo sapiens*. Die seltenen Abweichungen von dieser Ausstattung mit Geschlechtschromosomen sind für die betroffenen Menschen mit schwerwiegenden geistigen und körperlichen Behinderungen verbunden.[2]

Kaum bekannt ist, dass eines der beiden X-Chromosomen des weiblichen Geschlechts nahezu vollständig stillgelegt ist. Der bereits in der frühen Embryonalentwicklung stattfindende Prozess, der hierzu führt – die sogenannte X-Inaktivierung –, gehört heute zu den am besten untersuchten epigenetischen Prozessen überhaupt. Was diese zu leisten vermögen, kann hier an einem Extremfall studiert werden: Ein ganzes Chromosom, dessen DNA-Sequenz dabei definitionsgemäß unverändert bleibt, wird allein durch epigenetische Einflüsse stummgeschaltet, und wieder spielen Methylgruppen dabei eine wichtige Rolle. Die X-Inaktivierung wurde bereits 1961 von der britischen Genetikerin Mary Lyon postuliert und bis heute genau analysiert, was viel zum Verständnis des *gene silencing*, der DNA-Methylierung und der Bedeutung von CpG-Inseln beigetragen hat. Ihren vorläufigen Höhepunkt fanden diese Untersuchungen mit der Veröffentlichung der vollständigen Sequenz des menschlichen X-Chromosoms im Jahre 2005.[3]

Eigentlich entsteht das Problem, das der X-Inaktivierung zugrunde liegt, durch den deutlich kleineren Partner des X-Chromosoms. Beim Y-Chromosom handelt es sich nämlich um ein ziemlich degeneriertes Exemplar seiner Art, dem von berufener wissenschaftlicher Seite schon sein vollständiges Verschwinden prophezeit wurde. Die amerikanische Forscherin Barbara Migeon, die sich seit Jahrzehnten mit der X-Inaktivierung beschäftigt, äußert sich zurückhaltender. »Das Y-Chromosom«, schreibt sie, »war Gegenstand größerer Veränderungen und Spezialisierungen als jedes andere Chromosom; es hat viele der Gene verloren, die ursprünglich vorhanden waren und die sich auf seinem Partner erhalten haben, dem X-Chromosom.«[4]

Zu Zeiten unserer Reptilienvorfahren, vor etwa 200 Millionen Jahren, waren X und Y einmal ein ganz normales Chromosomenpaar. Wie alle anderen Chromosomenpaare auch enthielt es jeweils verschiedene Varianten, sogenannte Allele, der gleichen Gene in der gleichen Anordnung. Während der Reduktionsteilung, wenn die von Vater und Mutter stammenden Partnerchromosomen sich dicht nebeneinander aufreihen, war zwischen den beiden deshalb ein reger Austausch möglich, der als Rekombination bezeichnet wird.

Irgendwann müssen sich auf diesen beiden Chromosomen aber die Gene konzentriert haben, die die Differenzierung in die Geschlechter steuern. Im einfachsten Fall könnte dies ein einziges Gen gewesen sein, das im einen Geschlecht reinerbig vorlag, im anderen, in der Regel dem männlichen, dagegen in zwei unterschiedlichen Varianten vorkam. Damit es nicht zu einem geschlechtlichen Durcheinander und damit zu Sterilität kam, musste der Austausch von genetischem Material zwischen den beiden männlichen Chromosomen fortan verhindert werden. Ansonsten wäre es möglich gewesen, dass etwa das oder die Gene, die zum männlichen Geschlecht gehörten, plötzlich am X-Chromosom hingen und umgekehrt. In sehr seltenen Fällen kann es auch heute noch dazu kommen. Für die Entwicklung zum Mann ist tatsächlich die Aktivität eines einzigen Gens ausschlaggebend, genannt SRY *(sex region Y)*, das in den Zellen eine Kaskade von Folgeereignissen auslöst. Gelangt dieses Gen durch DNA-Austausch auf das X-Chromosom, wird die Bestimmung zum männlichen Geschlecht über dieses Chromosom weitergegeben. Das Y-Chromosom ohne SRY dagegen kann keine Entwicklung zum Mann mehr auslösen. Daher gibt es Männer mit zwei X-Chromosomen und Frauen mit XY-Ausstattung.

Ein Chromosom musste sich also durch eine Umsortierung des genetischen Materials so verändern, dass es nicht mehr zu seinem Partner passte und ein Austausch vor allem in der Umgebung der entscheidenden Sex-Gene unmöglich bzw. sehr unwahrscheinlich wurde. Diese Umstrukturierungen lassen sich heute in der Sequenz des Y-Chromosoms nachweisen. In rudimentärer Form sind viele Gene des X-Partners noch vorhanden, einige wenige, die auf beiden Chromosomen aktiv sind, findet man durch Inversionen in veränderter Reihenfolge vor. Zwischen zwei Brüchen des Fadenmoleküls wurden dabei die Teilstücke in umgekehrter Orientierung wieder eingefügt. Die häufigste Form der Umstrukturierung auf dem Weg zum heutigen Y-Chromosom war allerdings die Deletion, der Verlust von DNA-Abschnitten und damit auch der Verlust vieler Gene. Heute enthält das Y-Chromosom nicht einmal mehr ein Prozent der etwa 1.100 Gene seines Partners. Mit der Zeit hat es derart viel an Masse verloren, dass Gegenmaßnahmen erforderlich wurden, damit es den bei der Zellteilung wirksamen Kräften während der Verteilung der Chromosomen nicht gleichsam durch die Finger schlüpfte. Innerhalb des Y-Chromosoms kam es zu Verdopplungen, Bruchstücke anderer Chromosomen wurden hinzugefügt. Sinn dieser Aufstockung war, so Barbara Migeon, »die Präsenz eines Chromosoms zu gewährleisten, das groß genug ist, um sich mit dem X-Chromosom während der Meiose zu paaren«.[5] Nur wenn sich die homologen (väterlichen und mütterlichen) Chromosomen im Verlauf der Reifeteilung korrekt nebeneinander anordnen, kann es zu einer fehlerfreien Verteilung auf die Tochterzellen kommen.

Obwohl auch das X-Chromosom im Laufe der Jahrmillionen diverse Umgestaltungen mitgemacht hat, ist es im Gegensatz zu seinem degenerierten Partner ein normales Chromosom geblieben. Neben den geschlechtsspezifischen Anlagen enthält es auch Hunderte von Genen, die für den Gesamtorganismus von Bedeutung sind. Die nur 15 proteincodierenden Gene des Y-Chromosoms, die keine Entsprechung auf dem Partnerchromosom besitzen, werden dagegen ausschließlich in den Hoden aktiv, haben also direkt mit der Spermienproduktion zu tun.

Das hat Konsequenzen von enormer Tragweite. Ausgestattet mit nur einem X-Chromosom, fehlt dem männlichen Geschlecht ein Korrektiv, ein genetisches Back-up, das mögliche Mutationen ausgleichen kann. Alle anderen Gene existieren ja in doppelter Ausfertigung, sodass eine fehlerhafte mütterliche Variante gewissermaßen den Schutz ihres väterlichen Pendants genießt (und umgekehrt). Erbt der männliche Nachwuchs von seiner Mutter jedoch ein mutiertes X-Chromosom, gibt es in vielen Fällen kein Halten mehr. Duchenne-Muskeldystrophie, Morbus Fabry, Hämophilie A und B, Morbus Hunter, Hyperammonämie, Lesch-Nyhan-Syndrom – nach heutigem Kenntnisstand umfasst die Liste der über das X-Chromosom vererbten Heimsuchungen nicht weniger als 168 seltene, aber mehr oder weniger schreckliche Krankheiten, denen Mutationen in 113 Genen zugrunde liegen. Sie treffen nahezu ausschließlich den männlichen Nachwuchs und enden oft schon in den ersten Lebensjahren tödlich.[6]

Allerdings ist auch der Besitz von zwei intakten X-Chromosomen alles andere als unproblematisch. Männliche Säugetiere mit ihrer XY-Ausstattung sind der lebende Beweis, dass im Prinzip ein X-Chromosom ausreicht, wenngleich dieser Zustand mit Risiken behaftet ist. Wären im weiblichen Geschlecht beide X-Chromosomen in gleicher Weise aktiv, würden die Zellen im Vergleich zu ihren männlichen Pendants einige Tausend Genprodukte in doppelter Konzentration enthalten, ein massiver Unterschied zwischen Individuen ein und derselben Spezies, der von der Evolution nicht toleriert wird, weil das Zusammenspiel mit den Genprodukten aller anderen Chromosomen nicht funktioniert.[7] Die Biochemie der Zelle kann sich entweder auf hohe oder auf niedrige Werte einstellen, jedoch nicht innerhalb einer Spezies auf beides gleichzeitig. Noch nie sind der Wissenschaft weibliche Individuen untergekommen, bei denen beide X-chromosomalen Gen-Sets voll aktiv sind. Sie alle sterben, möglicherweise bereits vor der Einnistung des Embryos, im Uterus der Mutter. Mädchen, in deren Zellen nur eine geringe Zahl von Genen beider X-Chromosomen aktiv ist, enden als Fehlgeburt, oder sie sind geistig behindert und mit schweren angeborenen Missbildungen geschlagen.[8]

Auf irgendeine Weise müssen die Konzentrationen in den Zellen von weiblichen und männlichen Organismen angeglichen werden. Die Wissenschaftler sprechen von Dosiskompensation. Grundsätzlich kann das auf dreierlei Weise geschehen: Eine Möglichkeit besteht in der nur bei Säugetieren realisierten Inaktivierung eines der beiden X-Chromosomen. Einen anderen Weg hat die Taufliege *Drosophila* eingeschlagen – sie und ihre Verwandtschaft erhalten beide X-Chromosomen in ihrem aktiven Zustand und regulieren stattdessen die Aktivität des einen väterlichen X-Chromosoms auf das doppelte Niveau hoch. Auf die dritte Variante sind die Forscher bei einem anderen ihrer Lieblingstiere gestoßen, dem Fadenwurm *Caenorhabditis elegans*. Der winzige Bodenbewohner reduziert den Ausstoß an Genprodukten auf beiden X-Chromosomen um die Hälfte. Das Ergebnis ist in allen drei Fällen dasselbe: Die Konzentration von X-chromosomalen Genprodukten ist in beiden Geschlechtern gleich hoch.

Männchen	X	X	X
Weibchen	XX	xx	X
	Taufliege	Fadenwurm	Säugetiere

Um den Ausstoß an Genprodukten des X-Chromosoms in beiden Geschlechtern anzugleichen, hat die Natur sich drei unterschiedliche epigenetische Wege der Dosiskompensation einfallen lassen. Bei der Taufliege *Drosophila* wird die Produktion des männlichen X-Chromosoms auf das Doppelte hochgefahren, beim Fadenwurm werden beide weibliche X-Chromosomen um die Hälfte herunterreguliert (jeweils symbolisiert durch die Buchstabengröße); nur weibliche Säugetiere legen eines ihrer X-Chromosomen still.

Die Tatsache, dass im Tierreich unabhängig voneinander mindestens drei verschiedene Lösungswege gefunden wurden, zeigt, wie wichtig die Dosiskompensation ist, wie massiv die Selektion auf eine Lösung dieses Ungleichgewichts zwischen den Geschlechtern gedrängt haben muss. Wird der reibungslose Ablauf der Dosiskompensation durch Mutationen gestört, sind die betroffenen Individuen, ob Mensch, Fliege oder Wurm, nicht lebensfähig. Und noch etwas anderes haben alle drei Varianten gemeinsam: »Es sind nicht die Gene selbst, die für das stumme X« und die anderen Varianten der Dosiskompensation »verantwortlich sind«, resümiert Barbara Migeon, »sondern Faktoren, die die Gene regulieren – sogenannte epigenetische Faktoren. Tatsächlich haben Untersuchungen der X-Inaktivierung die ersten Beweise für die wichtige Rolle geliefert, die epigenetische Faktoren bei der Genregulation überall in unserem Genom spielen.«[9]

Überraschenderweise hat sich in jüngster Zeit herausgestellt, dass mit der Stilllegung eines der beiden weiblichen X-Chromosomen nur ein Teil dessen erfasst wurde, was Säugetierzellen unter der Überschrift Dosiskompensation zu leisten imstande sind.[10] Diese Inaktivierung stellt für die X-chromosomalen Gene zwar die lebenswichtige Balance zwischen männlichem und weiblichem Geschlecht her, doch sie schafft ein neues, nicht minder gefährliches Ungleichgewicht, diesmal zwischen den Genen des einen aktiven X-Chromosoms von Männchen und Weibchen und allen anderen Chromosomen, den Autosomen, die in beiden Geschlechtern in doppelter Ausfertigung vorhanden sind. Die Gendosis muss stimmen, sonst droht Ungemach. Normalerweise ist ein Individuum, bei dem ein beliebiger Autosomenpartner verloren gegangen ist, nicht lebensfähig. Gelten für X-Chromosomen andere Gesetze?

In der von *Drosophila* praktizierten Variante der Dosiskompensation, bei der beide weiblichen Geschlechtschromosomen aktiv bleiben und stattdessen der Output des einen männlichen X-Chromosoms verdoppelt wird, gibt es keine derartigen Komplikationen; die Balance zu den Autosomen ist gewährleistet, insofern hat die winzige Fliege vielleicht die einfachere Option gewählt. Die Säugetiere handelten sich jedoch mit dem von ihnen eingeschlagenen Weg der X-Inaktivierung ein Problem ein, davon war schon Susumo Ohno überzeugt, jener japanischstämmige und in den USA arbeitende Genetiker, der Jahre später das Unwort Junk-DNA prägte. In seinem Buch über die Geschlechtschromosomen und ihre Gene postulierte er deshalb bereits 1967, dass ein Mechanismus existieren müsse, der die Aktivität der einsamen X-Chromosomen auf das von den anderen Chromosomen vorgegebene Niveau hochregelt. Erst jetzt, 40 Jahre später, gelang mithilfe der Hochtechnologie des 21. Jahrhunderts der Beweis.

Bei sechs untersuchten Säugetierarten, darunter Mensch, Maus und Schimpanse, und einer Vielzahl von Gewebearten ist das Ausmaß der Genexpression von X-chromosomalen und autosomalen Genen gleich groß.[11] Dies gilt sowohl für männliche als auch für weibliche Körperzellen. Bei den in beiden Geschlechtern nur in Einzahl vorhandenen aktiven X-Chromosomen muss also kräftig epigenetisch nachreguliert worden sein. Wie diese Verdopplung des »transkriptionalen Outputs« erreicht wird, ist unbekannt, allerdings gibt es erste Hinweise, dass ähnliche Mechanismen am Werke sein könnten wie bei *Drosophila*.[12] Einmal mehr könnte sich die kleine Fliege als überaus lohnendes Forschungsobjekt erweisen, das viel mehr mit uns gemein hat als nur die Liebe zu reifem Obst.

Vor über 60 Jahren beschrieben Murray Barr und Evart Bertram eine punktförmige Struktur, auf die sie in Katzennerven gestoßen waren. Sie befand sich im Zellkern (in der Nähe des Nucleolus, des sogenannten Kernkörperchens) und ließ sich in Gewebeschnitten auf dieselbe Weise anfärben wie dessen Inhalt. Was die beiden Forscher deshalb zunächst als »Nukleolarsatelliten« bezeichneten, mutierte zum Sexchromatin-Körper, als Barr und Bertram herausfanden, dass diese Struktur nur bei weiblichen Tieren zu finden war. Bald wurde klar, dass sie im Tierreich weit verbreitet ist und auch beim Menschen auftritt. Als wenige Jahre später Chromosomenanalysen möglich wurden, stellte sich heraus, dass diese Gebilde in einem einfachen zahlenmäßigen Zusammenhang mit den X-Chromosomen stehen: Ihre Zahl ist immer um eins geringer, die sogenannte n-1-Regel. Bei gesunden Männern (XY) sucht man vergeblich, Frauen (XX) besitzen pro Zelle eines, und in den seltenen Fällen, in denen Frauen (oder auch Männer) drei oder sogar vier X-Chromosomen besitzen, findet man zwei bzw. drei dieser Gebilde. Womit man es beim Sexchromatin genau zu tun hatte, war unklar, aber sein Nachweis erlaubte – von seltenen Ausnahmen abgesehen – erstmals eine sichere Geschlechtsbestimmung.

Bei den Olympischen Spielen 1968 wurde deshalb der sogenannte Barr-Test eingeführt, bei dem Haar-, Mundschleimhaut- oder Blutproben untersucht werden. Er löste die von Athletinnen als unwürdig kritisierten körperlichen Untersuchungen zur Geschlechtsbestimmung ab, die seit Mitte der Fünfzigerjahre nach dem Skandal um die deutsche Hochspringerin Dora Ratjen zur gängigen Praxis bei sportlichen Großveranstaltungen gehörten. (Die Olympiateilnehmerin von 1936 und spätere Europameisterin hatte sich bei einer Untersuchung als Mann entpuppt. Hermann Ratjen, so sein wirklicher Name, band sich bei Wettbewerben die Genitalien hoch und konnte so nach eigenen Angaben drei Jahre lang unerkannt an Frauenwettbewerben teilnehmen. Ein Barr-Test hätte seinen Betrug sofort auffliegen lassen.)

Zwischenzeitlich hatte Susumo Ohno an Ratten nachgewiesen, dass es sich bei dem ominösen Gebilde im Zellkern um eines der beiden weiblichen Geschlechtschromosomen handelt. Zwei Jahre später hatte Mary Lyon ihre Hypothese formuliert, nach der im weiblichen Geschlecht eines der beiden X-Chromosomen inaktiviert und mit dem von ihr sogenannten *Barr-body*, dem Barr-Körperchen, identisch sei. Aus dem Nukleolarsatelliten war binnen weniger Jahre über Sexchromatin und Barr-Körperchen das durch X-Inaktivierung stillgelegte X-Chromosom geworden.

Im mikroskopischen Bild stellt es sich also ganz anders dar als sein aktiver Partner, eine Konsequenz der tief greifenden Veränderungen, die es im Zuge seiner Inaktivierung erfahren hat. Die Methylierung fast aller in Genpromotoren liegenden CpG-Inseln, von der eingangs die Rede war, ist dabei nur der letzte Schritt. Davor sind eine Reihe epigenetischer Prozesse am Werk, die uns in den folgenden Kapiteln noch ausführlich beschäftigen werden (s. auch Kap. 13). Die Methylierung verfestigt den inaktiven Zustand des betroffenen X-Chromosoms und schafft vor allem die Voraussetzung dafür, dass dieser Zustand über Zellteilungen hinweg erhalten bleibt. Denn in Gestalt der Erhaltungs-Methyltransferase besitzen Zellen ein Instrument, das bei der Verdopplung der DNA für eine exakte Übertragung der Methylierungsmuster auf die beiden Tochtermoleküle sorgt. Dies gilt für beide X-Chromosomen. Die in der frühen Embryonalentwicklung festgelegte Rollenverteilung in ein aktives und ein inaktives Partnerchromosom bleibt zeitlebens in allen Körperzellen und ihren Nachkommen erhalten.

Wie alle epigenetischen Veränderungen des Erbmoleküls ist jedoch auch die X-Inaktivierung trotz der massiven Veränderungen, die damit verbunden sind, umkehrbar. Von frühen Embryonalstadien abgesehen, sind allerdings nur die Vorläufer der weiblichen Keimzellen in der Lage, die Inaktivierung wieder aufzuheben. Warum in den heranreifenden Eizellen keine Dosiskompensation erforderlich ist und im Gegensatz zu allen anderen Körperzellen zeitweilig zwei aktive X-Chromosomen toleriert, ja, sogar benötigt werden, um fruchtbare Nachkommen zu erhalten, ist unklar.[13] Im Ergebnis enthält jede Eizelle nach der Reduktionsteilung ein voll funktionsfähiges X-Chromosom. Erst nach der Verschmelzung von Samen- und Eizelle beginnt im weiblichen Säugetierembryo ein neuer Zyklus der X-Inaktivierung.

Bliebe noch die Frage zu klären, welches der beiden X-Chromosomen stillgelegt wird. Entscheidend könnte die Herkunft sein. Ein X-Chromosom stammt ja vom Vater, das andere von der Mutter. Da beide Erbmoleküle nicht zuletzt durch anhaftende Methylgruppen charakteristische Prägungen ihrer Herkunft enthalten (ein Imprinting, s. auch Kap. 13), sind sie für die Zelle unterscheidbar. So wird verständlich, dass eine ganze Säugetiergruppe, die Beuteltiere, grundsätzlich das väterliche X-Chromosom aus dem Verkehr ziehen kann.

Bei ihrer beutellosen Säugetierverwandtschaft, die die Nachkommen stattdessen mithilfe einer Plazenta über Monate im Körperinneren versorgt, scheinen die Verhältnisse komplizierter zu liegen.[14] Durch Untersuchungen an Mäusen weiß man, dass auch dort, schon während der ersten Teilungen der befruchteten Eizelle, zunächst das väterliche X-Chromosom inaktiviert wird. In der inneren Zellmasse des kugelförmigen Keims jedoch – dem Teil, der nach der Einnistung in die Gebärmutterschleimhaut den eigentlichen Embryo hervorbringt – wird diese Inaktivierung wieder aufgehoben. Wenig später, im sogenannten Blastozystenstadium, wiederholt sich das Ganze. Wieder wird in jeder einzelnen embryonalen Zelle ein X-Chromosom stillgelegt, diesmal aber ist die Entscheidung, von den Vorläufern der Eizellen abgesehen, endgültig und in allen noch entstehenden Tochterzellen unumkehrbar. Von welchem Elternteil die Chromosomen stammen, spielt dabei keine Rolle mehr.

Die schon erwähnte n–1-Regel besagt, dass die Zahl der inaktivierten X-Chromosomen (sichtbar in Gestalt der Barr-Körperchen) stets um eins kleiner ist als die der X-Chromosomen insgesamt. Die Zelle muss also zweierlei tun: Sie muss zählen, wie viele X-Chromosomen vorhanden sind, und dann, falls das Ergebnis größer als eins ist, entscheiden, welche stillgelegt werden. Für Neil Brockdorff von der X Inactivation Group des Londoner MRC Clinical Science Centre und seinen Birminghamer Kollegen Bryan Turner »ist es bemerkenswert, dass wir die Mechanismen, die beim ›Zählen‹ und ›Auswählen‹ beteiligt sind, trotz über 40 Jahren Forschung, noch immer nicht verstehen, nicht einmal in Umrissen«.[15]

Dabei schlug Sohaila Rastan, einst Schülerin von Mary Lyon und heute Director of Science Funding des Wellcome Trust, schon 1983 einen einfachen Mechanismus vor, der zumindest das »Zählen« erklären könnte. In jeder Zelle, ob männlich oder weiblich, hefte sich, so die Forscherin, ein blockierender Faktor an genau ein X-Chromosom und verhindere dadurch dessen Inaktivierung. Alle anderen würden, sofern vorhanden, durch epigenetische Prozesse stillgelegt. Tatsächlich kann dieses einfache Modell die meisten experimentellen Befunde erklären. Entfernt man zum Beispiel ein bestimmtes, etwa 65.000 Basenpaare langes Teilstück des X-Chromosoms, beginnen männliche Mäusestammzellen sogar ihr einziges kostbares Exemplar stillzulegen. Mit dem DNA-Fragment, so die Interpretation, könnte auch die Bindungsstelle des blockierenden Faktors entfernt worden sein, der Schutz vor Inaktivierung wurde aufgehoben.[16] Der Nachteil dieses schönen Modells: Bis heute ist Sohaila Rastans blockierender Faktor bloße Hypothese geblieben. Seine Natur ist weiterhin unbekannt.

Die Entscheidung, welches X-Chromosom stillgelegt wird, wird unabhängig in jeder einzelnen Zelle des Embryos getroffen. Da die Herkunft des Chromosoms dabei keine Rolle spielt, bleibt in einem Teil der Zellen das mütterliche, im anderen das väterliche X-Chromosom aktiv. Da beide genetisch nicht identisch sind, sondern jeweils verschiedene Allele der 1.100 Gene des X-Chromosoms tragen, kommt dabei etwas heraus, was die Biologen ein Mosaik nennen. Im Gegensatz zu den Männern (oder männlichen Säugetieren) sind also alle Frauen (oder weiblichen Säugetiere) natürliche Zellmosaike, eine Konsequenz der X-Inaktivierung und damit epigenetischer DNA-Modifikationen, die schon in der frühen Embryonalentwicklung vorgenommen werden.

Mosaike sind grundsätzlich zu unterscheiden von den charakteristischen Genaktivitätsmustern, die man in den Zellen der verschiedenen Organe beobachten kann. Zwar werden auch sie durch epigenetische Prozesse hervorgerufen, nicht benötigte Gene werden aber in allen Zellen eines Gewebes in gleicher Weise stummgeschaltet. Dagegen, so Barbara Migeon, ist »das Mosaik, das normale Frauen charakterisiert, einzigartig, da sich die Zellen innerhalb jedes einzelnen Gewebes darin unterscheiden, welches ihrer beiden X-Chromosomen exprimiert wird«. Dicht nebeneinander befinden sich also gleichartig differenzierte Zellen, die sich durch unterschiedliche Fähigkeiten und Eigenschaften auszeichnen. »Das eröffnet die Möglichkeit zur Interaktion zwischen den Zellen. Es ist das Ergebnis dieser Interaktionen, das bestimmt, ob eine Frau gesund ist – oder krank.«[17]

Liegt auf einem der X-Chromosomen ein Gendefekt vor, wird das mutierte Gen in vielen Zellen zur Ausprägung kommen. Innerhalb des Mosaiks befinden sich diese aber in unmittelbarer Nachbarschaft zu Zellen, in denen das Chromosom mit der korrekten Genvariante aktiv ist. Das Resultat: Während ein mutiertes X-Chromosom für betroffene Männer verheerende Konsequenzen hat (siehe oben), bleiben Frauen mit dem gleichen Defekt entweder völlig frei von Beschwerden, oder sie zeigen einen wesentlich milderen Krankheitsverlauf. Für Barbara Migeon steht daher außer Frage, dass das Zellmosaik des eigenen Körpers für die Frauen einen »außerordentlichen biologischen Vorteil« darstellt.

Den sichtbarsten Ausdruck der weiblichen Mosaik-Existenz findet man in den Fellfarben einiger Tiere, bei Mäusen und vor allem bei den hübschen und deshalb beliebten Katzen mit zwei- oder dreifarbigem Schildpattmuster.

Mäuse führten Mary Lyon zu ihrer Hypothese der X-Inaktivierung. Normalerweise zeigen Tiere, die zwei verschiedene Allele eines Fellfarbgens tragen, eine einheitliche Mischfarbe. Als 1953 durch eine auffällige Mutation das erste X-chromosomale Gen der Maus entdeckt wurde, machte Mary Lyon jedoch eine seltsame Entdeckung. Alle Männchen, die Träger der Mutation waren, starben, die Weibchen aber waren quicklebendig und zeichneten sich durch ein ungewöhnliches Fleckenmuster aus. Kann es sein, so ihre Überlegung, dass in den Zellen, die die verschiedenfarbigen Flecken hervorbringen, jeweils andere Genvarianten aktiv sind und damit unterschiedliche X-Chromosomen? Heute wissen wir, dass sie recht hatte; das Fleckenmuster ist das Resultat eines Zellmosaiks.

Auch Glückskatzen, ausschließlich Weibchen mit roten und schwarzen Flecken auf weißem Grund, verdanken ihre auffällige Färbung einem X-chromosomalen Gen. Wie bei Mary Lyons Mäusen ist jeder Farbfleck das Produkt eines Zellklons. Die Zellen, die die roten Flecken hervorbringen, sind jeweils Nachkommen einer einzigen Zelle, die sich in der frühen Embryonalentwicklung dafür »entschied«, das X-Chromosom mit dem Allel für schwarze Fellfarbe zu inaktivieren, in den schwarzen Flecken ist es umgekehrt. Bei der Farbgebung der weißen Fellpartien mischen auch Gene anderer Chromosomen mit.

Die Auswahl, welches X-Chromosom stillgelegt wird, ist zufällig, dasselbe gilt demzufolge für die Verteilung der Farbflecken. Spätestens am 22. Dezember 2001 dürfte das auch den Schöpfern der ersten geklonten Katze aufgegangen sein, denn an diesem Tag erblickte Copy Cat das künstliche Licht der Laborwelt, und CC, wie die Kleine genannt wurde, sah aus, als sei Rainbow, ihre edle goldbraun-grau-weiße Glückskatzenmutter, heimlich mit einem ordinären Straßenkater fremdgegangen. Genetic Savings & Clone, ein Unternehmen aus Sausalito, Kalifornien, das sein Geld mit dem Klonen von Haustieren verdienen wollte, hatte die Schöpfung CCs durch amerikanische und koreanische Wissenschaftler gesponsert, aber das Ergebnis dürfte seinem Geschäftskonzept mehr geschadet als genützt haben. »Copycat war das Schlimmste, was uns passieren konnte«, stöhnte Mark Westhusin, CCs wissenschaftlicher Vater von der Texas A&M University.[18]

Seltsam, dass sich die Klonforscher für ihre Premiere ausgerechnet eine Glückskatze ausgesucht haben. Hatte sich die Mosaiknatur weiblicher Säugetiere nicht bis Sausalito herumgesprochen? Mögen Rainbow und ihre Klontochter CC auch bis

Copy Cat oder CC, die erste geklonte Katze (2001), die ganz anders aussah als ihre Glückskatzenmutter. Die Fellzeichnung entsteht durch ein Zellmosaik und ist zufällig.

auf die letzte DNA-Base identisch sein, für potenzielle Auftraggeber macht sich die Identität ihres Schützlings vor allem an Äußerlichkeiten fest. Wer wird in Zukunft Tausende von Dollars für einen Klon seines geliebten Zimmertigers ausgeben, wenn die Kopie – dank epigenetischer X-Inaktivierung – ganz anders aussieht als das Original? Im Dezember 2004 präsentierte Genetic Savings & Clone mit Little Nicky noch die erste kommerziell geklonte Katze. Da es aber mit der Klontechnik für Hunde nicht, wie erhofft, voranging, wurde das Unternehmen 2006 aufgelöst.

7. Aufgespult – Histone und Nukleosomen

»Eine Zelle«, definierte der Bonner Medizinprofessor Max Schultze 1861 kurz und bündig, »ist ein Klümpchen Protoplasma, in dessen Innerem ein Kern liegt.«[1] Bei allen Unterschieden sind sowohl Pflanzen als auch Tiere aus ähnlichen Grundeinheiten aufgebaut und dürften somit auch eine gemeinsame stoffliche Grundlage besitzen.

Woher all diese Zellen kommen, hatte der berühmte Rudolf Virchow sechs Jahre zuvor (1855) mit einem ähnlich knappen, allerdings in gelehrtem Latein gehaltenen Satz klargestellt: *Omnis cellula e cellula*, Zellen entstehen ausschließlich aus anderen Zellen. Die Urzeugung, die Entstehung von Leben aus unbelebter Materie, war endgültig vom Tisch.

Doch was war mit dem Nukleus, dem Zellkern, der in Max Schultzes Definition der Zelle eine so zentrale Rolle einnahm? Er schien während einer Zellteilung zu verschwinden und anschließend in den Tochterzellen neu zu entstehen. Hatte er sich bereits vorher geteilt, oder handelte es sich tatsächlich um Neubildungen? Wieder war es ein deutscher Gelehrter, der nach jahrelangen mikroskopischen Untersuchungen Klarheit schaffte. In Anlehnung an Virchows berühmten Satz formulierte der Kieler Anatom Walther Flemming: *Omnis nucleus e nucleo* – auch Zellkerne entstehen ausschließlich aus anderen Zellkernen.

Flemming, der für die Zellteilung den Begriff Mitose prägte und heute als eine der bedeutendsten Persönlichkeiten in der Geschichte der Zellbiologie gilt, veröffentlichte 1882 sein Buch *Zellsubstanz, Kern und Zelltheilung*. In dem mit vielen Bildtafeln ausgestatteten Werk legte er dar, was man mit den damals vorhandenen mikroskopischen Techniken über Zellen und ihre Kerne in Erfahrung gebracht hatte.

Das Innenleben von Zellen war für Flemming und seine Kollegen mehr oder weniger ein Mysterium, der Zellkern muss ihnen jedoch als ein besonders geheimnisvolles Gebilde erschienen sein. Welchem Zweck diente er? Der Kern, schrieb Walther Flemming, »ist ein morphologisch und chemisch besonderer und eigenartiger Theil der Zelle, ein Organ derselben von räthselhafter Function«.[2] Sein Kollege Carl Rabl, der 1885 ebenfalls ein Werk über die »Zelltheilung« veröffentlichte, machte darin aus seinem Frust keinen Hehl: »Das Studium des Baues und der Lebenserscheinungen der Zelle ist vielleicht mehr als irgendein anderes geeignet, uns die Kläglichkeit unseres Wissens vor Augen zu führen. Wir finden im Kern und im Zellleib eigenthümliche Strukturen und wissen nicht, wozu sie da sind; wir sehen bei der Theilung merkwürdige, fast absonderliche Figuren auftreten und wissen nicht, was sie bedeuten; ja, wir sind nicht einmal imstande, eine bündige und bestimmte Antwort auf die Frage zu geben, was der Zellkern sei.«[3]

Was befindet sich in seinem Inneren? »In Summa muss doch wohl gesagt werden, dass bis jetzt in der überwiegenden Mehrzahl der untersuchten Kernformen Balkengerüste oder unregelmässige Stränge, und nur bei einer Arthropodenlarvenform Fadenknäuel im ruhenden Kern gefunden worden sind.«[4] Auf Dutzenden von Seiten schildert Flemming, was er in »ruhenden«, also nicht in Teilung begriffenen Zellkernen der verschiedensten Lebewesen gesehen hat. Aus heutiger Sicht wirken seine detaillierten Beschreibungen fast rührend, denn mit den damals vorhandenen lichtmikroskopischen Techniken die Geheimnisse des Zellkerninneren aufklären zu wollen ist in etwa so aussichtsreich wie der Versuch, mithilfe einer Lupe in den Kern eines Atoms zu blicken. Die nackte DNA-Doppelhelix hat einen Durchmesser von etwa zwei Millionstel Millimetern (zwei Nanometer) und liegt damit weit unterhalb des Auflösungsvermögens selbst moderner Mikroskope.

So wenig Greifbares Flemming und Rabl im Inneren »ruhender« Zellkerne zu entdecken vermochten, so dramatisch anders stellte sich ihnen deren Inhalt in Zellen dar, die sich teilten. Während die Kernmembran verschwindet und der Nukleus als ein vom Zellplasma abgegrenztes Etwas aufhört zu existieren, tauchen wie aus dem Nichts, deutlich sichtbar, die Kernfäden auf und ordnen sich zu den verschiedenen Teilungsfiguren an, die Carl Rabl als »merkwürdig, fast absonderlich« beschrieb. Eine spindelförmige, aus feinsten Filamenten aufgebaute Struktur wird sichtbar und scheint die Kernfäden zu den Zellpolen zu ziehen. Dort formieren sich neue Kernmembranen, und in dem von ihnen eingeschlossenen Raum lösen sich die Kernfäden auf. Schließlich schnürt sich die Zelle in der Mitte durch, und in beiden Tochterkernen sind, wie vor Beginn der Teilung, nur noch die bekannten Stränge und Balkengerüste zu erkennen. Für Walther Flemming und seine zeitgenössischen Kollegen hatte sich der Vorhang wieder geschlossen. In der Tat, ein überaus »räthselhafter« Zyklus.

Von all dem hätte der Kieler Anatom kaum etwas gesehen, wenn er die Zellen nicht zuvor fixiert und mit bestimmten Farbstoffen angefärbt hätte. Auf diese Weise nehmen die Kernfäden, über deren Funktion und chemische Struktur Flemming nichts wusste, eine intensive Farbe an und lassen sich leicht beobachten und zeichnen. Der einige Jahre später für die Kernfäden eingeführte Begriff Chromosom heißt denn auch nichts anderes als »gefärbter Körper«. Doch nicht nur die kompakten Kernfäden, auch die rätselhaften und undefinierbaren Strukturen des vermeintlich »ruhenden« Kerns, die Stränge und Balkengerüste, werden angefärbt. Diese amorphe »Substanz, die bei Kerntinctionen die Farbe aufnimmt«[5], nannte Flemming Chromatin.

Heute wissen wir, dass Chromatin der Stoff ist, aus dem die Chromosomen aufgebaut sind. Er besteht keineswegs nur aus DNA, sondern enthält in etwa derselben Menge auch Proteine.

Bei der Suche nach der chemischen Natur der Erbfaktoren galten sie anfangs sogar als klare Favoriten (s. Kap. 2). Dann schlug die Stunde der Desoxyribonukleinsäure, und die Wissenschaft wendete sich kollektiv ins andere Extrem. Die DNA, »der hölzerne Rahmen hinter dem Rembrandt«, wurde zur unbestrittenen neuen Königin aller biologischen Großmoleküle. Fortan lieferten die Chromatinproteine ihr das stützende Korsett, nicht umgekehrt.

Die Verpackung der DNA

Stellen Sie sich vor, Sie hätten folgende Aufgabe zu lösen: Vor Ihnen, auf dem Boden einer riesigen Halle, liegen 46 dünne Fäden unterschiedlicher Länge. Der kürzeste misst 16, die beiden längsten über 80 Meter. Die Fäden haben allerdings einen Durchmesser von nur 0,002 Millimeter, sind also so dünn, dass Sie sie gar nicht sehen können. Deshalb hat man Ihnen eine Lupe mit hundertfacher Vergrößerung in die Hand gedrückt, mit deren Hilfe die Fäden für Sie gerade erkennbar werden und die Dimension eines Haares annehmen. Ihr Auftraggeber überreicht Ihnen nun zwischen Daumen und Zeigefinger eine murmelgroße Hohlkugel (Durchmesser: ein Zentimeter) und fordert Sie auf, die 46 Fäden unversehrt in dieser Kugel zu verstauen, nicht ohne noch einmal auf ihre beachtliche Gesamtlänge hinzuweisen – sie betrage nicht weniger als zwei Kilometer.

Zwei Kilometer zerbrechlicher Faden in einer Murmel? Falls Sie nicht sofort abwinken, sondern beginnen, die Fäden mithilfe der Lupe und einer feinen Federstahlpinzette emsig in die kleine Kugel zu stopfen, unterbricht Ihr Auftraggeber Sie sofort und weist mit einem mitleidigen Lächeln darauf hin, dass es so einfach nun doch nicht sei. Es gebe einige Auflagen zu bedenken: Die Fäden seien eine Art Code-Streifen, an deren wichtige Informationen man jederzeit herankommen müsse. Außerdem sei darauf zu achten, dass die Schichtung in der Kugel »luftig« genug bleibe, damit sich die Fäden selbstständig verdoppeln könnten. Die resultierenden Doppelfäden, die noch an einer Stelle zusammenhingen, müssten sich voneinander trennen lassen, ohne dass dabei Risse, Brüche und Verknotungen entstünden. Das für die Verdopplung nötige Material sei ebenfalls unterzubringen, auch das erforderliche Werkzeug. Zudem seien die Fäden nicht nackt zu verstauen, sondern zusammen mit etwa derselben Menge Verpackungsmaterial ...

Es hört sich wie eine unlösbare Aufgabe an, aber jede lebende Zelle bewältigt sie spielend – bei Größenverhältnissen, die noch um den Faktor 1000 kleiner sind. Die ausgestreckten DNA-Moleküle der größten menschlichen Chromosomen sind nicht 80 Meter, sondern gut acht Zentimeter lang, und der Durchmesser der realen Hohlkugel, des Zellkerns, beträgt nur einige Tausendstel Millimeter.

Die Frage, wie dieser Verpackungsvorgang im Detail aussieht und welche Rolle dabei die Proteinbestandteile des Chromatins spielen, beschäftigt die Biologen bis heute. Es ist nicht damit getan, die DNA auf engstem Raum bruchsicher zu lagern. Das Erbmolekül muss seinen lebenswichtigen Aufgaben nachkommen können. Denn der Kernzustand, den Walther Flemming als »ruhend« bezeichnete, weil in seinem Lichtmikroskop keinerlei Geschäftigkeit zu erkennen war, ist in Wirklichkeit von fieberhafter biochemischer Aktivität gekennzeichnet. In dieser Phase des Zellzyklus wird die Information der DNA abgelesen und in RNA übersetzt, um die elementaren Lebensvorgänge der Zelle zu gewährleisten und die speziellen Aufgaben des jeweiligen Zelltyps zu erfüllen. Und in dieser Phase erfolgt, in Vorbereitung auf eine bevorstehende Teilung, die Verdopplung der DNA. Von Ruhe kann also keine Rede sein. Die im Lichtmikroskop für Betrachter wie Walther Flemming actiongeladene Zellteilung ist dagegen kaum mehr als ein Verteilungsvorgang.[6]

Wie ist das Chromatin, diese Verbindung aus Nukleinsäure und Proteinen, genau beschaffen? Dass diese geheimnisvolle Substanz mehr als nur einen Zustand annehmen kann, ist schon aus den Beobachtungen von Walther Flemming ersichtlich. Seine Kernfäden – das, was wir als die typische X-förmige Chromosomengestalt kennen – ist nur die kompakte manövrierfähige Transportform des Chromatins, in der die zentimeterlangen Fäden durch komplizierte, bis heute nicht ganz verstandene Faltungsprozesse auf einen Bruchteil, etwa ein Zehntausendstel, ihrer Länge kondensiert werden.

Arbeitsfähig ist ein Chromosom in diesem kompakten Zustand nicht. Dazu muss es in den Tochterzellen wieder dekondensiert werden, was sich im Lichtmikroskop als Auflösung darstellt. Die komplizierten Faltungen lockern sich, aber sie lockern sich nicht überall in gleicher Weise. Auch im lichtoptisch »ruhenden« Zellkern, dem Arbeitskern sozusagen, kann man aufgrund unterschiedlichen Färbungsverhaltens Regionen dichterer Packung von Regionen mit lockerer Struktur unterscheiden. Lange bevor man erkannte, was sich dahinter verbirgt, wurden dafür die Begriffe »Heterochromatin« und »Euchromatin« geprägt. Das im Lichtmikroskop erkennbare Barr-Körperchen ist nichts anderes als das inaktivierte X-Chromosom, das auch im Arbeitskern praktisch vollständig aus stark kondensiertem Heterochromatin besteht.

Die biologische Musik spielt im Euchromatin, in dem die Auflösung der dicht gepackten Faltungen weitergeht. Dort liegt der größte Teil des Chromatins wahrscheinlich in Gestalt einer 30 Nanometer starken Faser vor, immerhin das Zehnfache der DNA-Helix. Ein nackter DNA-Faden scheint in lebenden Zellen, wenn überhaupt, nur sehr selten vorzukommen.[7]

Wie ist diese Elementarfaser aufgebaut? Lange glaubte man, die Proteine würden sich in die tiefe Furche der Helix schmiegen und ihr dadurch quasi ein stabiles Skelett verleihen. Dieses umeinander gewundene Gebilde aus DNA und Proteinstrang werde dann wie ein altmodisches Spiralkabel bis zu einer Dicke von 30 Nanometern aufgeschraubt.

Doch in den 1970er-Jahren begann sich ein ganz anderes Bild herauszuschälen. Um seine natürliche Struktur so wenig wie möglich zu verändern, hatten Forscher das Chromatin in besonders schonender Weise isoliert und anschließend mit DNA-spaltenden Enzymen behandelt. Diese Nukleasen können das Erbmolekül nur dort durchtrennen, wo es nicht durch anhaftende Proteine geschützt wird, daher die Bezeichnung Nuclease-protection-Experiment.

Das Ergebnis war verblüffend. Wurde dieser Verdauungsprozess nur so lange durchgeführt, dass jeder für das Enzym zugängliche DNA-Abschnitt einmal durchgeschnitten wurde, zerfiel das lange Kettenmolekül keineswegs in ein Sammelsurium aus unterschiedlich langen Bruchstücken, sondern größtenteils in Fragmente, die etwa 200 Basenpaare oder ein Vielfaches (400, 600 usw.) davon umfassten. Ließen die Forscher das Enzym so lange einwirken, bis es alle exponierten Stellen des Erbmoleküls durchtrennt hatte, wiesen die resultierenden Fragmente ohne Ausnahme die gleiche Länge auf: genau 147 Basenpaare. Offenbar sind die Proteine, die die DNA vor dem Angriff des Enzyms schützen, in irgendeiner regelmäßigen, sich wiederholenden Weise an die DNA-Helix gebunden.

1974 gelang es Ada und Donald Olins von der University of Tennessee, diese regelmäßige Struktur im Elektronenmikroskop sichtbar zu machen. In ihren historischen Aufnahmen kann man einen dünnen Faden erahnen, die DNA, an dem in regelmäßigen Abständen, wie Perlen auf einer Schnur, rundliche dunkle Knubbel haften. Sie wurden auf den Namen *nu-bodys* getauft. Was diese *nu-bodys* genau darstellten und woraus sie bestanden, blieb zunächst unklar, aber noch im gleichen Jahr gelang es

Roger Kornberg und anderen, ihre Struktur aufzuklären. Aus *nu-bodys* wurden Nukleosomen.

1974 gilt heute manchen als Geburtsjahr der modernen Epigenetik. Jahre später sollte sich nämlich herausstellen, dass Nukleosomen weit mehr sind als nur die Grundverpackungseinheiten des Chromatins. Die Forscher waren gewissermaßen auf die Torwächter der DNA gestoßen.

Thunfischdosen und mehr

Nukleosomen sind aus Histonen aufgebaut, einer Gruppe von relativ kleinen Proteinen, die aus maximal 135 Aminosäuren bestehen.[8] Glücklicherweise hat man die verschiedenen Histone nicht mit kryptischen Buchstabenfolgen benannt, sondern schlicht durchnummeriert.

Das Kernpartikel des Nukleosoms wird von acht dieser Histonmoleküle gebildet: zwei Dimere (Verbindungen) der Histone H3 und H4 in der Mitte, oben und unten jeweils eine Verbindung aus H2A und H2B. Zusammen bilden sie einen flachen Zylinder mit einem Durchmesser von elf und einer Höhe von fünf Millionstel Millimetern. Um dieses Gebilde von der Form einer Thunfischdose[9] ist der DNA-Faden in zwei nicht ganz vollständigen Windungen aufgewickelt wie Draht um einen Spulenkern (siehe Abbildung S. 126). Von einem Nukleosomenkern erstreckt sich der DNA-Faden weiter zum nächsten, was die im Elektronenmikroskop sichtbare Perlenkettenstruktur ergibt.

Diese nackte, ungeschützte DNA zwischen zwei Nukleosomenkernen wird Linker- oder Verbinder-DNA genannt.[10] Sie ist der Angriffspunkt der spaltenden Enzyme in den oben geschilderten *Nuclease-protection*-Experimenten. Lässt man diese Enzyme ungestört ihre Arbeit vollenden, knipsen sie den DNA-Faden genau bis zu der Stelle ab, wo das Erbmolekül nicht mehr an die Histone gebunden ist und den Nukleosomenkern verlässt.

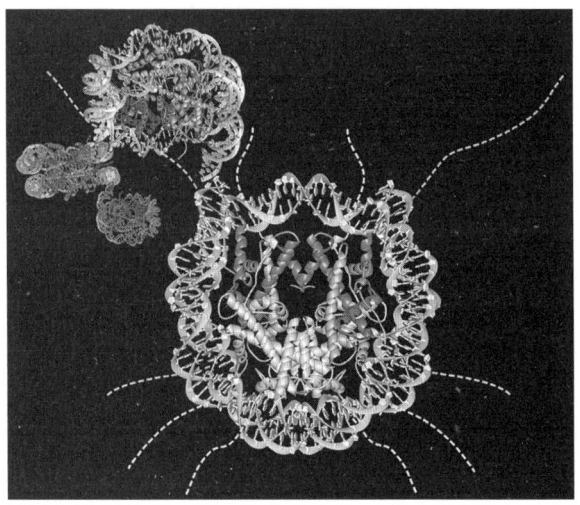

Das Nukleosom in einer Darstellung der Luger Laboratories. In der Mitte bilden acht Histonmoleküle das Kernpartikel, darum legen sich gut anderthalb Windungen der DNA-Helix.

Die 147 Basenpaare entsprechen also genau der Menge an DNA, die in knapp zwei Windungen um den Histonkomplex unterzubringen ist. Die sich anschließende Verbinder-DNA ist beim Menschen 50 bis 60 Basenpaare lang, kann bei anderen Organismen aber deutlich länger ausfallen.

Die meisten Proteine, die sich an die DNA heften, kommen mit ein paar Tausend Molekülen aus. Jede menschliche Zelle enthält aber etwa 30 Millionen Nukleosomen, von jedem einzelnen Histontyp existieren demnach mindestens 60 Millionen Moleküle. Die biochemischen Fließbänder, die diese gewaltige Menge an Protein herzustellen haben, werden zur selben Zeit angeworfen wie die Verdopplungsmaschinerie der DNA, also im lichtmikroskopisch »ruhenden« Kern.[11] Die Produktion neuer DNA und ihre Ausstattung mit Nukleosomen geht Hand in Hand.

Da die Nukleosomenkerne keinen perfekten Kreisumfang besitzen, sondern winzige Beulen und Gruben aufweisen, wird die DNA-Helix an einigen Stellen, besonders auf der Innenseite der Wicklung, zusammengedrückt. Bestimmte Sequenzen lassen sich relativ problemlos komprimieren, was erklärt, warum diese Basenfolgen sich leichter an Nukleosomenkerne binden als andere. Im Prinzip können sich die Histonkomplexe an jeder beliebigen Stelle der DNA anlagern. Neueste Untersuchungen[12] über die genaue Verteilung von 380.000 Nukleosomen im Genom der Bierhefe zeigen allerdings, dass deren Sequenzvorlieben großen Einfluss auf ihre Verteilung haben. Oder umgekehrt: »Die Genomsequenz«, schreibt das israelisch-amerikanische Forscherteam, »ist von hohem Vorhersagewert für die In-vivo-Organisation der Nukleosomen.«[13]

Die Verteilung der Histonkerne wird von weiteren Faktoren beeinflusst – offenbar ist es aber nicht zuletzt die DNA selbst, die mittels ihrer Basensequenz darüber entscheidet, wo sie sich in dichter Folge um Nukleosomen wickelt und wo nicht. Bestimmte Basenfolgen der DNA wirken als positive oder negative Positionierungssignale.[14] Im negativen Fall führen sie dazu, dass die Signalsequenzen und ihre Nachbarschaft verhältnismäßig arm an Nukleosomen bleiben, weil diese Basenfolgen – es handelt sich vor allem um reine oder gemischte Ketten von Adenin bzw. Thymin – der DNA eine gewisse Steifheit verleihen, sodass sie sich nicht mehr um die Histonkerne wickeln kann. Die positiven Signale, die sie bei der Hefe gefunden hatten, halfen den Forschern, die Positionen von Nukleosomen in ausgewählten Sequenzen von Mensch, Huhn und Taufliege vorherzusagen. Offenbar gilt der gefundene Zusammenhang zwischen DNA-Sequenz und Nukleosomendichte in allen Organismen mit Zellkern. Die Basenfolge der DNA würde demnach nicht nur für die Aminosäuresequenz von Proteinen codieren, sie enthält auch wesentliche Informationen – einen zweiten Code – für ihre eigene Ausstattung mit Nukleosomen.

Durch die Umwickelung der Histonkerne reduziert sich die Länge des DNA-Fadens eines Chromosoms auf etwa ein Drittel. Der Durchmesser der einfachen Nukleosomen-Perlenkette beträgt gut zehn Nanometer. Daher ist noch nicht erklärt, wie die dreimal so dicke Elementarfaser aufgebaut ist. Hier kommt das etwas größere fünfte Histon ins Spiel, H1 (und dessen diverse Untertypen). Seine Rolle ist bis heute umstritten, und jede neue Untersuchung fördert weitere Facetten möglicher Funktionen zutage.[15] Vermutlich fungiert das Linker-Histon H1 unter anderem als Klammer, die hilft, die DNA am Nukleosom zu befestigen und benachbarte Nukleosomen in dichter Packung aufeinanderzuschichten. Wo das Linker-Histon H1 ansetzt, ob außen am DNA-Nukleosom-Komplex oder zwischen DNA und Nukleosomenkern, ist ungeklärt.

Während Wissenschaftler die Nukleosomen nach allen Regeln ihrer Kunst analysiert und vermessen und so ein auf wenige Zehnmillionstel Millimeter genaues Bild ihres Baus ermittelt haben[16], besteht schon auf der nächsthöheren Organisationsebene des Chromatins, eben der 30-Nanometer-Faser, Uneinigkeit. Mehrere konkurrierende Strukturmodelle stehen sich gegenüber. Ursprünglich glaubte man, die Nukleosomenkette würde sich, wie die DNA selbst, zu einer einfachen, 30 Nanometer dicken Helix winden, doch nach Untersuchungen der ETH Zürich[17] wird heute ein komplizierterer Aufbau favorisiert. Dabei lagern sich die Nukleosomen zunächst im Zickzack an- und nebeneinander, bevor das so entstandene DNA-Nukleosomen-Band die Helix ausbildet. Möglicherweise gibt es nicht nur eine Struktur, sondern mehrere verschiedene Konfigurationen, die nebeneinander existieren. Von dieser 30-Nanometer-Faser, wie auch immer sie nun beschaffen sein mag, zum vollständig kondensierten Chromosom der Zellteilung ist es allerdings noch ein weiter Weg. Die im wahrsten Wortsinn verschlungenen Details liegen weitgehend im Dunkeln.

Histone sind Proteine. Ihre Zusammensetzung ist daher in speziellen Histongenen codiert, die einige interessante Besonderheiten aufweisen. Während sich das H1-Gen – und damit auch das H1-Protein – beim Vergleich verschiedener Organismen als sehr variabel herausstellte, gehören die Histone des Nukleosomenkerns (und damit auch ihre Gene) zu den am besten konservierten Proteinen, die die Wissenschaft kennt. Beim Histon H4 unterscheiden sich die Sequenzen von Kuh und Erbse in nur zwei von 102 Aminosäuren, sind also über Hunderte von Millionen Jahren nahezu unverändert geblieben, ein starker Hinweis auf ihre überragende biologische Bedeutung. Kein von Menschen geschaffenes Speichermedium wäre auch nur ansatzweise in der Lage, Informationen über derart lange Zeiträume zu konservieren. Offenbar ist das System aus DNA und Nukleosomen schon sehr früh in der Geschichte des Lebens derart optimiert worden, dass nahezu jede Veränderung in der Aminosäuresequenz der Histone von Nachteil ist und einer negativen Selektion zum Opfer fällt.

Histongene sind in Mehrzahl vorhanden und treten in Clustern auf, in denen zumeist alle fünf Histongene in unterschiedlicher Reihenfolge zusammengefasst sind. Beim Menschen wurden vier derartige Cluster gefunden, drei liegen dicht nebeneinander auf Chromosom 6, einer auf dem größten Chromosom 1. Auf diese Weise existieren beim Menschen zum Beispiel elf Genkopien des Histons H3, von denen zehn für ein identisches Protein codieren, nur eine für eine geringfügig abgewandelte Variante. Keines der innerhalb der Cluster gelegenen Histongene besitzt Introns.[18]

Beide Eigenschaften der Clusterhistongene – ihre durch Wiederholungen erhöhte Zahl und das Fehlen von Introns – haben vermutlich mit der Tatsache zu tun, dass Zellen in einem relativ kurzen Zeitraum, der Verdopplungsphase der DNA, sehr viel Histon produzieren müssen, um das Erbmolekül mit Nukleosomenkernen auszustatten und fit für die bevorstehende Zell-teilung zu machen. Ihre Vielzahl ermöglicht das simultane Able-sen mehrerer Gene, und da keine Introns vorhanden sind, ent-fällt das Spleißen, das Herausschneiden der informationslosen »Zwischensequenzen« während der Herstellung der endgülti-gen Proteinvorlage. Bei der Histonproduktion schalten Zellen notgedrungen in den Turbogang.

Eine industrielle Revolution: das Chromatin-Remodeling

Teile des Chromatins, man könnte auch sagen: bestimmte Ab-schnitte der Chromosomen, liegen permanent als dicht gepack-tes Heterochromatin[19] vor, das bei der Taufliege *Drosophila* etwa 40 Prozent des gesamten Genoms ausmacht. Beim Men-schen ist der Anteil mit etwa sieben Prozent deutlich geringer. Über die genaue Struktur dieses Heterochromatins hat man we-nig gesicherte Erkenntnisse. Klar scheint aber zu sein: Es gibt nicht, wie über viele Jahre vermutet, nur eine Art von Hetero-chromatin, sondern mindestens zehn verschiedene, für die jeweils andere an das Chromatin gebundene Proteine charakte-ristisch sind. Ein großer Teil dieser Proteine ist bislang unbe-kannt.[20] Und: Diese Bereiche sind, wie das zweite X-Chromo-som der weiblichen Säugetiere, weitgehend stillgelegt. Einige dieser Chromatinzustände sind über viele Zellzyklen stabil und werden zuverlässig vererbt, andere bestehen nur kurze Zeit. Sie werden eingerichtet und kurz darauf wieder aufgelöst.

Schon bei Betrachtung der verschiedenen Vorstellungen zum Bau der 30-Nanometer-Faser fällt es schwer sich vorzustellen, wie dieses auch im aktiven Euchromatin aufwendig verpackte Erbmolekül eigentlich noch seinen Aufgaben nachgehen soll. Wenn es verdoppelt oder in RNA übersetzt wird, müssen sich die beiden Stränge der DNA-Strickleiter partiell voneinander lö-sen und große Enzymkomplexe an ihre Einsatzorte gelangen.

Wie kann das geschehen, wenn die DNA fest um Nukleosomenkerne gewickelt ist, die sich ihrerseits zu einer dichten und komplexen dreidimensionalen Struktur zusammenballen? Wie sollen die zahlreichen regulatorisch wirkenden Substanzen ihre Bindungsstellen erreichen? Wie kann unter diesen Umständen die Methylierung der DNA gelingen? Und nicht zuletzt: Wie gelangen die lebenswichtigen molekularen Reparaturteams der Zelle zu ihren Einsatzorten, um Brüche der DNA zu kitten oder falsche Basen zu ersetzen?[21]

Von einer jüngst entdeckten Strategie der Zellen, einem Teil dieser Schwierigkeiten aus dem Wege zu gehen, war schon die Rede. Wenn die Sequenz der DNA über die Verteilung der Nukleosomen mitentscheidet, könnten wichtige, häufig benötigte Abschnitte offen gehalten werden, indem bestimmte Signalsequenzen die Anlagerung der Histonkomplexe verhindern. Für das Euchromatin hätte dies eine Zweiklassengesellschaft der Gene zur Folge: solche, deren Schalter und regulatorisch wirksame Abschnitte im Wirrwarr der Nukleosomen verborgen liegen, und andere, die jederzeit frei zugänglich sind.

Tatsächlich wurden im Genom der Hefe Hunderte solcher nukleosomenarmer Bereiche identifiziert.[22] Sie sind so ausgeprägt, dass die Forscher von *Boundaries* sprechen, von Grenzen, die aufeinanderfolgende Chromatinblöcke voneinander trennen. Es zeigt sich, dass die regulatorisch wirksamen DNA-Sequenzen (z. B. Promotoren, Enhancer und Transkriptionsfaktor-Bindungsstellen), die in oder in der Nähe dieser Grenzzonen liegen, zu essenziellen Genen gehören, deren Ausschaltung zum Tod der betroffenen Organismen führt.

Die Gene, die samt ihrer Promotoren irgendwo im wohlgeordneten Nukleosomenlabyrinth lagern, werden dagegen nur unter bestimmten Bedingungen benötigt. Es ist offensichtlich, dass der Weg zu den im Erbmolekül gespeicherten Informationen in diesem Fall nur über die Nukleosomen führt, daher das eingangs bemühte Bild von den Torwächtern der DNA. Das Problem stellt sich jedoch auch beim ersten Gentyp, dessen freiliegende Promotoren einen sofortigen Zugriff ermöglichen. Denn die nukleosomenarmen *Boundaries* liegen in der Größenordnung von nur 100 bis 200 Basenpaaren, die mittlere Größe eines menschlichen Gens beträgt aber 27.000 Basenpaare. Auch essenzielle Gene erstrecken sich demzufolge über Hunderte von Nukleosomen. Sollen das Erbmolekül und die seine Information verarbeitenden Enzyme ihre Arbeit verrichten, müssen die Nukleosomen verschwinden oder sich verschieben lassen wie lose auf einer Schnur aufgezogene Perlen.

Beides ist möglich; und noch viel mehr. Je tiefer die Wissenschaft in die Feinheiten und Vielfalt der Chromatinstrukturen eindringt, desto deutlicher wird, dass an dieser erstaunlichen Substanz nichts in Beton gegossen ist. Auch wenn Abbildungen und 3-D-Computermodelle der 30-Nanometer-Faser eine starre, über ein verwirrendes Rollensystem festgezurrte Konstruktion suggerieren – die Forscher haben es mit einem äußerst »lebendigen«, hoch dynamischen System zu tun.

Wie lebendig, das konnte ein erstauntes Wissenschaftlerteam um Jon Widom von der Northwestern University in Evanston ermitteln.[23] Biophysikalischen Messungen an isolierten Nukleosomen zufolge kann sich die DNA wie eine hypernervöse Schlange spontan und blitzschnell vom Nukleosom lösen. Für zehn bis 50 Millisekunden lässt sie einen verwaisten Histonkomplex zurück, um sich dann ebenso blitzschnell wieder um denselben herumzuschlängeln und 250 Millisekunden zu verharren, bevor sich dieser Vorgang wiederholt – vier Mal pro Sekunde. Proteinmoleküle, die sich an die DNA binden wollen, hätten also durchaus Gelegenheit dazu. Noch muss sich allerdings zeigen, ob die DNA diese neue sprunghafte Seite ihres Verhaltens auch in einem großen Verbund von Nukleosomen unter Beweis stellt.

Sollen die Histonkomplexe verschoben, demontiert oder ausgetauscht werden, bedient sich das Leben eher eines klassischen Instrumentariums: Es bringt, wie bei vielen anderen zentralen Zellprozessen auch, wahre Protein-Ungetüme an den Start, gegen die sich die Histone des Chromatins wie Zwerge ausnehmen. Um ein zentrales Gerüstprotein gruppiert, enthalten sie bis zu 15 spezialisierte Untereinheiten, die an ihrem Einsatzort gemeinsam, gewissermaßen in einem Arbeitsgang, mehrere Aufgaben zugleich erledigen und damit komplizierte Reaktionsketten in Gang setzen. Da es möglich ist, einzelne Untereinheiten durch andere mit abweichenden chemischen Spezialisierungen zu ersetzen, können die Enzymkomplexe je nach Bedarf zusammengesetzt werden und in unterschiedlichen Geweben jeweils spezifische Aufgaben übernehmen. Autoren eines Übersichtsartikels in *Nature* sprechen in diesem Zusammenhang deshalb von einer »industriellen Revolution«.[24] Maschinenbau wäre somit eine uralte Erfindung des Lebens und keine exklusive Errungenschaft der Menschen.

Multifunktionelle Proteinmaschinen kommen zum Beispiel bei der Verdopplung der DNA und der Synthese von Proteinen zum Einsatz. Seit Anfang der 1990er-Jahre weiß man, dass sie sich auch der Nukleosomen annehmen. Die sogenannten Chromatin-Remodeling-Komplexe sind Wartungs- und Abschleppdienst in einem, sorgen für Abriss sowie Auf- und Umbau der Nukleosomen und erzeugen gleichzeitig die für all diese Arbeiten nötige Energie, indem sie von der Zelle bereitgestellten Treibstoff aufspalten.[25] Die Histone der Nukleosomen und die DNA gehen miteinander zwar keine echte (kovalente) chemische Bindung ein, sie werden aber an weit über 100 Kontaktstellen durch schwächere Kräfte zusammengehalten.[26] Wie bei einem Klettverschluss entsteht aus der Vielzahl schwacher Anziehungskräfte in der Summe eine relativ feste Verbindung. Um sie zu lösen, muss die Zelle Kraft bzw. Energie aufwenden.

Die erste dieser Proteinmaschinen wurde in der Bierhefe *Saccharomyces cerevisiae* entdeckt und trägt die überaus einprägsame Bezeichnung SWI/SNF. Mit den Jahren entwickelte sie sich zum Oberhaupt einer großen Remodeling-Komplex-Familie, die auch bei Mensch und Maus nachgewiesen wurde. Diese molekularen Maschinen sind so groß, dass sie ein ganzes Nukleosom samt Verbinder-DNA umfassen können. Spezielle Untereinheiten packen das Erbmolekül an drei Stellen, lösen die Helix aus der Umklammerung der Histone, ziehen Verbinder-DNA in das Nukleosom und erzeugen so eine DNA-Schlaufe oder -Beule, die um den Kern herumwandert. Bewegt wird nicht das Nukleosom, sondern die DNA, die mit jeder frei werdenden Energiedosis ein Stück um den Histonkern herumgezogen wird, wie ein Seil, das ruckweise über fest stehende Rollen läuft. Wie viel DNA dabei bewegt wird, hängt von den jeweils eingesetzten Remodeling-Komplexen ab. Pro Energiestoß schwankt die Abschnittslänge zwischen neun und 52 Basenpaaren.[27]

Diese Aktivitäten der Remodeling-Komplexe hinterlassen natürlich ein sehr unregelmäßiges Nukleosomenmuster mit unterschiedlich langen Verbinder-DNAs, wie bei einem Abakus, jener alten Rechenmaschine, bei der Holzperlen nach links oder rechts zusammengeschoben werden können. Andere Proteinmaschinen bereinigen das Chaos und sorgen für eine geordnete Nukleosomenkette mit exakt gleichen Abständen zwischen den Kernpartikeln. Eine solche regelmäßige Anordnung ist vermutlich die Voraussetzung für die extrem dichte Packung in den stillgelegten Bereichen des Heterochromatins.[28]

Die neue Dynamik des Chromatins

Noch bis in die Neunzigerjahre des letzten Jahrhunderts hinein sah man in den Histonkomplexen kaum mehr als Verpackungsproteine, die für eine sichere Aufbewahrung der DNA in der Enge des Zellkerns sorgen und bei der Kondensation der langen Helix-Fäden zu den Transport-Chromosomen der Zellteilungen mitwirken. Doch seitdem hat sich dieses statische Bild drastisch verändert, nicht nur, aber vor allem durch die Entdeckung des Chromatin-Remodelings. Heute werden Nukleosomen als dynamische Gebilde angesehen, die maßgeblichen Einfluss auf alle wichtigen chromosomalen Prozesse nehmen, auf die Transkription, die Verdopplung der DNA und ihre Reparatur.[29] Jeder dieser Prozesse erfordert direkten Zugang zur DNA, ein Weg, der über die Nukleosomen führt und von deren Eigenschaften und der Art der Wechselwirkung zwischen ihnen und der DNA bestimmt wird. Das Chromatin befindet sich in permanentem Umbau, einerseits, um die Informationen der DNA verfügbar zu machen, und anderseits, um bestimmte Abschnitte vorübergehend oder dauerhaft stillzulegen. Die Basensequenz der DNA bleibt von dieser kontinuierlichen Bautätigkeit unberührt, wie der Inhalt der Bücher einer Bibliothek, in der Regale ausgetauscht, Wände, Böden und Decken saniert und neue Leitungen verlegt werden. Deshalb sehen viele Forscher das Jahr der Nukleosomen-Entdeckung als den Beginn der modernen Epigenetik an.

Auf dem Weg zu diesem neuen dynamischen Bild vom Chromatin wiederholte sich ein Muster, das für die molekulare Genetik insgesamt charakteristisch zu sein scheint: Die tatsächliche Komplexität der Lebensvorgänge wird zunächst dramatisch unterschätzt, erst mit der Zeit wird aus Einfalt Vielfalt.

So sind binnen weniger Jahre aus einem Chromatin-Remodeling-Komplex mindestens fünf zum Teil umfangreiche Familien geworden, mit jeweils anderen Aufgaben und Spezialisierungen. Und das gleiche Schicksal scheint die Nukleosomen zu ereilen. Denn *das* Nukleosom, das entlang der gesamten DNA von identischer Zusammensetzung und Struktur ist, existiert nicht.

Zu dem klassischen Oktamer (1974), das aus acht Histonbausteinen aufgebaut ist, gesellen sich heute das Nukleodisom (1981), das Lexosom (1983), das Tetrasom (1999), das Hexasom (2002), das Altosom (2005) und das Reversom (2007). Ein historischer Überblick über die Entdeckungsgeschichte der Histonkomplexe mache deutlich, so die französischen Forscher Christophe Lavelle und Ariel Prunell, »dass Nukleosomen, abgesehen von ›Thunfischdosen‹«, mit denen ihre Form verglichen wurde, »nahezu alles sein können«.[30] Für kaum eines dieser neuen Mitglieder der Nukleosomenfamilie, die zum Teil aus vier, sechs oder 16 Histonkomponenten bestehen, ist in befriedigender Weise geklärt, wo und wann sie im Chromatin zu finden sind, über welche Eigenschaften sie verfügen und vor allem, welche Konsequenzen ihre Anwesenheit für die DNA-Abschnitte hat, an die sie gebunden sind. Das klassische Nukleosom, so Lavelle und Prunell, »ist offensichtlich das Familienoberhaupt, und manche Mitglieder könnten wichtiger sein als andere, aber gebraucht werden mit Sicherheit alle«.[31] Es steht wohl außer Zweifel, dass die Familie weiter wachsen wird. Allein im menschlichen Genom mit seinen 30 Millionen Nukleosomen bieten sich noch viele Chancen für Neuentdeckungen.

Kaum hatten die Franzosen diese Prognose niedergeschrieben, gab es an prominenter Stelle schon wieder neuen Familienzuwachs.[32] Das jüngste Mitglied, von einem amerikanischen Forscherteam um Steven Henikoff im Chromatin von *Drosophila melanogaster* aufgespürt, wurde vorläufig auf den Namen Hemisom getauft, weil es nur aus vier Histonmolekülen besteht, je einem der Typen H2A, H2B und H4 sowie einer speziellen H3-Variante. Es findet sich in großer Zahl und ausschließlich in der Taillenregion der X-förmigen Chromosomen, dem Zentromer, an dem die beiden Tochtermoleküle der DNA zusammenhängen, bevor sie im Verlauf der Zellteilung voneinander getrennt werden. Aufgrund seiner geringeren Größe umfasst die um das Hemisom gewickelte DNA weniger als 120 Basenpaare, das sich anschließende Verbinderstück ist dafür umso länger.[33]

Chromosomentaillen – die Zentromere

Zentromere sind, so Steven Henikoff, »die schwarzen Löcher der Genomforschung«. Aus Gründen, die mit der Natur der dort vorhandenen Sequenzen zu tun haben, ist bis heute keine einzige der 46 menschlichen Zentromerregionen im Detail entziffert worden. Fast zehn Jahre nach der Präsentation der menschlichen DNA-Sequenz sind die mit den Ergebnissen des Humangenomprojekts gefütterten Datenbanken daher noch immer unvollständig. Im Vergleich zur Gesamtmenge an DNA scheinen diese weißen Flecke in unserer Genom-Landkarte vernachlässigbar klein zu sein. Sie umfassen aber pro Chromosom immerhin 500.000 bis 1.500.000 Basenpaare.[34]

Es herrscht allerdings allgemein Übereinstimmung, dass die genaue Position der Zentromere nicht durch ihre Basenfolge bestimmt wird. Diese Position ist für jedes Chromosom charakteristisch und teilt es zumeist in einen kürzeren und einen längeren Arm. Typische Sequenzmotive, die sich vom Rest der DNA unterscheiden, scheint es dort nicht zu geben. Seltene spontane Neubildungen, sogenannte Neozentromere[35], können praktisch überall entstehen, an Sequenzen, die nicht den geringsten Zusammenhang zu den angestammten Zentromerstandorten erkennen lassen (s. u.).

Mittlerweise hat die intensive Forschung an Zentromeren eine Fülle von Beweisen dafür geliefert, dass ihre Positionierung innerhalb der Chromosomen über einen epigenetischen Mechanismus reguliert wird.[36]

Die Aufgabe, die es zu lösen gilt, könnte kaum verantwortungsvoller sein. Zentromere, die schon von Walther Flemming beschrieben wurden, sind von zentraler Bedeutung für einen geordneten Ablauf der Zellteilung, einem der fundamentalsten Lebensprozesse überhaupt. Hier[37] setzen die Fasern des Spindelapparats an, um die Tochterchromosomen auseinander- und zu den Zellpolen zu ziehen. Die Aufgabe besteht offenbar darin, eine Struktur zu schaffen, die stabile Ansatzpunkte für die Spindelfasern bietet und die beträchtlichen Zugkräfte, die bei der Trennung der Tochterchromosomen auftreten, so aufzufangen, dass die Erbmoleküle mitsamt Proteinanhang keinen Schaden nehmen und sicher in den Schoß der neu zu bildenden Zellkerne überführt werden. Geht bei der Einrichtung, Wartung und Vererbung der Zentromere etwas schief, kann es zum Auseinanderbrechen der Chromosomen und zu einem verheerenden Verteilungschaos kommen. Bei mindestens fünf Prozent aller menschlichen Schwangerschaften kommt es durch fehlerhaft verlaufene Zellteilungen zu Verlust oder Zugewinn von Chromosomen. Diese sogenannte Aneuploidie ist der wichtigste genetische Grund für einen vorzeitigen Verlust des Fötus und die häufigste Ursache schwerer geistiger Behinderungen.

Eine entscheidende Rolle spielt die nur im Bereich der Zentromere in die Nukleosomen (bzw. Hemisomen) eingebaute Histonvariante CenH3.[38] Diese chemisch veränderten H3-Moleküle fungieren sozusagen als Kristallisationspunkte für Strukturen, die Kontakt mit den Spindelfäden aufnehmen und für eine reibungslose Trennung der Tochterchromosomen sorgen. Alternierend mit Gruppen normal ausgestatteter Histonkerne bilden sie dort Nukleosomenblöcke, die durch Faltung der DNA nach außen, also polwärts, orientiert sind, während die H3-Nukleosomen nach innen zeigen.[39]

Dass es tatsächlich diese speziellen Histone sind, die normalerweise genau ein Zentromer pro Chromosom etablieren, zeigen die Untersuchungen von Patrick Heun, der heute ein Labor im Max-Planck-Institut für Immunbiologie in Freiburg leitet.[40]

Heun und seine amerikanischen Kollegen veranlassten Zellen von *Drosophila* mit einem gentechnischen Trick, erheblich mehr CenH3 zu produzieren als üblich. Als Kontrolle dienten Zellen (und Fliegen) ohne Überschussproduktion und solche, die deutlich mehr H3 produzierten, also das Histon normaler Nukleosomen.

Während die beiden Kontrollansätze keinerlei Auffälligkeiten zeigten, ging es in den Zellen mit weit über Normalmaß angekurbelter CenH3-Produktion drunter und drüber. Betroffene Tiere litten unter schweren Entwicklungsstörungen und starben. Was war geschehen? Die in hohem Überschuss vorhandene Histonvariante, die normalerweise nur in der Gegend des Zentromers zu finden ist, war plötzlich auf ganzer Chromosomenlänge eingebaut worden, auch und gerade in die Nukleosomen des aktiven Euchromatins. An vielen dieser fälschlicherweise mit CenH3 ausgestatteten Chromatinabschnitte bildeten sich nun genau die Strukturen heraus, die als Angriffspunkte der Spindelfasern dienen. Bei der sich anschließenden Zellteilung bot sich ein Bild der Verwüstung. Statt an einer speziell dafür ausgestalteten Region zerrten die Fasern nun an vielen Stellen der empfindlichen Chromosomen gleichzeitig, nicht selten in entgegengesetzte Richtungen. Manche Chromosomen wurden zwischen den beiden Zellpolen buchstäblich zerrissen. An der DNA und ihrer Sequenz hatte sich nichts geändert, sie war an dem Spektakel nur passiv beteiligt. Der einzige Unterschied zwischen den unauffälligen Kontrollen und dem Chromosomendurcheinander in den Versuchszellen bestand darin, dass sich eine Histonvariante in Chromatinbereichen befand, wo sie nichts zu suchen hatte.

Anfang der 1990er-Jahre hatten Wissenschaftler vom Royal Children's Hospital in Parkville, Australien, den ersten Fall eines Neozentromers beim Menschen beschrieben. In den Jahren darauf dokumentierten sie mehr als 60 dieser seltenen spontanen Neubildungen, meist bei Kindern mit schweren Entwicklungsstörungen.[41] Als sie jedoch ein kerngesundes siebenjähriges Mädchen wegen einer leichten geistigen Behinderung einer Routineuntersuchung unterzogen, stießen sie in allen untersuchten Zellen erneut auf ein Neozentromer.[42] Es lag auf einem der beiden Chromosomen mit der Nummer 4. Die Forscher baten auch die anderen Familienmitglieder zu einer Chromosomenuntersuchung und fanden dieselbe Neubildung bei Vater und Bruder des Mädchens. Da die Großmutter das anders positionierte Zentromer nicht besaß, musste es vom Großvater väterlicherseits stammen, war also über mindestens zwei Generationen zuverlässig vererbt worden. Bei allen betroffenen Personen war das alte Zentromer unverändert, aber inaktiv. Ansonsten waren weder gesundheitliche Beeinträchtigungen noch genetische Defekte zu erkennen. Vater und Bruder erfreuten sich bester Gesundheit und waren von »normalem Intellekt«, die leichte Behinderung des Mädchens konnte andere Ursachen haben. Da die Position des Zentromers ausschließlich epigenetisch festgelegt wird, handelt es sich möglicherweise um den ersten dokumentierten Fall einer epigenetischen Vererbung beim Menschen, obwohl er als solcher keinerlei Aufmerksamkeit erregte.[43]

Was in diesem Beispiel durch die Abweichung vom Normalfall besonders deutlich wurde, gilt aber im Prinzip für alle Zentromere. Einmal etabliert werden sie zuverlässig vererbt, ja, Steven Henikoff und seine Kollegen betonen, dass ihre Positionen in Abstammungslinien wie der Unsrigen über viele Zehnmillionen Jahre konserviert wurden.[44] Die Weitergabe ihrer Position von einer Zell- oder Organismengeneration zur nächsten ist somit ein Beispiel dafür, dass selbst elementarste Lebensprozesse einer epigenetischen Vererbung überlassen bleiben können – ohne Beteiligung der DNA-Sequenz und ohne Nachteile für die Organismen.

CenH3 ist nicht die einzige Histonvariante, die den Zellen zur Verfügung steht. Histon H4 scheint es zwar nur im Original zu geben, von allen anderen Histonen aber existieren mehrere abweichende Molekültypen, die den Nukleosomen jeweils einen charakteristischen Stempel aufdrücken. Dies betrifft sowohl ihren Einsatzbereich als auch ihre Funktion.

So weiß man bereits seit Längerem, dass das normale Histon H2A nur im inaktivierten X-Chromosom der Säugetierweibchen durch eine spezielle Variante namens macroH2A ersetzt wird. Sie blockiert die Aktivität bestimmter Remodeling-Komplexe und verhindert das Verschieben der Nukleosomen. Die Vermutung liegt nahe, dass dieser Histonbaustein neben der Methylierung der DNA ebenso für das weitgehende Verstummen dieses Chromosoms verantwortlich ist. Eine andere Variante des Histons H2 wird in der Nähe von Promotoren eingebaut, wo sie offenbar die Aktivierung der dazugehörenden Gene erleichtert und deren Stilllegung verhindert.[45] Aktive Gene wiederum werden im Zuge der Transkription genomweit mit H3.3 anstelle von H3 ausgestattet.[46] Auf diese Weise entsteht eine Art molekulares Gedächtnis, das auf kürzlich erfolgte Transkriptionsereignisse hinweist.[47] Nukleosom, das wird mit jeder neuen Veröffentlichung zum Thema deutlicher, ist nicht gleich Nukleosom. Mit weiteren überraschenden Entdeckungen im Histon-Ersatzteillager der Zelle ist zu rechnen.

All diesen Varianten ist gemeinsam, dass die dazugehörenden Gene nicht in den bereits beschriebenen Histonclustern liegen, was aber ihrer Konservierung im Verlauf der Geschichte des Lebens nicht geschadet hat. Die Histone H3.3 von Fliege und Mensch sind zu 100 Prozent identisch und damit evolutionäre Methusalems.[48] Anders als die Großproduktion der Standardnukleosomen, ist die Synthese der Varianten nicht an die Verdopplung der DNA gekoppelt. Ihr Einbau durch spezielle Remodeling-Komplexe kann jederzeit erfolgen.

Im neuen, dynamischen Bild vom Chromatin sind Histone also alles andere als ordinäre Verpackungshilfen. Diese Erkenntnis hat sich allerdings erst seit gut zehn Jahren durchgesetzt, parallel zur Entzifferung des menschlichen Erbguts, die die ganze mediale Aufmerksamkeit für sich beanspruchte. Seitdem hat die Forschung ein an die Histone gekoppeltes regulatives Netzwerk zutage gefördert, das immer komplexere Formen annimmt und doch erst in Umrissen zu erkennen ist. Mittlerweile sprechen Wissenschaftler, in Analogie zum genetischen Code der DNA, gar von einem epigenetischen Histoncode. Damit ist nicht nur der eben geschilderte Einbau spezieller Histonvarianten gemeint. Die vielleicht wichtigsten chemischen Stellschrauben, die die Eigenschaften der Nukleosomen beeinflussen und damit den Zugang zur DNA regeln, befinden sich an Strukturen, von denen bisher noch gar nicht die Rede war.

An Modelldarstellungen von Nukleosomen fällt zunächst das massive Kernpartikel ins Auge, das die DNA-Umwicklung tragende Histonoktamer (siehe Abbildung Seite 126). Dabei läuft man Gefahr, acht kleine Anhängsel zu übersehen, die wie verkümmerte Tentakel, wie knorrige kleine Ästchen aus dem Proteinkorpus wachsen. Es handelt sich jeweils um ein Ende der Aminosäureketten der acht beteiligten Histone. Diese Schwänze (engl.: *tails*) sind eingeschränkt beweglich und falten sich nie – wie andere Teile der Moleküle – zu Strukturen höherer Ordnung zusammen, zu Helices oder Bändern. Ihre 30 bis 36 Aminosäuren entsprechen immerhin einem Viertel der Gesamtkettenlänge der Histonmoleküle. Und diese Aminosäuren haben es in sich. Auch in kompakten Chromatinstrukturen ragen die Histonschwänze aus den Nukleosomenstapeln heraus und dienen so gewissermaßen als Antennen, als Empfangsstationen für diverse chemische Signale und Markierungen, die anschließend im Chromatin Tiefenwirkung entfalten können.

Dass die Verbindung mit kleinen Molekülen die Eigenschaften viel größerer Makromoleküle verändern kann, ist uns schon im Zusammenhang mit der DNA selbst begegnet. Die Methylierung der Base Cytosin kann die Aktivität von Genen beeinflussen. Die Stilllegung eines Gens durch DNA-Methylierung lieferte schließlich nach langer Suche die Lösung für das jahrhundertealte Rätsel um Linnés Peloria.

In ganz ähnlicher Weise können auch Proteine markiert oder verändert werden, indem einzelne ihrer Aminosäuren mit kleinen (und wenigen großen) Molekülanhängen versehen werden. Wieder spielt dabei die Methylgruppe eine entscheidende Rolle, und wie bei der DNA-Methylierung, wo nur Cytosin als Empfänger fungiert, sind es auch im Falle der Histone nur bestimmte Aminosäuren, die diese Verbindungen eingehen, vor allem Lysin und Arginin, die in den Histonschwänzen besonders häufig vorkommen. Die Verhältnisse sind hier allerdings ungleich komplizierter, weil nicht nur eine, sondern auch zwei oder drei Methylgruppen und darüber hinaus weitere chemische Verbindungen angehängt werden können, mit jeweils spezifischen Konsequenzen.[49] Alle diese Modifikationen sind reversibel, die Verbindungen können hergestellt und wieder gelöst werden. Verantwortlich dafür ist ein Arsenal zum Teil hochspezifischer Enzyme. Erst ihre Entdeckung ermöglichte die experimentelle Analyse und ein tieferes Verständnis dieser Prozesse. Dass es die Histonmodifikationen gab, wusste man bereits seit einem halben Jahrhundert, und dieselben Molekülanhänge sind auch von vielen anderen Zellproteinen bekannt. Lange Zeit deutete nichts darauf hin, dass man es im Falle der Histone mit etwas ganz Besonderem zu tun hatte.

Aber genau das ist der Fall. Für den Startschuss und eine radikal neue Sicht auf die Histone sorgte ein Team um David Allis von der University of Virginia im Jahr 1996. Aus dem hübschen Einzeller *Tetrahymena*, einem Verwandten des Pantoffeltierchens, isolierte Allis die erste – Achtung, Wortungetüm! – Histonacetyltransferase, ein Enzym, das eine Acetylgruppe, einen weiteren molekularen Zwerg mit großer Wirkung, an bestimmte Lysinmoleküle des H3-Schwanzes hängt.[50] Noch im gleichen Jahr wurde in ganz anderen Zellen ihr negatives Pendant entdeckt, ein Enzym, das die Acetylgruppe wieder entfernt. Damit war klar, dass Zellen den An- und Abbau der Molekülanhänge selbst steuern. Nicht nur auf den Histonschwänzen, auch auf den Kernpartikeln wurden immer mehr dieser Modifikationen lokalisiert, und die Liste der Enzyme, die diese Verbindungen ermöglichen, wurde länger und länger. Gleichzeitig mehrten sich die Hinweise, dass die Muster der chemischen Veränderungen an den Histonen etwas mit dem Zustand der betroffenen Chromatinabschnitte und der Aktivität der darin verborgenen DNA zu tun haben.

Die faszinierende Idee einer Histonsprache wurde geboren, eines zweiten (oder dritten) Codes[51], der die Aktivität des Chromatins reguliert und, anders als die Sequenz der DNA, von der Zelle selbst geschrieben wird. Die Euphorie, die mit dieser Erkenntnis verbunden gewesen sein muss, ist in den im Jahr 2000 von Brian Strahl und Davis Allis verfassten Zeilen noch heute spürbar: »Wie haben begonnen, die atemberaubende Möglichkeit in Betracht zu ziehen, dass jede Aminosäure in den Histonschwänzen eine spezifische Bedeutung besitzt und Teil des Vokabulars des Gesamtcodes ist. (…) Ein Verständnis der Regeln und Konsequenzen dieses Histoncodes wird wahrscheinlich auf viele, wenn nicht alle DNA-vermittelten Prozesse Einfluss haben mit weitreichenden Implikationen für Biologie und Krankheit des Menschen.«[52] Vor diesem Hintergrund erscheint auch die allen evolutionären Irrungen und Wirrungen widerstehende Stabilität der Histone in neuem Licht. Wenn tatsächlich nahezu jede Aminosäure mit ihren möglichen Modifikationen Teil des Histoncodes ist, dann wäre eine Veränderung ihrer Reihenfolge oder der Austausch einzelner Aminosäuren gleichbedeutend mit dem Verlust dieses Signals – mit möglicherweise katastrophalen Folgen für den darauf abgestimmten biochemischen Regulationsapparat der Zelle. So kann es kaum verwundern, dass im Laufe der Evolution nicht nur die Histone selbst, sondern auch, soweit bekannt, die Bedeutung ihrer Modifikationsmuster konserviert wurden. Der Histoncode ist eine frühe Errungenschaft des Lebens und wird sowohl von Hefe- als auch von Säugetierzellen verstanden, was nicht heißt, dass es nicht auch eine Weiterentwicklung zu spezifischen Codedialekten gab.

Die Histone, die wichtigsten Proteine des Chromatins, waren ein halbes Jahrhundert nach ihrer Verbannung wieder im Zentrum wissenschaftlichen Interesses angekommen. Man war etwas Großem auf der Spur. Doch die Öffentlichkeit, von einem heftigen Mediengewitter auf die überragende Bedeutung der Sequenzanalysen eingeschworen, nahm kaum Notiz davon.

Am Beispiel des Histon-H3-Schwanzes seien die Möglichkeiten einmal konkretisiert: An allein neun Stellen ist die Anlagerung von ein, zwei oder drei Methylgruppen möglich: an den Lysinmolekülen an Position 4, 9, 14, 23, 27 und 36 sowie an Arginin 2, 17 und 26. (Die Zählung beginnt am freien Kettenende.) Eine sehr wichtige Funktion erfüllt die Acetylgruppe, die sich mit enzymatischer Hilfe an Lysin 9, 14, 18, 23 und 27 heften kann. Die Aminosäure Serin an den Positionen 10 und 28 schließlich kann mit jeweils einer Phosphatgruppe versehen werden – macht summa summarum 16 nachgewiesene chemische Modifikationen, dazu kommen noch mögliche Mehrfachmethylierungen. Auch wenn man berücksichtigt, dass einige dieser Veränderungen sich gegenseitig ausschließen[53], ergeben sich auf diese Weise an allen acht Histonschwänzen eines Nukleosoms zusammen Tausende von Kombinationsmöglichkeiten.

Durch die Aktivität eines Pools spezifischer Enzyme entstehen an den Histonschwänzen Muster verschiedenartiger chemischer Signalflaggen – doch woher wissen diese Enzyme, an welcher Stelle sie tätig werden sollen? Ihre chemische Arbeit verrichten sie zwar an den Histonen, das eigentliche Ziel ist jedoch die DNA und ihre Gene. Können sie auf geheimnisvolle Weise erkennen, welche Sequenzen um welche Nukleosomen gewickelt sind?

Nein, sie sind auf fremde Hilfe angewiesen, und die entscheidende Positionierungsinformation muss von der DNA kommen. Den Anfang machen Proteine, die bestimmte DNA-Sequenzen erkennen, sich daran binden und nun ihrerseits zum Lande- und Arbeitsplatz für die Histon-modifizierenden Enzyme werden. Voraussetzung ist natürlich, dass die Sequenzen, um die es geht, frei zugänglich sind oder durch Remodeling zugänglich gemacht werden. Mitunter kann von einem so bearbeiteten Nukleosom eine Art Kettenreaktion ausgehen, die die Veränderung an die jeweiligen Nachbarn weitergibt, bis die DNA ein unmissverständliches Stoppsignal setzt.

Erst jetzt stellt sich die nächste Frage. Wie können die von den Enzymen verursachten verhältnismäßig geringfügigen Veränderungen der Nukleosomen die Aktivität der DNA, sprich, ihre Transkription in RNA beeinflussen? Vorstellbar sind verschiedene Mechanismen.[54] Manche Molekülanhängsel könnten direkte Wirkungen entfalten, indem sie die elektrische Ladung des Histons verändern. Das ganze Histonmolekül und damit auch das dazugehörige Nukleosom nimmt eine leicht veränderte Gestalt an, die Bindung an die DNA-Umwicklung verliert an Kraft, das Gefüge lockert und öffnet sich und ermöglicht das Andocken von Proteinen an ihre DNA-Bindungsstellen.[55]

Von entscheidender Bedeutung scheint jedoch zu sein, dass die Histonschwänze durch ihre lokalen Anhänge wiederum zu Erkennungspunkten für andere Proteine und Proteinmaschinen werden, die komplexe und miteinander vernetzte biochemische Signalketten in Gang setzen.

Insgesamt stellt sich der Ablauf etwa wie folgt dar: Ein sequenzspezifisches Protein A bindet sich an eine bestimmte DNA-Basenfolge und rekrutiert gezielt ein Enzym B, das eine bestimme Modifikation auf dem Schwanz eines Histons vornimmt, zum Beispiel eine Acetyltransferase. Protein C erkennt diesen neuen Molekülanhang, lagert sich an, ermöglicht selbst eine bestimmte chemische Operation oder ruft zu diesem Zweck weitere Proteine auf den Plan. Unter dem Strich kommt es schließlich zur Aktivierung der Transkription oder zu deren Hemmung, zur Umwandlung von Euchromatin in Heterochromatin und damit zur Stilllegung der markierten Genomabschnitte. Multifunktionelle Proteinmaschinen erkennen aufgrund ihrer Größe gleich mehrere Histonmodifikationen, die auf den gleichen oder unterschiedlichen Schwänzen liegen können – sogar auf unterschiedlichen Nukleosomen oder der Oberfläche des Kernpartikels. Anschließend wird diese Information in spezifische biologische Aktion umgesetzt.

Was bewirkt eine Methylierung am Lysin 36, Histon 3, was eine Entfernung des Acetylrestes von Lysin 16, Histon 4? Gibt es Kombinationswirkungen? Welche Enzyme oder Enzymkomplexe werden dabei rekrutiert? Gibt es einfache Zusammenhänge zwischen der Anwesenheit einzelner Modifikationen an bestimmten Aminosäuren und Aktivitätsveränderungen der betroffenen Gene? Oder ist der Code raffinierter? Gibt es überhaupt einen feststehenden Code?

Seit Jahren arbeitet sich die Forschung an den Details dieser Prozesse ab.[56] In dem System, das sich abzuzeichnen beginnt, steckt allerdings noch ein hohes Maß an Redundanz, denn verwirrend viele Wege führen nach Rom, sprich zur Aktivierung oder Stilllegung von Genen. Identische Molekülanhänge können je nach Umfeld stimulierend oder bremsend wirken. Modifikationen, denen man hemmende Wirkung zuschrieb, finden sich plötzlich an aktiven Genen. Das Feintuning ist das Problem, an dem sich noch viele Forschergruppen die Zähne ausbeißen werden. Wie wirken die epigenetischen Markierungen zusammen, die Histonvarianten, die Modifikationen an den Histonschwänzen und, nicht zu vergessen, die DNA-Methylierung? Wer hisst nach welchen Kriterien wann und wo welche chemische Flagge, und was hat sie zu bedeuten? Wieder einmal müssen die Forscher konstatieren, dass sich hinter einem Phänomen wesentlich komplexere Zusammenhänge verbergen, als ursprünglich vermutet.[57]

Wie spezifisch die chemischen Markierungen der Histonschwänze sind, brachte 2007 ein Forscherteam um Nathaniel Heintzman vom Ludwig Institute for Cancer Research (University of California) ans Licht.[58] Heintzmann und seine 14 Kollegen untersuchten die Sequenzen des ENCODE-Projekts, eine repräsentative Auswahl, die ein Prozent des menschlichen Erbguts umfasst (s. Kap. 4). Das Interesse der Forscher galt den Modifikationsmustern der Nukleosomen in der Nähe bekannter Promotoren und Enhancer, jenen genomischen Verstärkungselementen, die oft weit entfernt vom dazugehörenden Gen-Ort zu finden sind. Sie konzentrierten sich dabei auf die Verteilung der Nukleosomen und auf fünf Molekülanhänge an den Schwänzen der Histone H3 und H4.

Die Ergebnisse dürften zur vollsten Zufriedenheit der Forscher ausgefallen sein. Denn sie bestätigen nicht nur, dass diese wichtigen regulatorischen Sequenzen auch beim Menschen praktisch frei von Nukleosomen sind, eine Tatsache, die bisher nur von den Modellorganismen Bierhefe und *Drosophila* bekannt war. Es zeigte sich zudem, dass die Positionen dieser DNA-Sequenzen durch überaus charakteristische Modifikationsmuster gekennzeichnet sind, die sich an den Histonschwänzen der dort vorhandenen Nukleosomen befinden. Die Muster sind so spezifisch, dass sie sich nun umgekehrt mit hoher Trefferquote für die bislang schwierige Identifizierung unbekannter Promotoren und Enhancer einsetzen lassen.

Allein diese Tatsache wäre für die Forscher schon genug Anlass zur Freude, aber die gefundene Kennzeichnung auf den Histonschwänzen gibt sogar noch weitere Aufschlüsse. Sie signalisiert nicht nur: Achtung, Promotor! Sie erlaubt es, aktive von inaktiven Promotoren zu unterscheiden, und bildet sogar das Ausmaß der Aktivität des dazugehörenden Gens ab. Und sie ermöglicht eine Unterscheidung von Promotoren und Enhancern. Die Unterschiede sind winzig, aber eindeutig, und sie werden von einer einzigen Aminosäure auf dem Schwanz von Histon 3 geliefert, einem Lysin an Position 4. Es ist bei Promotoren dreifach methyliert, bei Enhancern nur einfach. Dass diese minimale Abweichung derart bedeutende Unterschiede markiert, lässt für die zukünftige Analyse des Histoncodes noch einiges erwarten. Und das Resultat setzt ein deutliches Warnzeichen: Nichts, selbst der geringfügigste Unterschied, sollte in diesem System vorschnell dem Zufall zugeschrieben werden. Brian Strahl und Davis Allis hatten wohl recht mit ihrer Einschätzung: Alles hat eine Bedeutung.

Ungeklärt bleibt die Frage nach Ursache und Wirkung. Sind die wandelbaren Histonschwänze selbst regulatorisch wirksame Schalter – besitzen sie gewissermaßen Befehlsgewalt – oder handelt es sich »nur« um passive Begleiterscheinungen der Aktion anderer zellulärer Protagonisten, um Kennzeichnungen und Orientierungsmarken, die allerdings wertvolle Auskünfte über Inhalt und Zustand der DNA und des Chromatins liefern können?

Timothy Bestor gehört eher zu den Skeptikern. Der Entdecker der Methyltransferase und Methylierungsspezialist bleibt zurückhaltend und wies noch im Jahr 2005 darauf hin, dass bislang kein Mechanismus bekannt sei, der die Vererbung von Histon-modifikationen gewährleistet.[59] Dies wäre aber aus denselben Gründen zu fordern wie im Falle der DNA-Methylierung. Wenn das jeweilige Modifikationsmuster Teil der epigenetischen Pro-grammierungen ist, die im Lauf der Entwicklung und Zelldiffe-renzierung erworben werden, dann muss dieses Muster über Zellteilungen hinweg weitergegeben werden können. Das Zell-gedächtnis darf nicht gelöscht werden. »Wir möchten nicht, dass sich unsere Hautzellen in Darmzellen verwandeln, wäh-rend wir schlafen«, scherzten die Entwicklungsbiologen Scott Gilbert und David Epel.[60] Aus der Teilung von Leberzellen müs-sen wieder Leberzellen hervorgehen und keine unfertigen Früh-stadien derselben.

Mittlerweile existieren Modellvorstellungen, wie diese Wei-tergabe der Histonmodifikationen während der Mitose ablaufen könnte.[61] Noch wird allerdings viel Laborarbeit zu leisten sein, um die komplexen Details dieser Modelle an lebenden Zellen zu bestätigen und die an diesen Prozessen beteiligten Proteine zu charakterisieren.

Das Problem besteht darin, die Muster der Molekülanhänge auf den Histonen nach oder während der Verdopplung der DNA in exakt gleicher Weise zu reproduzieren, damit die epigeneti-sche Information nicht verloren geht. Das Gleiche muss mit den Varianten innerhalb der Histonkomplexe geschehen, und beides mit nicht weniger als 30 Millionen Nukleosomen. Aufgrund der Vielfalt der Modifikationen ist die korrekte Weitergabe im Falle der Histone wesentlich komplizierter als bei der DNA-Methy-lierung. Interessanterweise deutet sich aber an, dass zwischen den beiden epigenetischen Markierungssystemen enge Bezie-hungen bestehen. Die DNA-Methylierung leistet Hilfestellung bei der Etablierung der Histonmodifikationen und umgekehrt.

Aus heutiger Sicht nimmt sich der seinerzeit von Watson und Crick vorgeschlagene Mechanismus der Replikation wie ein

Bauklötzchenspiel für Kleinkinder aus. Denn nicht nur die DNA wird verdoppelt, auch ihr gesamter epigenetischer Anmerkungsapparat, von dessen Existenz die beiden Nobelpreisträger seinerzeit nichts ahnten und der, seit die Forscher genauer hinschauen, immer umfangreicher geworden ist. Zur Erklärung reichte damals ein DNA-Reißverschluss, der sich bequem öffnen lässt und aus dem durch die feste Basenpaarung beinahe wie von selbst zwei neue identische Erbmoleküle entstehen. Heute ist daraus eine mobile zelluläre Großbaustelle geworden, mit Dutzenden von Protein-Arbeitern und einer Ehrfurcht gebietend komplexen Logistik. Sie arbeitet sich mit einer Geschwindigkeit von maximal 6.000 Basenpaaren pro Minute am DNA-Doppelstrang voran, was einer Strecke von knapp vier Hundertstel Millimetern entspricht. Die DNA der menschlichen Zellen ist aber zwei Meter lang, und ihre Verdopplung dauert nur einige Stunden. Es müssen also gleichzeitig mehrere Hundert dieser Großbaustellen in Betrieb sein.

Es ist Zeit für einen tiefen Seufzer – nicht nur, weil das Schwierigste nun überstanden ist, sondern weil die in dem winzigen Volumen einer Zelle untergebrachte Komplexität, die auf diesen Seiten nur angedeutet wird, auch einem Biologen wie mir mitunter den Schweiß der Erschöpfung auf die Stirn treibt. Vielleicht geht es Ihnen ja ähnlich. Manchmal wird das Vertrauen darauf, dass sich die Wissenschaft dieser Komplexität gewachsen zeigt, auf eine harte Probe gestellt, und man fragt sich insgeheim – weil gänzlich unwissenschaftlich –, ob in diesen Zellen eigentlich alles mit rechten Dingen zugeht … denn es kommt noch besser.

8. Im Kern

Sicher erinnern Sie sich noch an die Aufgabe, zwei Meter DNA samt Verpackung in dem winzigen Volumen des Zellkerns unterzubringen. Das vorangehende Kapitel handelte davon, welchen Aufwand Zellen treiben, um diese Aufgabe zu lösen, welche Schwierigkeiten damit verbunden sind, aber auch welche fantastischen epigenetischen Möglichkeiten in der vor langer Zeit gefundenen Lösung stecken.

Trotzdem stellt sich, jenseits von Molekülstrukturen, weiterhin die simple Frage, wie die DNA im Arbeitskern vorliegt? Ist es dem Zufall überlassen, wo sich welcher Chromatinabschnitt befindet, wo ein Gen untergebracht ist und in welcher Nachbarschaft? Flotieren die Chromosomen, sprich: die mit ihrer DNA-Fracht beladenen Nukleosomen, mehr oder weniger frei im Zellkerninneren herum, wie Spaghetti in einem Kochtopf?

In den späten 1970er-Jahren erinnerte sich eine Gruppe deutscher Wissenschaftler einer fast 100 Jahre alten, niemals belegten Theorie von Carl Rabl. Der in Prag und Leipzig lehrende Anatom hatte 1885 behauptet, Chromosomen würden sich im Arbeitskern auch in dekondensiertem Zustand nicht durchmischen, sondern getrennte Räume einnehmen, die er Territorien nannte. Um Rabls Theorie zu überprüfen, bestrahlten seine technisch ungleich besser ausgestatteten Kollegen ausgewählte Bereiche von Hamster-Zellkernen mithilfe eines Mikro-UV-Lasers. Wurden die misshandelten Chromosomen während der nächsten Zellteilung im Lichtmikroskop sichtbar, konnten die Forscher betrachten, was ihr UV-Beschuss angerichtet hatte.[1] Die Ergebnisse ließen nur einen Schluss zu: Rabl hatte recht. Würden sich die zum Zeitpunkt der Bestrahlung unsichtbaren Chromosomen im Arbeitskern zu ungeordneten Knäueln vermischen, hätten die vom Laser verursachten Schäden viele, wenn nicht alle Chromosomen betreffen müssen. Beschädigt waren aber immer nur wenige, genau die, so die Interpretation der Forscher, deren Territorien der Laserstrahl getroffen hatte.

Es dauerte ein weiteres Jahrzehnt, bis man diese Raumaufteilung durch Anfärbung einzelner Territorien sichtbar machen konnte. 2005 gelang es erstmals, alle Chromosomenterritorien gleichzeitig darzustellen.[2] Deutsche Forscher lieferten eindrucksvolle Bilder von Kernen menschlicher Bindegewebszellen (Fibroblasten; siehe Abbildung), die sie durch Kombination von sieben verschiedenen Fluoreszenzfarbstoffen in ein poppig buntes 3-D-Puzzle verwandelt hatten. Die in diesem Fall nicht runden, sondern ovalen Zellkerne sahen aus wie die politische Landkarte eines durch Kleinstaaterei zersplitterten Minikontinents, in dem jedes Land durch eine andere Farbe gekennzeichnet ist. Ein Land entspricht einem Chromosom und dem von ihm im Raum eingenommenen Territorium, das im Mittel einen

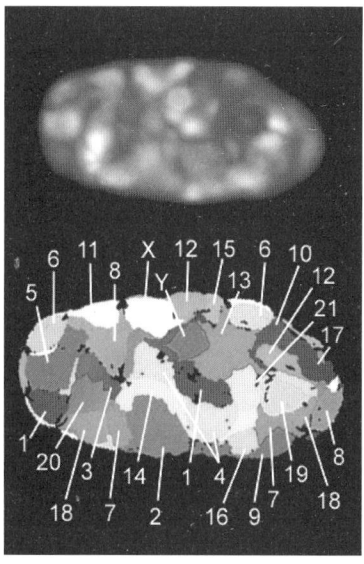

In diesen Bindegewebszellkernen fluoresziert jedes Chromosomenterritorium in einer anderen Farbe. Unten werden den einzelnen Territorien die Chromosomennummern zugeordnet. Man beachte, dass mütterliche und väterliche Varianten der einzelnen Chromosomen weit auseinanderliegen können, z. B. bei Chromosom 1, 6 und 8.

Durchmesser von etwa zwei Tausendstel Millimetern besitzt.[3] Auch wenn sie unsichtbar werden, weil ihre extrem kondensierte Transportform nach Abschluss der Zellteilung aufgelöst wird, bleibt die Individualität der Chromosomen also erhalten.

Alles hat eine Bedeutung. Und so sehen wir uns plötzlich mit einer weiteren, dritten Ebene der Regulation konfrontiert, die Teil eines hierarchischen Systems[4] zu sein scheint: Die erste und am besten untersuchte Ebene liefert die lineare Sequenz der DNA mit ihren zahlreichen regulatorisch wirkenden Elementen, die zweite das Chromatin mit seinem schwer zu durchschauenden epigenetischen Wechselspiel von DNA-Methylierung, Histonvarianten und Histonmodifikationen.

Durch die räumliche Anordnung des Chromatins im Zellkern kommt nun noch eine dritte Ebene ins Spiel, und auch sie ist epigenetischer Natur, da zwar die Aktivität von Genen oder ganzer Gengruppen betroffen ist, nicht aber die Sequenz der DNA. Der Zellkern ist eben kein Kochtopf mit homogenem Inhalt, in dem die Chromosomen-Spaghetti beliebig herumschwimmen und sich durchdringen können. Er besitzt eine – wie könnte es anders sein – hochkomplexe Innenarchitektur, in der auf engstem Raum strukturell und funktionell unterschiedliche Bereiche aneinandergrenzen.

Lange Zeit irrten die Forscher weitgehend orientierungslos durch diese Zimmerfluchten des Zellkerns, doch jetzt ist die exakte Erkundung dieser rätselhaften Architektur in vollem Gang. Die Entdecker stoßen dabei auf allerlei seltsame Bewohner – auf Cajal, PML und PcG-Bodys, auf Lamina, GEMS, Filamente und Bläschen. Walther Flemming, der im Zellkern nur »Balkengerüste oder unregelmäßige Stränge« erkennen konnte, wäre aus dem Staunen nicht mehr herausgekommen. Niemand zweifelt heute noch daran, dass dieses winzige Gebilde, das mit dem Chromatin einen so überaus kostbaren Inhalt verwahrt, viel mehr ist als eine strukturlose, flüssigkeitsgefüllte Blase.

Überall im Zellkern treffen die Forscher auf räumlich begrenzte Ansammlungen komplexer Molekülgebilde, vor allem natürlich auf den imposanten biochemischen Maschinenpark, der die Transkription der DNA in RNA bewerkstelligt und diese durch Entfernen der Introns (Spleißen) in eine gebrauchsfähige Form zurechtstutzt, dazu ein Porensystem, das den Stoffaustausch mit dem Zellplasma gewährleistet.

Im Zellkern liegen Archiv und Rechenzentrum der Zelle, der Hightecharbeitsplatz des Chromatins, in dem es von biochemischen Reparatur-, Wartungs- und Produktionsteams nur so wimmelt und all die epigenetischen Prozesse ablaufen, von denen bisher die Rede war; eine raffiniert gemanagte Nukleinsäurefabrik im rastlosen 24-Stunden-Betrieb, uralt und trotz aller wissenschaftlichen Fortschritte noch immer voller Geheimnisse. In dieser offenbar hoch strukturierten Architektur nimmt jedes Chromosom einen bestimmten Raum ein, sein – auch diese Charakterisierung fast ein Allgemeinplatz in lebenden Systemen – dynamisches und plastisches Territorium. Es wäre mehr als verwunderlich, wenn das Chromatin von den dort jeweils herrschenden Bedingungen unbeeinflusst bliebe.

Aus heutiger Sicht erscheint es seltsam, ja, fast unbegreiflich, dass die Wissenschaft all das lange nicht auf ihrer Rechnung hatte. Erst in jüngster Zeit erhält die Zellkernarchitektur die Aufmerksamkeit, die sie verdient, und schon ist sie, so Karen Meaburn und Tom Misteli vom amerikanischen National Cancer Institute in Bethesda, »zu einem entscheidenden Aspekt der Genregulation und Genomstabilität in Gesundheit und Krankheit« aufgestiegen.[5] Die Epigenetik hat einen weiteren Helden geboren. Allerdings – mit fast den gleichen Worten wurden und werden auch die Bedeutung von DNA-Methylierung und Histoncode angepriesen, und mit jedem neuen Helden werden die Verhältnisse verwirrender. Wie sich die verschiedenen epigenetischen Ebenen der Genregulation einmal zu einem konsistenten Ganzen zusammenfügen werden, ist noch nicht zu erkennen.

Wissenschaftler verfügen allerdings über eine bemerkenswerte Eigenschaft, die man nicht genug rühmen kann: Sie lassen sich durch die Widerlegung alter und das Auftauchen neuer Erkenntnisse nicht entmutigen, im Gegenteil. Neue Erkenntnisse zu gewinnen ist ihr Beruf, der Zweck ihres Daseins. Während anders gestrickte Zeitgenossen sich resigniert zurückziehen würden, wenn alte Gewissheiten nicht mehr gelten und die zu leistende Arbeit, die zu bewältigenden Probleme, immer mehr statt weniger werden, nehmen sie die Herausforderung an und laufen, im günstigsten Fall regelrecht enthusiasmiert, zur Höchstform auf.

Die Architektur des Zellkerns erweist sich jedoch als harter Brocken, was vor allem methodische Gründe hat. Um die Funktion von Genen oder Enzymen und unbekannte Mechanismen aufzuklären, benutzen die Forscher gern manipulative Ansätze. Gene werden ausgeschaltet, verändert oder an eine andere Position versetzt, um dann zu beobachten, was geschieht, und aus den Ergebnissen Rückschlüsse auf die ungestörten Abläufe zu ziehen. Der Beschuss des Zellkerns mit UV-Lasern, der zum Nachweis der Chromosomenterritorien führte, folgte derselben experimentellen Logik. Im Zellkern ist den Forschern dieser beliebte und vielfach bewährte Zugang bislang verschlossen, denn es existiert keine Methode, mit deren Hilfe ganze Chromosomen, Chromatinbereiche oder Gene in andere Kernbereiche verschoben werden könnten, um die Auswirkungen eines veränderten Umfelds zu studieren.[6] Deshalb steht streng genommen auch der Nachweis aus, dass die Unterteilung des Zellkerninneren in Chromosomenterritorien wirklich entscheidend für ein ordnungsgemäßes Funktionieren des Genoms ist. Der enorme molekulargenetische Wissenszuwachs der letzten Jahre ist zuallererst einer ganzen Palette von innovativen Methoden zu ver-

danken. Ob einem dieser Ansatz der Forscher gefällt oder nicht
– wenn es bei der Erkundung der Zellkernarchitektur vorange-
hen soll, so Roel van Driel und seine Kollegen vom BioCentrum
der Amsterdamer Universität, »brauchen wir dringend Mittel
und Wege, um die Organisation des Kerns zu manipulieren«.[7]

Schon was man bislang über die Kernarchitektur herausgefunden hat, spricht dafür, dass diese Arbeit reichen wissenschaftlichen Lohn bringen wird. Die Anordnung der Chromosomenterritorien gehorcht nicht dem Zufall, sie folgt aber, anders als
in einem Puzzle, wo die Teile ihren festen, unverrückbaren Platz
haben, auch keinem starren Konstruktionsprinzip. Jedes Territorium hat eine bevorzugte Lage im Zellkern, man wird es
jedoch nur mit einer gewissen Wahrscheinlichkeit an einem bestimmten Ort und in einer bestimmten Nachbarschaft antref-
fen. Wenn die Forscher viele Zellkerne unter die Lupe nehmen,
stoßen sie auf erhebliche Abweichungen. Chromosomen können ihre Position verändern.

   Dass die Anordnung insgesamt kein Produkt des Zufalls sein
kann, zeigt die Tatsache, dass sich die Chromosomenlandkarten
von Zellen, die ähnliche Entwicklungswege hinter sich haben,
stark ähneln. Vergleicht man verschiedene Arten, etwa Affe und
Mensch, findet man in gleichen Zelltypen jeweils gleiche Muster, sie sind also evolutionär konserviert worden. Die Chromosomen 18 und 19 nehmen bei afrikanischen und asiatischen Affen dieselben Positionen ein wie beim Menschen.[8]

   Was bestimmt die Lage der Territorien? Deutsche Wissenschaftler fanden kleine Chromosomen in zentraleren Regionen,
größere dagegen in der Nähe des Kernrandes.[9] Andere Untersuchungen betonen eher die Bedeutung der Gendichte. In allen
Territorien wird genarmes Heterochromatin in einer Schicht innen an der Kernmembran abgelagert, genreiches Chromatin dagegen im Zentrum. Die homologen Chromosomen – also die

von der Mutter bzw. vom Vater stammenden Varianten – werden vorzugsweise nicht in der gleichen Kernregion untergebracht und sind deshalb von jeweils anderen Nachbarn umgeben.[10]

Für Tom Misteli, der sich seit Jahren mit der Organisation des Zellkerns beschäftigt, ist es legitim, »über Mechanismen nachzudenken, die die Chromosomen in einer spezifischen, nicht zufälligen Weise positionieren«.[11] Diese müssten in der Lage sein, jedes Chromosom individuell zu erkennen und es dann, einem bestimmten vorgegebenen Muster folgend, zu verorten. Ein solcher erkennender Mechanismus ist aber unbekannt, und abgesehen von der äußeren Membran bietet das Kerninnere keinerlei Strukturen, kein wie auch immer geartetes Skelett, das eine solche Ordnung vorgeben und erhalten könnte.[12] Auch die Tatsache, dass sich die Lagebeziehungen der Chromosomen in verschiedenen Geweben[13] unterscheiden, spricht gegen ein deterministisches Modell. Jeder Zelltyp müsste demnach über einen eigenen spezifischen Ordnungsmechanismus verfügen, was als sehr unwahrscheinlich erscheint. Vielmehr sprechen immer mehr Befunde dafür, dass die Chromosomenterritorien sich selbst organisierende Strukturen sind, deren Lage und Nachbarschaft sich aus der Summe ihrer Eigenschaften ergibt, aus der Häufigkeit und Anordnung ihrer aktiven und inaktiven Regionen mit ihren charakteristischen epigenetischen Markierungen. Nicht wenige Forscher halten den Zellkern insgesamt für ein sich selbst organisierendes System. Für Tom Misteli »ist jetzt klar, dass buchstäblich alle Aspekte der Funktion und Organisation des Kerns dynamisch sind«.[14]

Was für den ganzen Nukleus postuliert wird, kann für viele seiner wesentlichen Bestandteile bereits als gesichert gelten. Transkription, Replikation und DNA-Reparatur finden in speziellen Bezirken des Kernplasmas statt, sogenannten *factories*. Diese Fabriken darf man sich nicht als komplett ausgestattete und vollautomatische Werkstätten vorstellen, die untätig im

Kerninneren herumschwimmen, bis sie gebraucht werden. *Factories* entstehen bei Bedarf: Aus einem Pool frei flotierender enzymatischer Werkzeuge finden sich die benötigten Einzelteile innerhalb kurzer Zeit zusammen. Das ist alles andere als trivial; allein um die Transkription eines Gens in Gang zu setzen, sind über 100 verschiedene Proteine erforderlich.[15]

Auf den ersten Blick scheint Selbstorganisation ein recht ineffektiver Weg zu sein, um eine derart komplexe Maschinerie an den Start zu bringen. Die Proteinkonzentration im Zellkern ist allerdings außerordentlich hoch (110–220mg/ml). Es herrscht ein dichtes makromolekulares Gedränge, die Forscher sprechen von *molecular crowding*. Etwa zehn Prozent des Zellkernvolumens werden vom Chromatin eingenommen, alle Makromoleküle zusammen beanspruchen 20 bis 30 Prozent. Ein Großteil des Innenraums ist also besetzt, doch auch die verbleibenden gut 70 Prozent stehen den Proteinen nur bedingt zur Verfügung. Für viele winzige Volumina und Kanälchen sind sie schlicht zu groß. Unter diesen Umständen steigt die effektive Konzentration in den für die Moleküle zugänglichen Bereichen noch einmal um Größenordnungen an.[16]

Der Raum, der im Zellkern zur Verfügung steht, ist also stark eingeschränkt, trotzdem sind die Moleküle ununterbrochen in Bewegung. Wenn man liest, wie Fachleute das Verhalten »ihrer« Proteine beschreiben, meint man unwillkürlich umhervagabundierende Stadtfüchse vor sich zu sehen, die im Gelände nach Essbarem stöbern. Proteine suchen allerdings keine Nahrung, sondern sie »durchstreifen den nuklearen Raum auf der Suche nach Bindungsstellen mit hoher Affinität«, nach den Orten, an denen sie gebraucht werden.[17] Haben sie einen gefunden, lassen sie sich dort nur kurz nieder, bevor es sie wieder auf Wanderschaft zieht. Die typische Verweildauer am Chromatin beträgt lediglich zwei bis acht Sekunden. Mehr ist offenbar nicht erforderlich, um die jeweiligen Aufgaben zu erfüllen, nur wenige Proteine hält es länger an Ort und Bindungsstelle. Das gilt für alle untersuchten Transkriptionsfaktoren, sogar für Proteine, die am Aufbau des Heterochromatins beteiligt sind, nicht jedoch für die Histone der Nukleosomenkerne, die mit etwa zwei Stunden Verweildauer viel beständiger sind.[18] Es herrscht ein ununterbrochenes und geradezu hektisch anmutendes Kommen und Gehen.

Vielleicht noch erstaunlicher als die kurze Zeitspanne, die Proteine an ihren Bindungsstellen verharren, ist das, was nach der Trennung geschieht. Es vergehen nämlich nur 20 bis 200 Millisekunden, bis das gerade erst freigesetzte Protein sich schon wieder mit einem neuen Bindungspartner einlässt. Der Vergleich mit den hungrigen Füchsen hinkt unter anderem deshalb, weil die Bindungsstellen keinerlei Tendenz haben, sich wie die Beute der Füchse vor den Anschluss suchenden Proteinen zu verstecken, im Gegenteil. Physikalische Kräfte ziehen potenzielle Bindungspartner magisch an, und je größer diese Affinität ist, desto eher sind die beiden in Struktur und Funktion füreinander bestimmt. Falls gerade kein Idealpartner mit höchster Bindungsaffinität in der Nähe ist, lockt wahrscheinlich einer von geringerer Attraktivität, mit dem sich die Proteine vorübergehend verbinden, um dann schnell wieder den Absprung zu suchen. Diese ungeheure »promiskuitive«[19] Dynamik im Zusammenspiel Abertausender von Proteinen, die Konkurrenz um Bindungspartner, ob am Chromatin oder nicht, führt dazu, dass nur der geringste Teil der Proteine in freier Bewegung ist; die überwiegende Mehrzahl (mehr als 90 Prozent) befindet sich in mehr oder weniger flüchtigen Beziehungen zu verschiedensten Partnern, und in den meisten Fällen dürften das nicht die mit der höchsten Bindungsaffinität sein. Um diese zu finden – den eigentlichen Ort ihrer Bestimmung – »scannen Chromatinproteine das Genom mithilfe eines dreidimensionalen Hopping-Mechanismus« von einem Protein zum anderen, von einer Bindungsstelle zur nächsten, bis die richtige in Reichweite ist.[20]

Alles im Kern ist in Bewegung, sogar das Chromatin und die Gene selbst. Wenn man sie in lebenden Zellen mit Fluoreszenz-farbstoffen markiert, kann man ihre Bewegungen live unter dem Mikroskop verfolgen. In den Worten von Tom Misteli klingt das so: »In Säugetierzellen kann ein Locus seine unmittelbare Umgebung durch lokale Bewegung innerhalb eines Subvolumens von typischerweise etwa ein bis zwei Mikrometern Durchmesser erforschen.« Ob in Hefe- oder Säugetierzellen, der Aktions-radius ist nahezu derselbe, und für beide ist er von erheblicher Signifikanz. In Säugetierzellen reicht diese Bewegung, um »ein Volumen zu sondieren, das ungefähr einem Chromosom ent-spricht. Im Fall der Hefe macht es die Exploration des gesamten Zellkerns möglich«.[21] Hand aufs Herz: Hätten Sie einem Gen das zugetraut?

Eine extrem hohe Konzentration, dazu eine überraschende Mobilität aller beteiligten Komponenten – wenn nun noch be-stimmte auslösende Stimuli eintreffen, wenn sich, gewisser-maßen als Kristallisationskeime, Bindungsstellen mit hoher Affinität neu hinzugesellen, kann die Selbstorganisation der Zellkernfabriken in Gang kommen. Im Falle der DNA-Repara-tur geht ein solcher Stimulus von Brüchen der DNA aus. Ein dä-nisch-amerikanisches Forscherteam führte sie mit energiereich-er Strahlung künstlich herbei und konnte beobachten, wie effektiv die Selbstorganisation funktioniert. Nur eine Stunde später war das von ihrem Laserstrahl getroffene Chromatin mit leuchtenden Punkten übersät – den mithilfe spezifischer Farb-stoffe markierten Proteinen, die auf die Beseitigung derartiger Schäden spezialisiert sind. In unbestrahlten Kontrollen war kein einziger Farbpunkt zu erkennen, in den Versuchszellen aber stieg ihre Zahl mit der verwendeten Strahlendosis. Je größer die Schäden, desto mehr Reparaturfabriken hatten die Arbeit aufge-nommen.[22]

Chromosomenterritorien sind wolkenartige Gebilde, dicht bedeckt mit Aus- und Einbuchtungen und durchzogen von einem fein verzweigten und miteinander vernetzten System von Kanälen, das es den verschiedensten im Kernplasma vorhandenen Faktoren erlaubt, auch tief im Inneren des Territoriums Kontakt zu ihren Bindungsstellen herzustellen.[23]

Wie das Chromatin dort organisiert ist, weiß niemand genau. Mehrere konkurrierende Modellvorstellungen sind in der Diskussion. Zumeist wird von einer Anordnung in zahllosen Schlaufen *(loops)* ausgegangen, die an ihrer Basis durch spezielle Brückenproteine miteinander verklebt werden. Bei einfachen Pflanzen formen sie eine Rosette, bei komplexeren Genomen ist die Anordnung unregelmäßiger. Die Schlaufen werden von der 30-Nanometer-Chromatinfaser gebildet, die ihrerseits noch einmal in unbekannter Weise gefaltet ist. Wird ein Gen transkribiert, lockert sich die Faltung.

Durch die Schlaufenbildung wird das Chromatin in voneinander abgegrenzte Einheiten aufgeteilt, häufig Domänen genannt, die ein gewisses Maß an Unabhängigkeit besitzen. Vor allem aber gelangen dadurch Abschnitte in unmittelbare räumliche Nähe, die in der linearen Sequenz der DNA weit voneinander entfernt liegen. Plötzlich leuchtet ein, wie ein Verstärkerelement mit seinem Promotor und dem dazugehörigen Gen in Wechselwirkung treten kann, obwohl beide durch viele Tausend Basenpaare getrennt sind.[24]

Wahrscheinlich ist die Sequenz der DNA nur zu verstehen, wenn man die tatsächlichen und möglichen räumlichen Lagebeziehungen im Arbeitskern kennen würde. Stellen Sie sich einen langen weißen Wollschal vor, der von einem Künstler mit Tierfiguren und Landschaften bemalt wird. Würde man den Schal trocknen lassen und dann vorsichtig auftrennen, bliebe nur ein endlos langer Faden, dessen Farbgebung vollkommen wahllos und zufällig erscheinen würde. Nichts erinnerte mehr an die ursprünglichen Motive. Um sie in alter Pracht wieder entstehen zu lassen, müsste ein Meister seines Fachs den Schal in exakt der gleichen Weise neu stricken. Erst dann würden sich die blauen Abschnitte des Fadens wieder zu einem See zusammenfügen, die grünen zu der ihn umgebenden Wiese.

Genomforscher, die aus der linearen Basenfolge der DNA das mögliche Zusammenspiel ihrer verschiedenen Elemente ablesen wollen, befinden sich in einer ähnlichen Lage. Zur Analyse steht ihnen gewissermaßen nur der aufgeribbelte Wollfaden mit seinen scheinbar wahllos verteilten Farbflecken zur Verfügung. Erschwerend kommt noch hinzu, dass die Schlaufen unterschiedlich weit ausfallen können und sich in verschiedenen Geweben eines Organismus unterscheiden.[25] Verstärker und Promotor können an der Basis in unmittelbare Nähe gebracht werden und das in der Schlaufe befindliche Gen aktivieren. Sie können aber auch auf unterschiedliche Schlaufen verteilt werden, um jegliche Wechselwirkung zu unterbinden und die Genaktivität zu hemmen.[26] Durch die Bildung von Chromatin-Loops und deren räumlicher Anordnung ergeben sich innerhalb eines Territoriums vielfältige Möglichkeiten der gegenseitigen Beeinflussung und Steuerung.

Chromosomen besitzen im Kern jedoch mehrere Nachbarn. Wer der Auffassung war, ein Sinn der Territorien bestünde darin, eine Durchmischung und möglicherweise verhängnisvolle Verknotung verschiedener Chromosomen zu verhindern, sieht sich spätestens seit der Arbeit von Miguel Branco und Ana Pombo an menschlichen weißen Blutkörperchen (Lymphozyten) eines Besseren belehrt.[27] Die beiden Forscher, die am Imperial College London zusammenarbeiten, stießen 2006 in den Grenzbereichen benachbarter Territorien auf ein Phänomen, das sich kaum besser als mit dem schönen englischen Wort *intermingling* beschreiben lässt. In einem überraschenden Ausmaß

A.

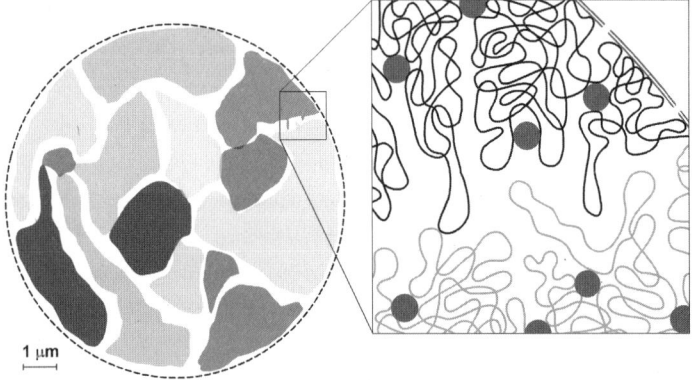

B.

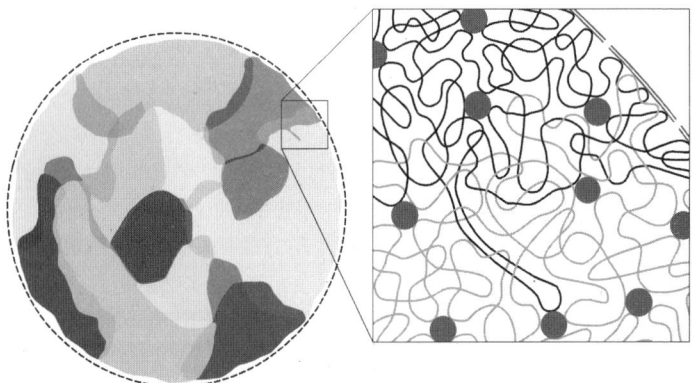

Schematische Darstellung der Grenzregion von Chromosomenterritorien. Oben die alte Vorstellung, nach der die Territorien durch »leere« interchromosomale Räume voneinander getrennt sind, in die höchstens einzelne Chromatinschlaufen ragen. Unten die Intermingling-Zonen, die Miguel Branco und Ana Pombo nachweisen konnten. Angrenzende Territorien überlappen, sodass es zu zahlreichen Kontakten zwischen den beiden Chromosomen kommen kann. Einzelne Schlaufen ragen weit in das benachbarte Territorium hinein.

geschieht dort das, was durch die Bildung getrennter Territorien eigentlich ausgeschlossen schien: Benachbarte Chromosomen durchmischen sich, ein interchromosomaler Raum scheint nicht zu existieren. Dabei kommt sich das Chromatin unterschiedlicher Herkunft »ausreichend nah, um auf molekularer Ebene zu interagieren«.[28]

Wagen sich hier nur einzelne Chromatinschlaufen über das eigene Territorium hinaus, oder steckt mehr dahinter? Ana Pombo und Miguel Branco maßen die Chromatinkonzentration in intermingelnden und nicht intermingelnden Regionen und konnten keinen Unterschied feststellen. Demnach ist hier mehr im Gange als nur sporadische Grenzüberschreitungen. Es geht um eine systematische Kontaktaufnahme zwischen benachbarten Chromosomen. Das Ausmaß ist beträchtlich. Als die beiden Forscher am Beispiel des Territoriums von Chromosom 3 ermittelten, wie groß der Volumenanteil ist, der mit allen anderen Chromosomen überlappt, kamen sie auf erstaunliche 41 Prozent. Es gibt sogar einige wenige Zonen, in denen sich das Chromatin von drei verschiedenen Chromosomen durchmischt. Von strikter räumlicher Trennung der Territorien kann also keine Rede sein, Carl Rabls 100 Jahre alte Theorie ist nur von begrenzter Gültigkeit.

Was innerhalb eines Territoriums möglich ist, geschieht somit in erheblichem Ausmaß auch zwischen Chromosomennachbarn. Man tauscht sich aus. Nur was? Der Satz ist tatsächlich ganz wörtlich zu nehmen. Es kommt zum Austausch von Chromosomenstücken, sogenannten Translokationen. Als Branco und Pombo die Größe der Überlappungszonen von 24 Chromosomenpaaren mit der bekannten Häufigkeit von Translokationen in Beziehung setzten, erhielten sie einen wunderschönen Zusammenhang. Je größer die Intermingling-Zone ausfällt, desto häufiger kommt es zwischen diesen beiden Chromosomen zum Stückaustausch – eine Erkenntnis, die für die Krebsforschung von großer Bedeutung sein könnte, da Translokationen charakteristisch für viele Tumorzellen sind (s. Kap. 12).[29]

Bei der intensiven Begegnung von Chromatinabschnitten, sei es innerhalb eines Chromosoms oder zwischen Nachbarn, kann aber noch viel mehr geschehen. Tom Misteli bezeichnet es als »die Kraft der Nähe«.[30] Er und viele seiner Kollegen nennen vier Prozesse; bei allen spielen epigenetische Programmierungen eine wichtige, wenn nicht die entscheidende Rolle: Repression und Aktivierung von Genen – hier ist auch der unmittelbare Kontakt regulatorischer Sequenzen von Bedeutung – sowie *gene silencing* (Gen-Stilllegung) und Imprinting (genomische Prägung). Wie eine solche Beeinflussung oder gar Übertragung von epigenetischen Zuständen, etwa eines DNA-Methylierungsmusters, zwischen verschiedenen Chromatinabschnitten abläuft, ist unbekannt.

Von Chromosomenpaar zu Chromosomenpaar sind die Durchmischungszonen von sehr unterschiedlicher Größe. Bei den Chromosomen 1 und 2 macht sie weniger als 0,02 Prozent des Kernvolumens aus, zwischen 2 und 3 ist es zehn Mal so viel. Vielleicht trägt dieses unterschiedliche Ausmaß an »Gemeinsamkeiten« seinen Teil zur Selbstorganisation der Territorien bei. Sie ordnen sich so an, dass sie von Nachbarn mit besonders hohem wechselseitigem Abstimmungs- und Regulationsbedarf umgeben sind. In Zelltypen mit abweichenden Genaktivitätsmustern ergeben sich andere Notwendigkeiten und damit eine andere Chromosomenlandkarte.[31]

Aus epigenetischer Sicht ist natürlich von besonderem Interesse, ob es einen Zusammenhang zwischen der Aktivität eines Gens und seiner Lage innerhalb eines Territoriums oder des Zellkerns insgesamt gibt. Die diesbezüglichen Ergebnisse der Forscher sind bislang ausgesprochen widersprüchlich.[32] Am wahrscheinlichsten scheint ein solcher Zusammenhang noch in der Nähe der Kernperipherie, wo genarmes Chromatin und stumme Gene konzentriert sind. Die Aktivität mancher Gene wird in dieser Umgebung unterdrückt, für andere gilt das nicht.[33] Bei Aktivierung orientieren sich viele untersuchte Gene in Richtung Kernzentrum, von entscheidender Bedeutung scheint dies aber nicht zu sein, denn »innerhalb einer Zellpopulation kann ein bestimmtes Gen, egal ob aktiv oder inaktiv, an buchstäblich jeder Position innerhalb des Zellkerns gefunden werden«. Wenn ein Zusammenhang existiert, dann ist er zweifellos sehr komplexer Natur. »Wie die Position eines Genlocus, relativ zur Kernperipherie oder zu bestimmten nuklearen Landmarken (…) seine Funktion beeinflusst«, ist für Tom Misteli und seine Kollegen aber »eine der Schlüsselfragen«.[34]

Transkription kann praktisch überall ablaufen. Pro Zellkern sind etwa 65.000 molekulare Übersetzermaschinen im Einsatz.[35] Sie sind relativ gleichmäßig verteilt, aber verrichten sie ihre Arbeit auch in den durchmischten Bereichen? Miguel Branco und Ana Pombo konnten dies bestätigen. Offenbar besitzen diese *transcription factories* sogar eine wichtige Rolle bei der Stabilisierung der Intermingling-Zonen, denn als die beiden Forscher die RNA-Produktion durch einen bestimmten Wirkstoff (α-Amanitin) blockierten, veränderte sich deren Größe. Bei einigen Chromosomenpaaren schrumpften sie, bei anderen dehnten sie sich aus. Die Größe der beteiligten Territorien blieb jedoch konstant.

Mit einigen Genen, die in besonders hohem Maße aktiv sind, geschieht etwas Außergewöhnliches, das ihre Kontaktmöglichkeiten über das eigene Chromosom und die unmittelbare Nachbarschaft weit hinaushebt. An der Spitze von Riesenschlaufen *(giant loops)*, die Millionen von Basenpaaren umfassen und bei Aktivierung wie Lassos aus ihren Territorien geschleudert werden, schlängeln sie sich durch das makromolekulare Gewirr des

Kerns hin zu Hochleistungs-Transkriptionsfabriken, wo sie gemeinsam mit Genen weiterer Schlaufengiganten, die von anderen weit entfernten Chromosomen ausgehen, in RNA übersetzt werden. Wieder eröffnet sich ein weites Feld möglicher gegenseitiger Beeinflussung. Gengruppen, die auf mehrere unterschiedliche Chromosomen verteilt sind, können so gemeinsam reguliert werden, zum Beispiel, weil ihre Genprodukte in einer bestimmten Entwicklungsphase gleichzeitig und in bestimmten Mengenverhältnissen benötigt werden. Unwillkürlich fallen einem auch die seltsam zusammengesetzten Transkripte ein, auf die das ENCODE-Team gestoßen war (s. Kap. 4). Mitunter fanden sich darin RNA-Abschriften weit entfernter DNA-Regionen, die sogar auf unterschiedlichen Chromosomen lagen. Könnte das Stelldichein der Riesenschlaufen an den *transcription factories* nicht eine Erklärung dafür bieten?

Untersuchungen eines französisch-deutschen Teams aus Paris und Dresden deuten daraufhin, dass auch die Entscheidung, welches der beiden X-Chromosomen bei weiblichen Säugetieren stillgelegt wird (s. Kap. 6), das Ergebnis eines solchen intensiven chromosomalen Fernzwiegesprächs sein könnte. Die Forscher konnten zeigen, dass für die Stilllegung entscheidende Abschnitte der beiden Geschlechtschromosomen vorübergehend Kontakt miteinander aufnehmen, bevor die eigentliche X-Inaktivierung ihren Lauf nimmt.[36]

Bedenkt man die erstaunliche Mobilität aller beteiligten Strukturen, vom einzelnen Genlocus bis zum Chromosomenterritorium, erscheint es im Bereich des Möglichen, dass jede DNA-Sequenz eines Genoms mit jeder anderen in Wechselwirkung treten kann. Der Zellkern entpuppt sich, trotz seiner Winzigkeit, als gigantisches Kontaktanbahnungsinstitut. Hier wird – als ob das alles nicht schon kompliziert genug wäre – ein epigenetisches »Netzwerk von Interaktionen« geknüpft, das das gesamte Genom umfasst.[37]

9. Zwischenresümee

Vielleicht ist in Zukunft Chromatin das entscheidende Wort, nicht DNA. Vielleicht wird es einmal heißen: Das liegt im Chromatin, und nicht: Das liegt in den Genen. Die Zeit für diesen Wandel scheint gekommen, und er ist weit mehr als nur eine Akzentverschiebung.

Früher gab es die DNA, die allmächtige Kommandozentrale, die von Generation zu Generation weitergegeben wird, mit kleinen Fehlern als nie versiegende Quelle von Anpassung und Veränderung, und dazu, salopp formuliert, eine Menge stützenden und unterstützenden biochemischen Schnickschnack.

Heute, das ist wohl eine der Lehren aus diesem mehrschichtigen epigenetischen Hexengebräu, gibt es ein Etwas namens Chromatin, das aus zwei Komponenten – aus DNA und Proteinen (vor allem Histonen) – aufgebaut ist. Beide sind auf das Engste miteinander verbunden und funktionieren nur zusammen. DNA und Nukleosomen, Genetik und Epigenetik bilden eine Einheit. Die DNA allein ist so viel wert wie ein mit allen technischen Schikanen und randvoller Festplatte ausgestatteter Computer ohne Betriebssystem. Andererseits: Ohne die DNA würden die Methylierungen, das Interaktionsnetzwerk des Chromatins und die 30 Millionen menschlichen Nukleosomen mit all ihren Modifikationen, Markierungen und Varianten so viel bewirken wie ein auf endlose Papierschlangen gedruckter Programmcode: nichts.

Nur zusammen wird ein Schuh draus, sprich: ein lebender Organismus. Vereint im Chromatin steuern sie den Prozess, der aus einer einzigen Zelle ein komplexes Lebewesen formt, ob bei Pflanzen oder Tieren, Taufliege oder Mensch. In unserem Körper erfüllen etwa 200 verschiedene Zelltypen ihre lebenswichtigen Funktionen. Sie sehen sehr unterschiedlich aus und besitzen sehr unterschiedliche Fertigkeiten, doch sie alle enthalten die DNA-Basen in exakt gleicher Reihenfolge. Den Unterschied macht die Epigenetik. Schritt für Schritt schaffen ihre Instrumente das für jeden Zelltyp typische Muster aus aktiven und inaktiven Sequenzen. Das ist die Grundlage des Prozesses, den Entwicklungsbiologen Zelldifferenzierung nennen. Die DNA liefert das Potenzial, ihre epigenetischen Begleiter übernehmen die Weichenstellungen und verfestigen sie. Wie jüngste Erfolge bei der Reprogrammierung ausdifferenzierter Körperzellen zu pluripotenten Stammzellen zeigen, ist dieser Prozess, anders als eine Mutation, reversibel.

Chromatin enthält nicht nur einen Code, sondern mindestens drei. Da wäre zunächst der klassische genetische Code, der in Gestalt der Basensequenz der DNA die Information für den Bau von Proteinen (und RNA) bereithält. Ein Basentriplett codiert dabei für eine Aminosäure. Proteincodierende Sequenzen machen allerdings nur einen winzigen Teil des Genoms aus. Ein zweiter Code, der gewissermaßen als Subtext ebenfalls in der DNA-Sequenz enthalten ist, steuert die Positionierung der Nukleosomen. Der dritte im Bunde, der Histoncode, entsteht durch den Einbau von Histonvarianten und die Modifikationen der Histonschwänze. Emily Bernstein und Sandra Hake vom Laboratory of Chromatin Biology der New Yorker Rockefeller University sind überzeugt, dass noch zahlreiche weitere Histonvarianten entdeckt werden, und sprechen dem Zusammenbau der Nukleosomen aus diesem Fundus von Bausteinen sogar einen eigenen Rang als Code zu, den sie Nukleosomencode nennen. Er unterteilt das Chromatin in unterschiedliche funktionale Bereiche. Damit wären wir schon bei Nummer vier angelangt.[1]

Die DNA hat ihre einsame Vormachtstellung verloren. Muss die Position der obersten genetischen Instanz nun neu ausgeschrieben werden? Stellt sich jetzt nicht mit großer Dringlichkeit die Frage, wer hier eigentlich das Sagen hat?

Ein Großteil der epigenetischen Arbeit wird von Proteinen geleistet. Und von RNA, worüber noch zu reden sein wird. Beide, Proteine und RNA, leiten sich unmittelbar von der Sequenz der DNA ab, allerdings, und das verkompliziert die Angelegenheit, mit der Möglichkeit späterer Modifikationen. In Körperzellen gibt es keine Proteine und keine RNA, die nicht dort auch produziert wurden – wenn nicht von den Zellen selbst, dann von ihren Vorläufern, den Zellmüttern und -großmüttern.

Also doch die DNA. Sie empfängt allenfalls Signale anderer erbgleicher Zellen des Organismus und reguliert sich ansonsten, wie gehabt, selbst. Fällt die Revolution aus? Falscher Alarm?

Nein. Im Verlauf der Zelldifferenzierung sind zahllose Entscheidungen zu treffen, und dabei finden nicht nur innere Notwendigkeiten und die Einflüsse der Zellnachbarn Berücksichtigung. Es gibt einen zweiten Eingabepfad, und in diesem Fall sitzt nicht die DNA, sondern die Umwelt an der Tastatur. Es gibt die Möglichkeit, das innere Programm mit der Außenwelt abzugleichen, innerhalb gewisser Grenzen zu reagieren, zu modifizieren, mitunter sogar radikal umzugestalten, ohne auf einen Geniestreich der Evolution warten zu müssen oder die Sequenz der DNA anzutasten.

Organismen entstehen nicht nur aus sich selbst heraus. Signale der Umwelt sind natürlicher und notwendiger Bestandteil ihrer Entwicklung, eine Erkenntnis, die mindestens 100 Jahre alt ist.[2] Die Sensation besteht also nicht so sehr darin, dass es diese Einflussnahme der Umwelt gibt. Sie besteht in ihrer Raffinesse und in ihrem Umfang, der in den letzten Jahren offenbar wurde, darin, dass sich der epigenetische Pfad als unvorstellbar komplexes mehrschichtiges sensibles Regulationsgeflecht entpuppt, das nahezu überall seine Finger im Spiel hat. Es verleiht Organismen die Fähigkeit, Umwelteinflüsse wie die Qualität der Nah-

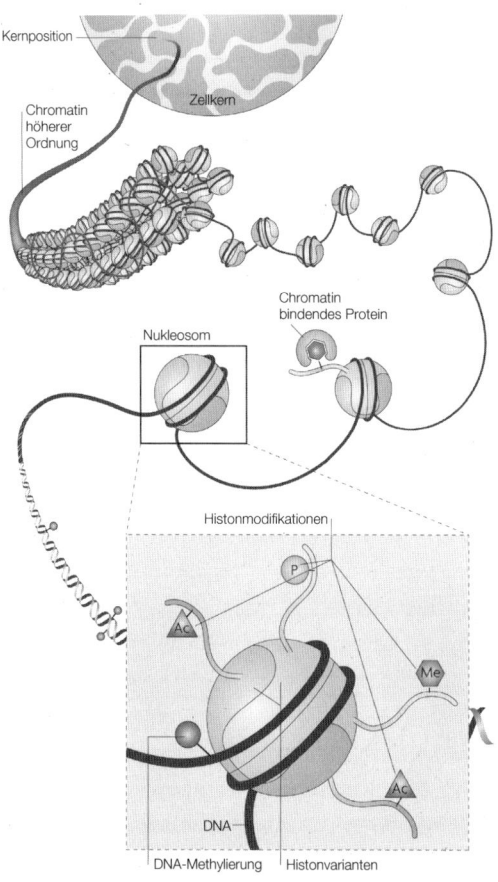

Kernposition

Zellkern

Chromatin höherer Ordnung

Chromatin bindendes Protein

Nukleosom

Histonmodifikationen

P

Ac

Me

Ac

DNA

DNA-Methylierung   Histonvarianten

Die drei Ebenen der epigenetischen Regulation: unten in der Ausschnittvergrö-
ßerung ein Nukleosom mit vier Histonschwänzen, auf denen modifizierende
chemische Gruppen sitzen. In Wirklichkeit besteht ein Nukleosom aus acht
Histonmolekülen, von denen jedes einen Schwanz besitzt. Links daneben die
DNA-Doppelhelix mit einzelnen an der Base Cytosin haftenden Methylgruppen. In der Mitte die DNA-Nukleosomen-Perlenkette, die sich in der Zelle
zur 30-Nanometer-Elementarfaser faltet. Darüber der Zellkern mit seiner komplexen Innenarchitektur und den in Wirklichkeit überlappenden Chromosomenterritorien.

rung, die Dauer des Winters oder die Fürsorge der Mutter auf ihrem Entwicklungsweg zu berücksichtigen und mithilfe eines epigenetischen Werkzeugkastens in einem Zellgedächtnis zu bewahren, flexibel und reversibel. Der renommierte amerikanische Entwicklungsbiologe Scott Gilbert[3] stellt mit Recht fest: »Das ist nicht der Blick auf das Leben, wie er üblicherweise in heutigen Lehrbüchern und populären Darstellungen der Biologie präsentiert wird.« Und das Folgende schon gar nicht. Denn als biochemischer Anmerkungsapparat der DNA werden einige dieser individuellen Erfahrungen sogar an nachfolgende Generationen vererbt. Spätestens an dieser Stelle beginnen die Erkenntnisse der Epigenetik an tragenden Balken unseres biologischen Gedankengebäudes zu rütteln.

Bis auf einen wichtigen Spieler, der noch zu präsentieren sein wird, ist die epigenetische Mannschaft, die all dies zuwege bringt, jetzt bekannt: die Methylierung der DNA, die Varianten und Modifikationen der Histone, das Remodeling der Nukleosomenkette und das verwirrende Netz, das durch die Interaktionen des Chromatins im Zellkern geknüpft wird.

Deshalb geht es im Folgenden weniger um das Wie, sondern um das Wieviel, um das Wann und Warum. Wie groß ist dieses Fenster zur Außenwelt? Lässt es nur einzelne verirrte Lichtstrahlen hindurch oder mehr? Wann ist es geschlossen, wann geöffnet? Welche Einflüsse hinterlassen epigenetische Spuren im Genom, bei uns und bei anderen Lebewesen, und was sind die Folgen? Welche Bedeutung haben sie für Gesundheit und Krankheit? Kann sich die Medizin diese Erkenntnisse zunutze machen?

Und last but not least: Ist epigenetische Vererbung, wie sie uns etwa in Gestalt von Linnés Peloria entgegentritt, nur eine seltene Begleiterscheinung der epigenetischen Programmierungen, eine Art Betriebsunfall, wie er in derart komplexen Systemen unvermeidbar ist? Oder steckt System dahinter? Existiert neben dem ersten Vererbungssystem[4], das auf der Sequenz der DNA beruht, ein zweites, epigenetisches, das schnell und reversibel auf Einflüsse der Umwelt reagiert und frühe Erfahrungen als eine Art Vorhersage über die zu erwartenden Bedingungen in die Zukunft trägt? Brauchen wir eine neue, erweiterte Evolutionstheorie?

10. Von Mäusen, Menschen und springenden Genen

Was wäre der *Homo sapiens* ohne seine Mäuse? Er hätte ein Problem weniger, könnte man antworten. Aber die Rede ist nicht von *Mus musculus*, der Hausmaus, die sich seit Jahrtausenden über unsere Vorräte hermacht, schon gar nicht von ihren in freier Natur lebenden Verwandten. Gemeint ist die von der Hausmaus durch menschliche Zucht abgeleitete Labormaus. In Hunderten von mehr oder weniger lebensfähigen Varianten bewohnt sie heute die Forschungslaboratorien in aller Welt.

Also müsste die Antwort wohl lauten: Wir wären krank oder zumindest kränker. Denn moderne biomedizinische Forschung ist ohne Labormäuse schlicht undenkbar. Seitdem man direkt in das Erbgut der Tiere eingreifen, Gene an- oder abschalten oder neue Gene hinzufügen kann, ist ihre Bedeutung, ablesbar am »Verbrauch« von Versuchstieren, noch einmal erheblich gewachsen. Kein Wunder also, dass die vollständige Entschlüsselung des Mausgenoms ganz oben auf der Wunschliste der Forscher stand. 1999 gründete sich das Mouse Genome Sequencing Consortium. Zu Hochzeiten beschäftigte das Projekt 26 Forschungseinrichtungen in sechs Staaten. Im Dezember 2002 schließlich zierte eine aus Hunderten von winzigen Fotos zusammengesetzte weiße Labormaus das Cover von *Nature*. Nur ein Jahr nach der Veröffentlichung der menschlichen DNA-Sequenz war auch das Mausgenom entziffert.[1] Die präsentierte Arbeitsversion enthielt allerdings noch viele Fehler und 176.000 Lücken, die erst 2009 geschlossen werden konnten.[2] In Douglas Adams' *Per Anhalter durch die Galaxis* entpuppen sich Labormäuse schlussendlich als die eigentlichen Herren der Welt, die intelligenteste Spezies auf Erden. Zu ihrem und unserem Glück verortet ihre DNA-Sequenz sie jedoch exakt dort, wo wir sie schon immer gesehen haben: unter ihresgleichen im irdischen Verwandtschaftskreis der Nagetiere. Das Mausgenom enthält 20.210 proteincodierende Gene, fast 1.200 mehr als das des Menschen.[3]

Die in *Nature* präsentierte Genomkarte gehörte zu einer sogenannten C57BL/6-Maus, einem schwarzen Inzuchtstamm, den der Amerikaner Clarence Little schon 1921 aus einer weiblichen Maus mit der Codierung 57 gezüchtet hatte. Besonders unter Genetikern erfreuen sich diese robusten und leicht zu züchtenden Tiere bis heute großer Beliebtheit.

Ende des 20. Jahrhunderts arbeitete auch das Team der Australierin Emma Whitelaw mit diesen Mäusen, genauer gesagt mit einer speziellen Mutante, die *viable yellow agouti* genannt wird, kurz A^{vy}. Über 30 Generationen hatte man immer wieder Brüder und Schwestern verpaart. Am Ende kamen Tiere heraus, die zu fast 100 Prozent genetisch identisch und reinerbig waren, die also von ihren (verschwisterten) Vätern und Müttern dieselben Genvarianten oder Allele geerbt hatten. Von ihren C57BL/6-Leidensgenossen unterscheiden sich Emma Whitelaws Agouti-Mäuse nur in einer einzigen Genvariante, eben jenem *viable yellow agouti*. Nicht nur für ihr Aussehen hat das gravierende Folgen.

Obwohl man annehmen könnte, dass es sich bei der Fellfarbe um ein vergleichsweise einfaches Merkmal handelt, ist das Agouti-Gen *(A)* nur eines von fünfzig, die nach heutigem Kenntnisstand Einfluss auf die Fellfarbe der Mäuse nehmen. Das von ihm codierte Protein sorgt in einer bestimmten kurzen Entwicklungsphase des Haarwachstums dafür, dass statt eines schwarzen ein gelber Farbstoff gebildet wird. Unterhalb der Spitze erhält das heranwachsende schwarze Haar ein gelbes Band, was den Wildtyp-Mäusen ihre graubraune, Agouti genannte Fellfärbung verleiht.[4] Entsprechungen dieses Gens gibt es auch bei vielen anderen Säugetieren.

Bei Mäusen, die statt des normalen Agouti-Gens das *viable-yellow*-Allel (A^{vy}) tragen, zeigen die Tiere sogar innerhalb eines Wurfs keine einheitliche Fellfärbung, sondern ein ganzes Spektrum an Farbvarianten, das von fast reingelben über mehr oder weniger gescheckte bis hin zu agoutifarbenen Tieren reicht. Allerdings ist bei diesen Tieren nicht nur der Prozess der Haarbildung in Unordnung geraten. Die Bezeichnung *viable*, lebensfähig, entpuppt sich als hart an der Grenze zum Zynismus, wenn man erfährt, dass die bedauernswerten gelben Mäuse, die erheblich größer als ihre Artgenossen werden, zu Fettleibigkeit und Diabetes neigen und häufig an Krebs erkranken. Ihre Lebenserwartung ist gegenüber den graubraunen Geschwistermäusen deutlich verkürzt,[5] ein typischer Fall eines sogenannten pleiotropen Geneffekts. Das vom Agouti-Gen codierte Protein hat offenbar nicht nur Auswirkungen auf die Fellfarbe, sondern auch auf viele andere lebenswichtige Prozesse.

Nun ist es schon erstaunlich genug, dass erbgleiche Tiere, die unter identischen Bedingungen gehalten werden, derart unterschiedliche Eigenschaften zeigen. Vollends verwirrend aber wird die Situation, wenn man sich deren Vererbung ansieht. Variierten Emma Whitelaw und ihre Kollegen die Fellfarbe des Vaters, ergab sich immer das gleiche Resultat: 40 Prozent der jungen Mäuse waren gelb, krankheitsanfällig und wuchsen zu Riesen heran, 45 Prozent waren gescheckt und nur 15 Prozent graubraun, normalwüchsig und gesund. Verpaart wurde jeweils mit einem Partner, der funktionslose Varianten des Agouti-Gens trägt. Diese Tiere können kein »Agouti-Protein« produzieren, bilden keine gelbe Haarbänder aus und besitzen deshalb ein rein schwarzes Fell[6].

Wurden dagegen die Fellfarben der Weibchen variiert, ergab sich ein ganz anderes Bild. Denn je nachdem, ob das Muttertier gelb, gescheckt oder agoutifarben war, erhielten die Forscher unterschiedliche Ergebnisse. Verwendeten sie eine gelbe Muttermaus, waren die Jungen zu 57 Prozent gelb, der Rest gescheckt. Trug das Muttertier geschecktes Fell, waren nur 44 Prozent gelb, aber 47 Prozent gescheckt und eine kleine Minderheit von neun Prozent graubraun. Bei einem grau-braunen Muttertier erhielten sie jeweils 40 Prozent gelben und gescheckten Nachwuchs. Dafür schnellte der Anteil an Agouti-Jungmäusen auf 20 Prozent. War schon die Großmutter graubraun, lag ihr Anteil sogar bei einem Drittel.[7] Von der klassischen Mendel'schen Genetik mit ihren einfachen Zahlenverhältnissen sind diese Ergebnisse meilenweit entfernt.

Wie ist es zu erklären, dass graubraune Mäusemütter zu einem Fünftel ebensolche Junge bekommen, die genetisch identischen gelben Mütter jedoch kein einziges? Es ist offensichtlich, dass die Mäuse ihre Fellfarbe nicht zu 100 Prozent vererben, aber es besteht eindeutig ein Zusammenhang zwischen der Farbe der Mütter und der ihres Nachwuchses. Denn gelbe Mütter bringen den höchsten Anteil an gelben Jungmäusen zur Welt, und das Gleiche gilt jeweils für die gescheckten und graubraunen Mäusemütter. Wie immer diese Anlage auch in den Muttertieren niedergelegt ist, sie geben diese Information, die offenbar nicht genetischer Natur ist, an einen Teil ihrer Nachkommen weiter. Für die Väter gilt das nicht.

Zwei beliebte Erklärungen für derart unerwartete ererbte Variationen helfen in diesem Fall nicht weiter.[8] Wie bei einem ungelösten Kriminalfall, bei dem die Ermittler als Täter plötzlich einen ominösen großen Unbekannten aus dem Hut zaubern, könnte man in den verschiedenen farbigen Mäusen jeweils unterschiedliche im Hintergrund wirkende Gene postulieren, die die Farbgebung der Haare in die eine oder andere Richtung lenken. Da aber alle Mäusemütter identische DNA-Sequenzen besaßen, können wir den großen Unbekannten getrost wieder zu den Akten legen. Schwieriger ist die zweite Erklärungsmöglichkeit zu entkräften. Bevor Emma Whitelaw und ihre Kollegen das

Geschehen aufklärten, glaubte man, dass die seltsamen Vorgänge bei den A^{vy}-Mäusen auf sogenannte »maternale Effekte« zurückzuführen seien.

Während die Väter zum entstehenden Embryo nur ihre Chromosomen beisteuern – viel mehr hat in den winzigen Spermien einfach keinen Platz –, sind die Einflussmöglichkeiten der Mütter sehr viel weitreichender. Die im Vergleich zu den Spermien riesigen Eizellen enthalten nicht nur den Zellkern mit der mütterlichen DNA, sondern auch große Mengen an Zellplasma, in dem sich diverse Zellbestandteile und Tausende von Stoffen befinden, darunter auch zahlreiche wirkmächtige Enzyme und RNA-Moleküle. Der Zellkern der befruchteten Eizelle, in dem sich die Chromosomen von Mutter und Vater zu der neuen und einzigartigen genetischen Identität des zukünftigen Embryos zusammenfinden, schwimmt gewissermaßen in einem See, der ausschließlich aus mütterlichen Quellen gespeist und im Zuge der folgenden ersten Teilungen unter den Tochterzellen aufgeteilt wird. Bei den Säugetieren wird der heranwachsende Fötus zudem über die Plazenta der Mutter versorgt, und, endlich auf der Welt, geht die Rundumversorgung weiter. Die Sprösslinge trinken Muttermilch. Es steht außer Frage, dass Mütter ihren Nachkommen weit mehr auf den Lebensweg mitgeben als nur ihre Gene. Wie weit der Einfluss dieser »maternalen Effekte« reicht und worin diese im Detail bestehen – der Begriff ist so unspezifisch wie das damit bezeichnete Phänomen –, ist Gegenstand intensiver Forschung.[9]

Im Falle der Agouti-Mäuse spielen maternale Effekte jedoch nachweislich keine Rolle. Emma Whitelaw und ihre Mitarbeiter transferierten Mäuseembryonen aus gelben Muttertieren in solche mit schwarzer Fellfarbe und fanden heraus, dass die veränderte Uterusumgebung keine Auswirkungen hatte. Bei den von schwarzen Leihmüttern zur Welt gebrachten Jungmäusen prägten sich die verschiedenen Fellfarben genau so aus, als hätte ein

Embryonentransfer gar nicht stattgefunden. Der Nachwuchs war entweder gelb oder gescheckt.

Dass die beschriebenen Phänomene zumindest bei Mäusen keinen Einzellfall darstellen, demonstrierte das Forscherteam um Emma Whitelaw vier Jahre später.[10] In der neuen Arbeit ging es wieder um einen Mäuse-Inzuchtstamm, wieder stand eine seit Jahren bekannte Mutante im Mittelpunkt, und wieder wurde in Kreuzungsversuchen ein Merkmal vererbt, dessen Variabilität weder genetisch noch aufgrund von Umwelteinflüssen erklärbar ist.

Mäuse, die das *axin-fused*-Allel tragen, kurz $Axin^{Fu}$, besitzen in der Mehrzahl geknickte Schwänze, weil während der Embryonalentwicklung die Ausbildung einer eindeutigen Körperachse gestört ist. Aber wie bei den Agouti-Mäusen ist ihr Erscheinungsbild, Phänotyp genannt, sehr variabel, obwohl die Tiere genetisch identisch sind. Im gleichen Wurf können Mäuse mit perfekten und solche mit mehr oder weniger stark geknickten Schwänzen geboren werden. Und wieder wird, in einer Kreuzung mit einem neutralen Partner, der jeweilige Phänotyp bevorzugt an die Nachkommen weitervererbt, im Unterschied zur Fellfarbe der A^{vy}-Mäuse allerdings nicht nur von der Mutter, sondern in besonderem Maße auch vom Vater. Mäusemütter bzw. -väter mit geradem Schwanz haben den höchsten Anteil an ebenso perfekten Jungen. Sogar der Grad der Missbildung wird vererbt. Tiere mit stark geknickten Schwänzen haben den höchsten Anteil an ebenso missgestalteten Jungen, und das Entsprechende gilt, wenn die Mäuseeltern nur einen leicht geknickten Schwanz besitzen.

Im Falle der beiden Mäusemutanten dauerte es keine 250 Jahre wie bei Linnés Pflanzenmonster, bis das Rätsel gelöst wurde. Fast zur selben Zeit, als Pilar Cubas und Enrico Coen in Norwich dem Genom der Peloria zu Leibe rückten, setzte auch Emma

Whitelaws Team in Australien methylierungssensitive chemische Messer ein, um das Agouti-Gen näher zu untersuchen.[11] Und wie ihre englischen Kollegen stießen auch die Australier auf unterschiedliche Methylierungsmuster bei gelben und graubraunen Tieren – 100.000 Basenpaare vom eigentlichen Gen-Ort entfernt. Vier Jahre später gelang ihnen das gleiche auch für Mäuse mit geraden und geknickten Schwänzen. Hier lagen die betroffenen Sequenzen mitten im $Axin^{Fu}$-Gen, genauer gesagt, in dessen sechstem Intron.[12] Bei beiden Mausmutanten wiesen die Wildtypen, also graubraune und geradschwänzige Mäuse, mit Werten über 80, 90 Prozent ein hohes Maß an Methylierung auf, gelbe und knickschwänzige Tiere lagen mit 40 bis 50 Prozent deutlich darunter.

Bei den mehr oder weniger methylierten Sequenzen handelt es sich allerdings nicht wie bei Peloria um die Gene selbst (oder ihre Promotoren), sondern um etwas ganz anderes: Es sind Transposons – springende Gene.

Ich weiß nicht, wie Sie das empfinden, aber mehr als ein halbes Jahrhundert nach der Entdeckung der springenden Gene durch die Amerikanerin Barbara McClintock – sie bekam dafür 1983 den Nobelpreis – habe ich mich noch immer nicht an deren Existenz gewöhnt. Springende Gene? Die Vorstellung, dass sich in unseren Zellkernen, ja, sogar im Allerheiligsten selbst, der DNA, quasi-parasitische Elemente herumtreiben, ist nur schwer zu ertragen; zumal, da sind sich die Experten einig, in der Regel nichts Gutes von ihnen zu erwarten ist. Sind wir (und nahezu alle anderen Lebewesen) überhaupt Herren im eigenen Haus?

Man bedenke das erschütternde Ausmaß dieser Infiltration, das gerade erst durch die Ergebnisse der Sequenzierungsprojekte aktenkundig wurde: Auf jedes proteincodierende Gen des Menschen kommen 100 mobile genetische Elemente. Sie stellen gut 45 Prozent[13] unseres Genoms, mithin einen Großteil dessen, was üblicherweise als Junk-DNA bezeichnet wird. Da sie durch ihre Mobilität im Verlauf von Jahrmillionen an vielen Stellen des Erbguts deutliche Spuren hinterlassen haben, sind nicht weniger als 75 Prozent unseres Genoms maßgeblich durch ihre Aktivitäten geprägt worden.[14] Sie konnten sich in derartigen Mengen anhäufen, weil sie sich selbst vermehren, vor allem aber, weil die Zellen seit Urzeiten keinen Weg gefunden haben, sie wieder loszuwerden. »Mobile Elemente waren im Ausbeuten zellulären Lebens spektakulär erfolgreich«, schreibt der bekannte Populationsgenetiker Michael Lynch in seinem Buch *The Origins of Genome Architecture.* »Ja, sie sind so allgegenwärtig, so divers und haben einen so grundlegenden Einfluss auf die Chromosomenarchitektur, dass man mit guten Gründen argumentieren könnte, ein Überblick über die Evolution von Genomen müsse mit ihnen beginnen, bevor man sich den Wirtsgenen selbst zuwendet.«[15]

Von allen bisher sequenzierten Säugetieren beherbergt nur ein südamerikanisches Opossum mehr von diesen Biestern als der Mensch.[16] Biester? Nun, es handelt sich um DNA-Sequenzen, die sich passiv vom biochemischen Apparat der Wirtszelle mitkopieren lassen und auf diese Weise seit Jahrmillionen von einer Zellgeneration in die nächste gelangen. Wer aber springen kann, dem muss wohl auch ein gewisses Maß an Eigenleben innewohnen. Die Bezeichnung »springende Gene« suggeriert allerdings eine etwas irreführende Dynamik, denn um von einer Region des Genoms in eine andere zu gelangen, sind weite Sprünge gar nicht erforderlich. Wie wir gesehen haben, befördern die komplexen und veränderlichen Lagebeziehungen innerhalb des Chromatinnetzwerks des Zellkerns auch weit entfernte Sequenzabschnitte in Reichweite, sodass ein kleiner »Schritt« meistens ausreicht.

Benötigt wird allerdings ein spezielles Enzym, eine Transposase, die das Aus- und Einklinken übernimmt und zur Grundausstattung dieser mobilen Elemente gehört. Nur selten wird davon Gebrauch gemacht. Bakterielle Transposons, deren Sprunghäufigkeit man genau bestimmen kann, wechseln ihre Position nur einmal alle 100.000 Zellteilungen. Wohin sie »springen« scheint weitgehend zufällig zu sein, Vorlieben für spezielle Zielsequenzen gibt es nicht.

Bisher war von einem Transposon die Rede, das sich durch ein selbst mitgebrachtes Enzym aus dem alten DNA-Kontext herausschneidet und an anderer Stelle wieder einfügt, ein Nur-DNA-Transposon. Diese Elemente, die eigentlichen Springer, sind vor allem in Bakterien zu finden, im Genom von Maus und Mensch aber relativ selten. Viel häufiger begegnet man dort sogenannten Retrotransposons, zu denen auch die beiden Exemplare gehören, die in Emma Whitelaws Mäusemutanten ihr Unwesen treiben. Statt ihren alten Aufenthaltsort zu verlassen, verharren diese Transposons an Ort und Stelle und werden wie normale Gene in RNA transkribiert. Ein spezielles Enzym, die berühmte *Reverse*-Transkriptase, die in codierter Form in den Retrotransposons selbst enthalten ist, übersetzt diese RNA zurück in DNA, die dann an neuer Stelle wieder in das Wirtsgenom inkorporiert wird. Gesprungen wird hier also streng genommen nicht. Die neu ins Genom integrierten Kopien sind das Ergebnis eines Vermehrungsprozesses. Retrotransposons sind einige Tausend Basenpaare lang und ähneln in vielen Details »frei lebenden« Retroviren, die als Erbsubstanz RNA enthalten und zu denen auch das menschliche Immunschwäche-Virus HIV gehört. Ihnen fehlen allerdings die Gene, die für die Proteinhülle der Viren codieren, und sie können daher ihre Wirtszellen nicht verlassen. Deshalb werden sie häufig auch als endogene Retroviren bezeichnet, kurz ERVs.

Die große Masse der mobilen Elemente im menschlichen Genom wird von Retrotransposons eines zweiten Typs gebildet, die sich ebenfalls über den Umweg einer RNA vervielfältigen.

Nach ihrer Sequenz ordnet man sie verschiedenen Familien zu, die größten werden unter den Oberbegriffen LINE (*long interspersed elements* – ca. 6.000 Basenpaare lang) und SINE (*short interspersed elements* – ca. 300 Basenpaare) zusammengefasst. Es gibt sie in schier endlosen Wiederholungen, die sich zu etwa 40 Prozent unseres Genoms summieren. Nicht weniger als 870.000 LINE-Elemente wurden identifiziert, von denen sich allerdings in den letzten sechs Millionen Jahren, seit der Trennung der menschlichen Abstammungslinie von den afrikanischen Affen, nur ungefähr hundert als noch mobil erwiesen haben. Eines hat sich in einem Gen eingenistet, das für die Blutgerinnung von Bedeutung ist, und kann eine besondere Form von Hämophilie verursachen. Die restlichen LINE-Elemente gelten als uralte, sozusagen fossile Überreste, die durch zahllose Mutationen verändert und immobilisiert wurden: der eigentliche Schrott im Junk. Nichtsdestotrotz wird er von hilflosen Wirtszellen vervielfältigt und von Zellteilung zu Zellteilung durch die Jahrmillionen transportiert.[17]

Mit 1,5 Millionen Kopien sind die kurzen SINE-Transposons sogar noch häufiger. Sie sind so klein, weil sie die Reduktion auf die Spitze getrieben haben und nicht einmal mehr die Enzymgene für ihre eigene Vervielfältigung enthalten. Dazu borgen sie sich einfach die chemischen Werkzeuge anderer Transposons.

SINE-Elemente sind auch heute noch aktiv. Etwa alle 100 bis 200 Geburten tauchen im menschlichen Genom neue SINE-Nachkommen auf. Sie waren und sind eine wichtige Ursache von genetischen Veränderungen. Zwei von 1.000 neuen Mutationen des Menschen gehen auf ihr Konto, in früheren Aktivitätsphasen der Transposons dürften es wesentlich mehr gewesen sein. Wir haben allerdings keinen Grund, uns zu beklagen. In Mäusen sind mobile Elemente auch heute noch viel aktiver und zeichnen für etwa zehn Prozent aller Mutationen verantwortlich.[18]

Transposons verändern die Sequenz der DNA auf unterschiedliche Weise. Da sie sich auch mitten in Genen niederlassen, kann möglicherweise kein oder nur noch ein unvollständiges oder stark verändertes Genprodukt erstellt werden. Im Genom bleiben nicht nur am Absprungort Spuren zurück, auch im Umfeld der Zielsequenz kann es zu Umgruppierungen kommen. Schließlich sind Transposons in der Lage, ganze Gene oder Teile davon mit auf die Reise zu nehmen und aus ihrem vertrauten Umfeld heraus in ganz andere Genombereiche zu versetzen. Die beunruhigende Zunahme von Antibiotika-Resistenzen ist auf diesen Huckepack-Mechanismus zurückzuführen – für die Bakterien, die davon profitieren, zweifellos ein enormer Vorteil.

Die überwiegende Zahl der so entstandenen Mutationen ist für ihre Träger von Nachteil gewesen, aber hin und wieder waren sicher auch echte Verbesserungen die Folge, wie bei allen mutagenen Einflüssen der Umwelt. Vielleicht sollten wir ihrem unheimlichen Treiben also etwas gnädiger gegenüberstehen, denn in Anbetracht der langen Zeiträume, die den Transposons zur Verfügung standen, »ist nahezu sicher, dass ein großer Teil der Vielfalt des Lebens, die wir um uns herum sehen, ursprünglich durch die Bewegung mobiler genetischer Elemente entstanden ist«.[19]

Überraschende neue Erkenntnisse in dieser Hinsicht verdanken wir der Arbeit eines mehr als 60 Wissenschaftler umfassenden Forscherteams, das 2007 in *Nature* die Ergebnisse der Sequenzierung des ersten Beuteltiergenoms veröffentlichte.[20] Die in Südamerika beheimatete Haus-Spitzmausbeutelratte *(Monodelphis domestica)* ist mit nur neun Chromosomen ausgestattet. Diese sind aber von derart außergewöhnlicher Dimension, dass das Genom dieses Winzlings insgesamt deutlich größer ausfällt als das des *Homo sapiens*. Mobile genetische Elemente nehmen darin mit über 52 Prozent mehr Raum ein als in jedem anderen bisher sequenzierten Säugetier. Seine diesbezügliche Spitzenposition ist der Mensch also endlich los.

Der Vergleich der Genome von Spitzmausbeutelratte, Hund, Maus, Ratte und Mensch machte es jetzt erstmals möglich herauszufinden, welche der im Verlauf der Evolution konservierten Sequenzen typisch für die Höheren Säugetiere[21] sind, also erst nach ihrer Trennung von den Beuteltieren entstanden. Es zeigte sich, dass proteincodierende Sequenzen dabei nur eine untergeordnete Rolle spielen. Denn obwohl die Trennung der beiden Entwicklungslinien etwa 180 Millionen Jahre zurückliegt, hat sich an der Zusammensetzung ihres Genpools nur wenig geändert. Nur 1,1 Prozent der proteincodierenden Sequenzen, die in Höheren Säugetieren konserviert wurden, erwiesen sich als spezifisch, besitzen also keine Entsprechung im Genom der Spitzmausbeutelratte. Ganz anders fiel das Ergebnis für nicht codierende Sequenzen aus, von denen sich ein gutes Fünftel als spezifisch herausstellte. Die Botschaft ist unmissverständlich: Was uns Plazenta-Tiere ausmacht, liegt nur zum geringsten Teil in den Protein-Genen.

Als die Forschergruppe diese konservierten Sequenzen beim Menschen genauer unter die Lupe nahm, stieß sie zu ihrer eigenen Überraschung überall auf Spuren von mobilen genetischen Elementen. Bis zu diesem Zeitpunkt waren nur wenige Fälle beschrieben worden, in denen sich einzelne alte, nichtcodierende Genomabschnitte von springenden Genen ableiten ließen. Nun stellte sich aber heraus, dass mindestens 16 Prozent dieser für unseren engeren Verwandtschaftskreis typischen Sequenzen mit bekannten mobilen Elementen durchsetzt sind.

Dabei kommt einem Prozess große Bedeutung zu, den man bisher kaum auf der Rechnung hatte, der sogenannten Exaptation: Die Wirtszellen drehen den Spieß um, reißen sich Gene der Transposons unter den Nagel und spannen sie für eigene Zwecke ein. Die Tatsache, dass die Transposonsequenzen noch heute nachweisbar sind, obwohl Zufallsmutationen sie im Verlauf der Jahrmillionen bis zur Unkenntlichkeit hätten verändern müssen, spricht dafür, dass die Selektion ihrem Verlust entgegenwirkt. Offenbar verschaffen sie ihren Trägern irgendeinen Vorteil, und tatsächlich konnten einzelne alte Transposons identifiziert werden, die heute anstandslos als Enhancer- oder Promotorsequenzen für ihre ehemaligen Wirtszellen Dienst tun.[22] Transposons müssen, so das Resümee des Autorenteams, »als signifikante kreative Kraft« bei der Entstehung dieser konservierten Sequenzen angesehen werden[23], von DNA-Abschnitten, das sei noch einmal betont, die in viel höherem Maße für uns und unsere Säugetier-Verwandtschaft spezifisch sind als unsere klassischen Gene. Die Funktion vieler dieser nichtcodierenden Sequenzen, auch daran sei an dieser Stelle erinnert, ist unbekannt (s. Kap. 4).

Der amerikanische Science-Fiction-Autor Greg Bear hat in seinem 1999 erschienenen Roman *Darwin's Radio* ausgemalt, wie ein heutiger Ausbruch von Retrotransposon-Aktivität zu einem neuen Menschentyp führen könnte. Zu den Eigenschaften dieses neuen *Homo sapiens superior* ist ihm zwar nicht allzu viel eingefallen; seine Schilderung der Ereignisse, die dazu führen, ist jedoch derart detailgenau und fesselnd, dass sich selbst *Nature*, das Flagschiff aller Wissenschaftsmagazine, zu Lobeshymnen hinreißen ließ. Bear fordere »den aktiven Wissenschaftler geradezu heraus, einmal frei darüber nachzudenken, was die isolierten Erkenntnisse der letzten Jahrzehnte eigentlich bedeuten. Und er erinnert uns daran, wie verschlossen wir manchmal neuen Ideen gegenüber sein können«. Das sind wahrlich erstaunliche Sätze in einer Zeitschrift, die nur ein Jahr später die vollständige Sequenz des menschlichen Genoms veröffentlichen sollte. Ein Science-Fiction-Autor wird zum Ideengeber für denkfaule Wissenschaftler.[24]

Mittlerweile stellt auch das überaus seriöse Standardlehrbuch über die *Molekulare Biologie der Zelle* fest, dass »wir uns nur gespannt fragen können, wie viele unserer typisch menschlichen Qualitäten durch frühere Aktivitäten vieler mobiler genetischer Elemente entstanden sind, deren Überreste wir heute verteilt auf unsere Chromosomen vorfinden«.[25] Auch wenn es schwerfällt – ein wenig Respekt gegenüber unseren genomischen Untermietern scheint unter diesen Umständen tatsächlich angebracht.

Von der großen Evolution zurück in die Niederungen der Labormaus-Genetik, die, das kann ich versprechen, noch mit verblüffenden Erkenntnissen aufwarten wird.

Wie in Kapitel 5 ausführlich beschrieben, sind Organismen dem Treiben der Transposons nicht schutzlos ausgeliefert (s. auch Kap. 13). Die DNA-Methylierung, einer der wichtigsten Regulationsmechanismen der Epigenetik, dient vor allem der Verteidigung gegen parasitische Genomelemente, die durch massiven Besatz mit Methylgruppen stillgelegt werden. Was geschehen kann, wenn dieser Schutz versagt, zeigen die in Australien untersuchten Mäusemutanten.

Auch die graubraunen und geradschwänzigen Wildtypen in dem von Emma Whitelaws Team verwendeten Mäusestamm besitzen die beiden Retrotransposons, die für die seltsamen Merkmale ihrer Geschwister verantwortlich gemacht werden. Sie sind aber durch eine fast alle Cytosinbasen abdeckende Methylierung nicht aktiv. Geht ein wesentlicher Teil dieser Methylierung verloren, erwachen die Eindringlinge zum Leben. Im Falle der A^{vy}-Mutante übernimmt ein im Transposon verborgener Promotor das Kommando und sorgt dafür, dass das Agouti-Gen nicht nur zeitlich begrenzt in den für die Haarbildung zuständigen Zellen aktiv wird, sondern immer und überall im Körper, was zu den beschriebenen gravierenden Krankheitssymptomen führt. Die ungewöhnliche Fellfärbung dieser Tiere entsteht, weil heranwachsende Haare nicht nur mit einem schmalen gelben Band versehen werden, sondern vollständig gelb gefärbt sind.[26]

Dem Defekt der *Axin^{Fu}*-Mäuse liegt ein anderer Mechanismus zugrunde. Bei ihnen sitzt das Transposon mitten im Gen und beeinflusst, wenn es aktiv ist, die Transkription. Die australischen Forscher wiesen mehrere abweichende RNA-Transkripte nach, die in den Mäusen mit geraden Schwänzen nicht vorkamen. Sollten nach diesen fehlerhaften Transkripten überhaupt noch Proteine produziert werden, sind diese nicht in der Lage, ihre Aufgabe korrekt zu erfüllen: Die Jungmäuse kommen mit Knickschwänzen auf die Welt.

Die unterschiedlichen Phänotypen der erbgleichen Inzuchtmäuse gehen also auf epigenetische Ursachen zurück. Dass zusätzlich mobile genetische Elemente beteiligt sind, ändert an dieser Tatsache nichts. Zudem bringen gelbe Mäuseweibchen in ihrer Nachkommenschaft den höchsten Anteil an gelben Jungtieren hervor, und Entsprechendes gilt für ihre graubraunen, gescheckten oder knickschwänzigen Artgenossen. Damit liefern A^{vy}- und *Axin^{Fu}*-Mäuse *das* Beispiel für epigenetische Vererbung bei Säugetieren. Keine Darstellung zum Thema kommt ohne die seltsamen Nager aus.

Retrotransposons beeinflussen den Phänotyp von Organismen nicht nur durch ihre sequenzverändernden Eigenschaften, die vor allem in evolutionären Zeiträumen zum Tragen kommen, sondern, wie im Fall der Inzuchtmäuse, auch im Hier und Jetzt, indem sie die Transkription anderer Gene in ihrer Umgebung beeinflussen oder stören. In Pflanzen sind amerikanische Wissenschaftler gerade auf ein weiteres spektakuläres Beispiel gestoßen. Die durch ein Retrotransposon mit dem sinnigen Namen *Rider* veranlasste Verdopplung eines Gens führt bei Tomatenpflanzen zur Bildung extrem lang gestreckter Früchte. Im

Schlepptau des Transposons gelangte die Genkopie in eine Genomregion, die insgesamt durch deutlich höhere Aktivität gekennzeichnet ist als die alte Umgebung. Das Ergebnis sind Tomaten in Flaschenform.[27]

Ist Ähnliches auch beim Menschen denkbar? Emma Whitelaw hält dies nicht nur für möglich, sondern angesichts der vielen Hunderttausend Retrotransposons im menschlichen Genom und »der sehr großen Zahl an Genen«, die von deren Aktivitäten potenziell betroffen wären, sogar für sehr wahrscheinlich.[28] In einer eher theoretischen Arbeit für *Nature Genetics* legte sie dar, dass die Stilllegung der mobilen Elemente in der frühen Embryonalentwicklung eine starke Zufallskomponente besitzt – mal werden drei, mal sechs, mal acht der möglichen Positionen des A^{vy}-Transposons methyliert, mit abgestufter Wirkung. Deshalb liefert nahezu jeder Wurf der Inzuchtmäuse das gesamte Spektrum der Fellfarben. In normalen Individuen ist aber nicht nur dieses eine Retrotransposon zu bändigen, sondern Hunderte, wenn nicht Tausende. »Jedes Säugetierindividuum« sei daher »ein zusammengesetztes epigenetisches Mosaik«.[29] Da die Stilllegung der vielen Transposons vielfach nur unvollkommen gelingt, besäße das resultierende Zellmosaik in jedem Individuum eine ganz eigene Zusammensetzung, und zweifellos bliebe das nicht ohne Konsequenzen für das individuelle Risiko, an Krebs, Diabetes oder anderen Leidensbringern zu erkranken. Für die Medizin und uns alle, als potenzielle Patienten, wäre das wohl keine gute Nachricht.

11. Vererbt oder nicht –
der australisch-amerikanische Mäusestreit

Die Forschungsergebnisse von Emma Whitelaw und ihrem internationalen Team trugen dazu bei, dass die Fachwelt epigenetischen Fragestellungen fortan größeres Interesse entgegenbrachte. In der Öffentlichkeit fanden sie keinerlei Resonanz. »Was haben wir, was hat der Mensch mit dem genetischen Tohuwabohu von Inzuchtmäusen zu tun?«, mögen viele Wissenschaftsredakteure gedacht haben und wandten sich anderen Themen zu. Sie sind die Filter, die darüber entscheiden, welche Forschungsergebnisse an die Öffentlichkeit gelangen und welche nicht, und noch zeigten ihre Daumen nach unten.

Auch die Fortsetzung der Geschichte um die *viable-yellow-agouti*-Mäuse, die im amerikanischen Bundesstaat Arkansas geschrieben wurde, stieß außerhalb der Fachwelt auf wenig Interesse. Zusammen mit Kollegen von der Universität der Hauptstadt Little Rock forschten die Wissenschaftler des National Center for Toxicological Research seit Jahren an verschiedenen Mutanten des Agouti-Gens. Hier, im US-amerikanischen Süden, wurden viele der Grundlagen erarbeitet, auf denen Emma Whitelaws Team aufbaute.

Die australischen Forscher interessierten sich vor allem für die (epi-)genetischen Mechanismen, die den seltsamen Vererbungsmustern der Mäuse zugrunde lagen, die Arbeit der Amerikaner hatte jedoch eher einen medizinischen Hintergrund. Zur Erinnerung: Gelbe A^{vy}-Mäuse zeigen ein komplexes Krankheitsbild, sie sind stark übergewichtig, und ihr durch die Aktivität des Transposons veränderter Stoffwechsel führt zu Diabetes und einer Zunahme von Krebserkrankungen. Im Alter von zwei Jahren ist ihre Sterblichkeit doppelt so hoch wie die der schlanken graubraunen Geschwistermäuse, von denen sie sich nur durch ein paar fehlende Methylgruppen unterscheiden. Die seltsamen Fellfarben dieser Tiere waren für die US-Forscher ein bequemer Nebeneffekt, denn sie ermöglichten es, schon sieben Tage nach der Geburt festzustellen, welche Tiere Wochen oder Monate später mit hoher Wahrscheinlichkeit erkranken würden.

Dass sich die individuelle Lebenserwartung innerhalb einer Gruppe von Säugetieren erheblich unterscheidet, ist eine traurige Tatsache, die von vielen Faktoren beeinflusst wird, unter anderem von Ernährung, Lebensstil und Genetik – bei Untersuchungen an Menschen sind sie kaum voneinander zu trennen. Bei Labormäusen kann man viele dieser Faktoren kontrollieren. Durch jahrelange Inzucht sind sie genetisch nahezu identisch, erfahren dieselbe Umwelt und erhalten dasselbe Futter. Trotzdem leben einige von ihnen wesentlich länger als andere. Wie ist das möglich? Im Falle der A^{vy}-Mäuse sind epigenetische Unterschiede schuld. Bei gesunden Tieren wird das Retrotransposon durch anhaftende Methylgruppen in Schach gehalten, gelbe Mäuse haben diesen Schutz weitgehend verloren. Kann man an diesem Zustand etwas ändern? Epigenetische Programmierungen sind bekanntermaßen reversibel.

Bereits 1998, ein Jahr bevor die Arbeit des Whitelaw-Teams erschien, hatten George Wolff und Craig Cooney neue Forschungsergebnisse veröffentlicht, die den Einfluss der Ernährung auf die Ausprägung des Agouti-Gens zum Inhalt hatten.[1] Vier Jahre später folgte eine zweite ergänzende Studie.[2] Labormäuse erhalten normalerweise ein standardisiertes Futter, das ihnen alle erforderlichen Nährstoffe in ausreichender Menge zur Verfügung stellt. Die Forscher aus Arkansas hatten der Nagerkost aber noch einige Bestandteile hinzugefügt: Auf knapp 1.000 Gramm Futter kamen je 5 Gramm Cholin und Betain, 5 Milligramm Folsäure (Vitamin B9) sowie 0,5 Milligramm Vitamin B12. In einem zweiten Ansatz wurden diese Mengen noch einmal verdreifacht und durch 7,5 Gramm Methionin und 150 Milligramm Zink ergänzt. Diese Stoffe sind im selben Mischungsverhältnis auch im Standardfutter erhalten. Sie wurden also nur angereichert.

In den Genuss des Spezialfutters kamen nur die Weibchen. Ihre Fütterung begann zwei Wochen vor der ersten Begattung, wurde während der Schwangerschaft fortgesetzt und endete mit der Geburt des Mäusenachwuchses. Der Erfolg war durchschlagend. Als den winzigen Mäusebabys nach einer Woche das Fell zu sprießen begann, stellte sich heraus, dass mehr graubraune Mäuschen darunter waren als in den Würfen normal ernährter Muttertiere. Zwar wurden noch immer auch gelbe und gescheckte Jungmäuse geboren, jedoch hatte sich vor allem bei Nachkommen der mit hohen Dosen gefütterten Mütter das Farbspektrum aber deutlich zugunsten der wildtypfarbenen Tiere verschoben. Ihnen hätte nun ein für Mäuseverhältnisse langes und gesundes Leben bevorgestanden, wenn man sie nicht im Dienste der Wissenschaft eingeschläfert und zur Analyse der DNA-Methylierungsmuster einem molekularbiologischen Labor übergeben hätte.[3]

Wie ist das zu erklären? Wie können ein paar Ergänzungsstoffe in der Nahrung der Mütter den Phänotyp ihrer Nachkommen derart verändern? Des Rätsels Lösung steckt in der Natur der verwendeten Nahrungszusätze, denn es handelt sich ausnahmslos um Stoffe, die als Lieferanten von Methylgruppen bekannt oder im Methylstoffwechsel der Zelle von Bedeutung sind. Mithilfe der nun im Überschuss angebotenen Molekülanhänge konnten die Lücken in der Methylierung des verhängnisvollen Transposons geschlossen werden. Der Genomparasit verstummte in wesentlich mehr Mäusen als normalerweise. Deren Agouti-Gen verrichtete nun ungestört seine Arbeit und verhalf den Tieren zu einem graubraunen Fell und einer robusten Konstitution. Profitiert haben davon allerdings nicht die mit der angereicherten Nahrung gefütterten Weibchen selbst – sie blieben nach wie vor gelb, übergewichtig und krankheitsanfällig –, sondern ein Teil des in ihnen heranwachsenden Nachwuchses. Die Mäusemütter haben ihn buchstäblich gesund gefressen, der Folsäure und den anderen Nahrungszusätzen sei Dank.

Falls Sie eine Frau sind und schon einmal schwanger waren, haben Sie, wie die Versuchsmäuse in Arkansas, vermutlich selbst Folsäure eingenommen. Ihr Arzt hat Ihnen dieses Präparat verschrieben, weil Folsäure beim frühen Embryo schweren Fehlbildungen des Neuralrohrs, zum Beispiel dem »offenen Rücken«, vorbeugt. Allerdings liegt die sensible Phase für diese Missbildungen etwa in der vierten Schwangerschaftswoche, in einer Zeit also, da viele Frauen noch gar nicht wissen, dass sie schwanger sind, und deshalb auch noch keinen Arzt aufgesucht haben. Aus diesem Grund wird in vielen Ländern diskutiert, Mehl oder anderen Lebensmitteln Folsäure beizumengen, wie es in Kanada und den USA gesetzlich vorgeschrieben ist, mit dem Erfolg, dass die Zahl der mit Neuralrohrdefekten geborenen Kinder dort erheblich zurückgegangen ist.

Dass ein Nahrungsmittelzusatz gravierenden Fehlentwicklungen des Embryos entgegenwirken kann, ist demnach keine neue Erkenntnis. Was bei den A^{vy}-Mäusen zu so erstaunlichen Ergebnissen geführt hat, ist beim Menschen längst gängige Praxis, auch wenn man den genauen Wirkmechanismus der Folsäure in diesem Fall noch nicht kennt.

Die eigentlich brisante Frage, die sich nach den Fütterungsversuchen der amerikanischen Forscher stellte, war eine andere: Werden die durch Nahrungsmittelzusätze hervorgerufenen epigenetischen Veränderungen von den Jungmäusen vererbt?

Die das Zellgedächtnis bildenden epigenetischen Markierungen werden über die Zellteilung, die Mitose, an die beiden identischen Tochterzellen weitergegeben. Auch wenn die dazu nötigen Kopierprozesse noch nicht bis in alle Einzelheiten geklärt sind, muss man von einer solchen Weitergabe ausgehen. Soll ein komplexer, vielzelliger Organismus mit hochspezialisierten Zelltypen entstehen, müssen die vor allem in der Frühphase der Embryonalentwicklung erworbenen epigenetisch programmierten Muster aus aktiven und inaktiven Genen in den Zellen erhalten bleiben, also mitotisch vererbt werden.

Im Allgemeinen versteht man unter Vererbung aber die Weitergabe genetischer Information an kommende Generationen; und für die Meiose, die Reduktionsteilung, die im Dienste der sexuellen Fortpflanzung nur bei der Produktion von Spermien und Eizellen zum Einsatz kommt, gilt das eben Gesagte nicht. Im Gegenteil – bisher galt der Grundsatz, ja das Dogma, dass bei der Produktion von Nachkommen alle epigenetischen Markierungen gelöscht werden. Nichts, was einem Lebewesen zu Lebzeiten widerfährt, findet einen Weg in die Keimzellen. Für jedes neue, aus der Verschmelzung von Ei- und Samenzelle hervorgehende Lebewesen gilt die alte Monopoly-Anweisung: Gehe zurück auf Start. Deshalb waren die Resultate aus Överkalix, waren Peloria und die *viable-yellow-agouti*-Mäuse eine solche Herausforderung. Denn hier schien etwas geschehen zu sein, was die seit 100 Jahren geltende eiserne Regel durchbrach.

Die brisante Frage lautete daher: Gelangen die nahrungsinduzierten Veränderungen in die Keimbahn des Mäusenachwuchses, in seine Eizellen und Spermien? Werden sie an die Nachkommen vererbt? Gibt es eine Vererbung erworbener epigenetischer Information?

Die Antwort wurde im November 2006 geliefert, und diesmal waren wieder die Australier an der Reihe.[4] Dabei hatte die Arbeit des Teams um Jennifer Cropley und David Martin, ein ehemaliger Mitarbeiter Emma Whitelaws, mit einer großen Enttäuschung begonnen: Die Ergebnisse der Amerikaner ließen sich nicht reproduzieren. Trotz üppigster Versorgung der Muttertiere mit Methyllieferanten änderte sich am Farbspektrum der Jungmäuse nichts. Blieb es dabei, erübrigten sich natürlich auch alle weiterführenden Experimente. Lag der Misserfolg daran, dass die Australier mit einem anderen Mäusestamm arbeiteten? Oder hatte man in Arkansas geschludert? Wissenschaftliche Resultate müssen prinzipiell reproduzierbar sein, aber es kommt selten vor, dass Versuche von Wissenschaftlern durch andere Arbeitsgruppen wiederholt werden. Viel Lorbeer ist damit nicht zu verdienen, und man hat schließlich mit den eigenen Projekten genug zu tun. Machte sich doch mal jemand die Mühe, stellte sich nicht selten heraus, dass die ursprünglich publizierten Resultate falsch waren.[5]

Ein grundsätzlicher Unterschied im Versuchsdesign der beiden Forschergruppen findet sich im Methodenteil der amerikanischen Publikationen, und zwar in den Abschnitten, die die Auswahl der für die Fütterungsversuche bestimmten Weibchen zum Inhalt haben. Die Versuchstiere »wurden durch a/a- x A^{vy}/a-Paarungen produziert«, heißt es da.[6] Die *viable-yellow*-Allele, A^{vy}, der amerikanischen Mäuse waren also väterlichen Ursprungs, während die australischen Versuchstiere diese Genvariante von ihren Müttern geerbt hatten. Konnte dies der Grund sein, warum die Fütterungsversuche fehlschlugen?

Die Australier wiederholten den Versuch, indem sie schwarze a/a-Weibchen mit Männchen zusammenbrachten, die Träger eines A^{vy}-Allels waren, und sie während der gesamten Schwangerschaft mit dem Spezialfutter versorgten. Tatsächlich zeigte sich nun bei deren Nachwuchs die von den Amerikanern beschriebene Verschiebung des Farbspektrums zugunsten graubrauner Mäusekinder. Das war ein unerwartetes und erstaunliches Ergebnis, denn es besagte, dass es von der Herkunft der Genvariante abhing, ob eine Überversorgung mit Methylgruppen bei den Nachkommen zur Stilllegung des Transposons führte oder nicht.

Nun konnten sich David Martin und seine Kollegen endlich an die Beantwortung der spannendsten Frage machen. Vorläufer der Eizellen, die Urkeimzellen, sind der durch die Nahrungsmittelzusätze veränderten mütterlichen Versorgung genauso ausgesetzt wie die Körperzellen, da sie schon früh im Embryo angelegt werden. Würden die Transposons auch in ihnen stillgelegt, müssten sich die Auswirkungen auch bei den Enkeln zeigen, ohne dass deren Mütter, die Töchter der mit Methylgruppenspendern gefütterten Versuchstiere, jemals selbst das angereicherte Futter gefressen haben.[7]

In dem entscheidenden Versuchsansatz erhielten die Weibchen (Generation F0) das Spezialfutter nur vom achten bis fünfzehnten Tag ihrer Schwangerschaft, weil sich in dieser Zeit die Urkeimzellen herausdifferenzieren. Unter den Nachkommen (F1), die ausschließlich mit Standardfutter ernährt wurden, wählten die Forscher dann graubraune Weibchen aus und ließen diese durch merkmalsneutrale a/a-Männchen begatten. Das Farbspektrum der Enkelgeneration (F2) wurde schließlich mit Tieren verglichen, deren Eltern und Großeltern nie mit dem angereicherten Futter in Berührung gekommen waren.

Das Ergebnis zeigte einen ausgeprägten Großmuttereffekt. Unter den Enkeln fanden sich mehr als doppelt so viele graubraune und gesunde Tiere als im Kontrollversuch. Da ihre Eltern und sie selbst nie mit zusätzlichen Methylgruppenlieferanten gefüttert wurden, erbten die Enkel eine epigenetische Ausstattung, die ihre Mütter als winzige Föten im Uterus der Großmütter erworben hatten.

David Martin gab sich nach der Publikation seiner Ergebnisse betont zurückhaltend. »Die Ergebnisse einer solchen Modellstudie an Mäusen sind nicht ohne Weiteres auf den Menschen übertragbar«, sagte er.[8] Dabei hatten nicht die Journalisten den Menschen ins Spiel gebracht, sondern die Forscher selbst. Der Schlusssatz ihres Aufsatzes lautete nämlich: »Im Lichte der Generationszeit des Menschen, die ungefähr 20 Jahre umfasst, legen unsere Resultate die Vermutung nahe, dass die gegenwärtigen Ernährungsgewohnheiten einen Einfluss auf Enkelkinder haben könnten, die erst in Jahrzehnten geboren werden, unabhängig davon, welche Nahrung ihre Eltern zu sich genommen haben.«[9]

Ein nahrungsinduzierter, transgenerationaler Effekt, bei dem die männliche Abstammungslinie von besonderer Bedeutung ist... War da nicht was?

»Ich frage mich (...), was es für zukünftige Generationen bedeutet, wenn zurzeit eine ganze Generation übergewichtiger Kinder heranwächst«, hatte Gunnar Kaati, einer der Autoren der schwedischen Överkalix-Studien, vier Jahre zuvor gegenüber dem *Spiegel* gesagt.[10] Dahinter steckt derselbe Gedanke, dieselbe Besorgnis, die auch David Martin und seinen Kollegen durch den Kopf gegangen sein muss.

Nach einem langen Weg durch das epigenetische Laboratorium der Zelle sind wir also wieder bei der Nahrung und den Leuten aus Överkalix angekommen. Die dritte, in Kooperation mit den englischen Kollegen um Marcus Pembrey entstandene Studie der Schweden und die Untersuchungen von David Martins Team erschienen beide im Jahr 2006. Vielleicht war dieses Zusammentreffen der Grund, warum die Medienmaschinerie nun in Gang kam und das Thema epigenetische Vererbung den Weg in die Öffentlichkeit fand. Manche Redaktionen reagierten schnell, andere warteten noch ab. Dann wurden Radio-Features gesendet, die Wissenschaftsmagazine der Fernsehanstalten brachten Filmbeiträge, und in den großen Tageszeitungen erschienen einschlägige Artikel: »Gefährliche Mahlzeiten« (3SAT), »Dicker Opa, kranke Enkel« (ZDF), »Großmutters Erbe« (*Der Tagesspiegel*), »Why Grandad is making our babys ill« (*The Sunday Times*), »Epigenetik: Der Übercode« (*GEO*), »Wie die Epigenetik die Biologie revolutioniert« (DeutschlandFunk)…Die Liste ließe sich fortsetzen. Überall trafen die hungernden Großväter aus dem Överkalix des 19. Jahrhunderts auf David Martins übergewichtige Labormäusegroßmütter. Die seltsamen gelben Nager und der Mensch – sie schienen mehr miteinander zu tun zu haben als gedacht.

Man hätte es schon Jahre früher zur Kenntnis nehmen können, aber nun war es endlich so weit. Zeitungen, Funk und Fernsehen verkündeten: Es gibt sie wirklich, die Vererbung epigenetischer Information, niedergelegt in Gestalt winziger Moleküle, die an das Cytosin der DNA geheftet werden. Es gibt eine Vererbung erworbener Eigenschaften, die Lamarck'sche Dimension.[11] Es gibt sie sogar bei Säugetieren, in unserer unmittelbaren Verwandtschaft, und die Överkalix-Studien zeigen, was das für den Menschen bedeuten könnte.

Beide Untersuchungen schienen sich hervorragend zu ergänzen. Wo Marcus Pembrey und die schwedischen Forscher nur auf Vermutungen angewiesen waren, lieferten die Mausstudien nun einen detaillierten Hinweis, welcher molekulare Mechanismus für die beobachteten Phänomene verantwortlich sein könnte: die Methylierung der DNA.

Auch die Autoren der Överkalix-Studien hatten in erster Linie an epigenetische Ursachen der von ihnen entdeckten Vererbungsmuster gedacht, sie konnten sie nur nicht durch entsprechende Untersuchungen belegen. Es war ein Analogieschluss, nicht mehr und nicht weniger, ein direkter Beweis war nicht zu führen. Die Menschen in Nordschweden, um die es ging, waren schon lange verstorben. Ob auch bei ihnen aktive oder stillgelegte Retrotransposons eine Rolle spielten, war nicht mehr herauszufinden. Es war unmöglich, in ihren Genen nach Methylierungsmustern zu forschen, und selbst wenn es möglich gewesen wäre – wo, in welchen Abschnitten der DNA hätte man nach ihnen suchen sollen? Bei den A^{vy}-Mäusen ging es um ein einziges genau definiertes Gen, für die in Överkalix aufgetretenen Phänomene könnten Hunderte von Erbanlagen verantwortlich gewesen sein.

Ein gravierender Unterschied der beiden Studien betrifft die sensiblen Phasen, in denen die Nahrung ihre epigenetische Wirkung entfaltete. Bei den Großvätern aus Överkalix erwies sich deren *slow growth period* als entscheidend. Nur wenn sie im Alter von neun bis zwölf Jahren von besonders guter oder schlechter Nahrungsmittelversorgung betroffen waren, hatte dies Konsequenzen für ihre männlichen Enkel. Bei den Mäusegroßmüttern lag die für ihre Enkel entscheidende Periode bereits in der zweiten Schwangerschaftswoche, also viel früher. Werden hier etwa Äpfel mit Birnen verglichen?

Die Zeitspanne, in der die Mäuse die angereicherte Nahrung erhielten, war mit Bedacht ausgewählt worden. Zum einen entstehen in dieser Zeit die Urkeimzellen, aus denen später nach der Besamung die Enkelgeneration hervorgeht, zum anderen beginnt die epigenetische Programmierung der embryonalen Zellen, die ihre weitere Entwicklung vorherbestimmt, sehr früh und ist zu diesem Zeitpunkt bereits abgeschlossen. Martins Team war deshalb ursprünglich davon ausgegangen, dass die zeitlich eng begrenzte Fütterung »wahrscheinlich keinen Effekt auf den Phänotyp der F1-Mäuse hat«.[12] Das Versuchsdesign zielte auf die Enkel, für die Töchter und Söhne hätte die angereicherte Nahrung eigentlich zu spät kommen müssen.

Zur nicht geringen Überraschung der Forscher stellte sich dann aber heraus, dass die Tiere sehr wohl von der speziellen Ernährung ihrer Mütter profitierten. Das Spezialfutter wirkte sich nicht nur während der Phase aus, in der die blutjungen embryonalen Zellen ihre epigenetischen Methylierungsstempel aufgedrückt bekommen, sondern auch danach, möglicherweise während des gesamten Lebens. Für die Överkalix-Untersuchungen hieße das: Auch wenn die Umwelteinflüsse in der Gestalt der

Nahrung hier viel später einwirkten, könnten ähnliche Mechanismen beteiligt gewesen sein.

Ungeachtet der großen medialen Aufmerksamkeit, die der Arbeit der australischen Forscher zuteilwurde, erntete ihre Studie auch fundamentale Kritik, von der in keinem der zahlreichen Presseberichte die Rede war. Sie kam aus Houston, Texas, vom USDA Children's Nutrition Research Center und stammte aus der Feder von Robert A. Waterland, einem ausgewiesenen Experten für den Einfluss der Ernährung auf die Säugetierentwicklung.

Waterland arbeitete seit Jahren selbst mit *viable-yellow-agouti*-Mäusen. Schon 2003 hatte er im Labor des Krebsforschers Randy Jirtle von der Duke University das Transposon im Agouti-Gen der A^{vy}-Mäuse genau lokalisiert und war ebenfalls auf den »heilenden« Effekt einer mit Methylgruppenspendern angereicherten Nahrung gestoßen.[13] Drei Jahre später wies er zusammen mit Kollegen nach, dass diese spezielle Nahrung auch $Axin^{Fu}$-Mäusemüttern zu deutlich mehr gesunden geradschwänzigen Jungen verhalf.[14] Die wunderbare Gesundung des A^{vy}-Nachwuchses war kein Einzelfall mehr. Mit Randy Jirtle und anderen untersuchte Waterland die Wirkung von Genistein, einem Inhaltsstoff der Sojabohne mit hormonartiger Wirkung. Er erzielte denselben Effekt wie der Methylcocktail, den man bislang unters Mäusefutter gemischt hatte. Genistein entfaltet im Organismus eine Reihe von biologischen Wirkungen und wird auch mit der geringeren Krebsrate in Asien in Verbindung gebracht. Dem A^{vy}-Mäusenachwuchs bescherte er, wie die angereicherte Spezialkost, ein natürlich graubraunes Fell und schützte ihn zeitlebens vor Übergewicht.[15] Da Mehl in den USA vorbeugend mit Folsäure versetzt wird, plädierte Robert Waterland für erhöhte Wachsamkeit, wenn Kinder zusätzlich mit einer Soja-Diätkost gefüttert werden. Denn wer weiß schon, wo im Genom sich die Methylgruppen sonst noch niederschlagen und was sie dort anrichten. Im Falle des Transposons im Agouti-Gen hat die Überversorgung eine segensreiche Wirkung, zweifellos existieren aber viele Sequenzen auch in der menschlichen DNA, die besser unmethyliert bleiben sollten.

Waterlands Worte haben also Gewicht. Dass er mit der Interpretation des Martin-Teams nicht einverstanden war, wurde schon im Titel einer Untersuchung deutlich, die er 2007 veröffentlichte. Eigene Versuche mit dem angereicherten Nagerfutter hatten ihn nämlich zu einer ganz anderen Schussfolgerung geführt: Die »nahrungsinduzierte Methylierung von *viable yellow agouti*«, so die Überschrift seiner Arbeit, »wird durch die Weibchen nicht transgenerational vererbt«.[16] Was hatte Waterland anders gemacht? Er verfolgte die Wirkung der Ergänzungskost über drei Mäusegenerationen, und bei ihm kam, anders als bei David Martins Studie, jede Generation aufs Neue in den Genuss des Spezialfutters. Würde der durch die Nahrung veränderte Methylierungsstatus des Transposons tatsächlich vererbt, so Waterlands Argumentation, müssten sich die Effekte summieren, sodass der Anteil gesunder Tiere von Generation zu Generation zunehmen würde. Er blieb aber konstant.

Was die Australier beschrieben hätten, sei zweifellos ein transgenerationaler Effekt, aber kein Beweis für die Vererbung einer erworbenen epigenetischen Information. Diese musste gar nicht vererbt werden, da die Enkelgeneration in Gestalt der Urkeimzellen ihrer Mütter bereits präsent und der veränderten Ernährung somit selbst ausgesetzt gewesen sei.

Das Autorenteam um David Martin reagierte mit einem Brief an den Herausgeber des *FASEB Journals*, in dem Waterlands Untersuchung publiziert wurde, woraufhin sich wiederum auch Waterland zu einer ausführlichen Erwiderung veranlasst sah. Beide Seiten bestanden auf den bereits veröffentlichten Interpretationen. In höflichen Worten und mit wissenschaftlichen

Argumenten warfen sie sich gegenseitig nichts anderes als Inkompetenz vor. Die einen, Waterland und seine Mitarbeiter, hätten mit Weibchen gearbeitet, in denen es »wenig oder nichts zu vererben gab«, weil in gelben Mäusen nun mal die das Transposon bändigenden Methylgruppen fehlten. Bei den anderen, David Martin und Co., hätten die Mäuse etwas geerbt, was sie ohnehin schon besaßen.[17] Eine Einigung erscheint bis heute unmöglich.

Vielleicht fragen Sie sich, warum Sie diesem in aller Ausführlichkeit ausgebreiteten australisch-amerikanischen Mäusestreit folgen sollen. Die Antwort ist einfach: Das Problem ist sowohl theoretisch als auch praktisch von außerordentlicher Tragweite, doch bisher wurden nur wenige Fälle einer möglichen epigenetischen Vererbung bei Säugetieren bekannt, und A^{vy}-Mäuse sind das mit Abstand am besten untersuchte Beispiel. Gibt es bei Säugetieren (und damit möglicherweise auch beim *Homo sapiens*) eine epigenetische Vererbung erworbener Eigenschaften oder nicht? Diese entscheidende Frage wird momentan nicht durch Untersuchungen am Menschen entschieden, sondern vor allem mithilfe von gelben, übergewichtigen Inzuchtmäusen. Also zurück in die Labors der Mausforscher, zu der vorerst letzten Pointe.

Waterlands Kritik wog schwer. Wichtige Argumentationshilfe lieferte ihm die Untersuchung eines australisch-japanisch-französischen Teams unter der Leitung von Emma Whitelaw.[18] Sie wurde im Frühjahr 2006 veröffentlicht, etwa ein halbes Jahr vor der Arbeit ihrer australischen Kollegen, wird von diesen aber weder erwähnt, noch findet sie sich im Literaturverzeichnis. Dabei waren die Ergebnisse dazu angetan, der Geschichte um die epigenetische Vererbung bei A^{vy}-Mäusen eine überraschende Wende zu geben.

Während der Entwicklung kommt es zweimal zu einer genomweiten Umprogrammierung der DNA-Methylierungsmuster: einmal bei der Bildung von Eizellen und Spermien und vor der Einnistung des frühen Embryos in die Gebärmutterschleimhaut – also zuerst im elterlichen Organismus – und dann, nach der Befruchtung, im jungen Embryo (s. Kap. 5).[19] Es scheint jedoch gelegentlich Schlupflöcher zu geben, sodass Reste der alten Methylierungen erhalten bleiben.[20] Transposons, wie sie im Agouti-Gen der A^{vy}-Mäuse ihr Unwesen treiben, haben sich in dieser Beziehung als besonders hartnäckig erwiesen. Vielleicht werden sie häufiger von einer Demethylierung verschont, weil sie sonst aktiv und zu einer Gefahr für die Zelle werden könnten.[21]

Das Ergebnis ist die Vererbung epigenetischer Zustände an kommende Generationen. »Unsere Hypothese ist«, schrieben Emma Whitelaw und Kollegen, »dass transgenerationale epigenetische Vererbung das Ergebnis eines Fehlers bei der Löschung epigenetischer Markierungen ist«[22], mithin also kein bislang übersehener Evolutionsmechanismus mit weitreichenden theoretischen Folgen, sondern schlicht ein Unfall. Ziel ihrer Untersuchung war es daher, den in den Eltern vorhandenen Methylierungsmustern über die Phasen der Reprogrammierung hinweg so genau wie möglich auf der Spur zu bleiben.

In der entscheidenden Region des Transposons gibt es genau elf Methylierungsstellen (-CG-Sequenzen). Die Forscher verfolgten nun deren Schicksal in Eizellen und Spermien, in der befruchteten Eizelle, der Zygote, dem Zwei-Zell-Stadium und der Blastozyste (einem kugelförmigen Gebilde, in dessen Innerem sich der eigentliche Embryo befindet) und verglichen die jeweiligen Stadien von gelben und graubraunen Mäusen.

Ob das A^{vy}-Allel nun von Männchen oder Weibchen beigesteuert wurde – in Samen- und Eizellen zeigte sich unverändert das Muster der erwachsenen Tiere: ein hoher Grad an Methylierung bei gesunden Mäusen, ein geringer in gelben Tieren. Bei der Produktion der Keimzellen war eine Umprogrammierung zumindest dieses einen entscheidenden Genlocus ausgeblieben.

Wurde das A^{vy}-Allel von den Weibchen beigesteuert, blieben die Methylierungen auch in der befruchteten Eizelle und im Zwei-Zell-Stadium unverändert. Doch kurz darauf, irgendwann während der folgenden Zellteilungen im Eileiter auf dem Weg zur Blastozyste, geschah es. Denn etwa vier Tage nach der Befruchtung und noch vor der Einnistung in die Gebärmutter war plötzlich keine einzige Methylgruppe mehr zu finden. Tabula rasa. Graubraune Weibchen, das ist durch zahlreiche Versuche bestätigt worden, bringen jedoch 20 Prozent graubraune Junge zur Welt, was, so die Ausgangshypothese der Forscher, durch Fehler bei der Entfernung der Methylgruppen verursacht sein soll. Fehler, die man nun vergeblich suchte: Alle elf Molekülanhänge waren entfernt worden.

Falls diese Ergebnisse bestätigt werden, ist daraus nur ein Schluss zu ziehen: Methylgruppen sind nicht die epigenetischen Markierungen, die von einer Generation an die nächste weitergegeben werden. Man hat jahrelang auf das falsche Pferd gesetzt, geblendet von der Tatsache, dass sich in Eltern und Jungtieren dieselben Methylierungsmuster fanden. Diese müssen jedoch eine sekundäre Erscheinung sein, vererbt werden sie offenbar nicht.

Es gibt keinen Zweifel daran, dass A^{vy}-Mäuse epigenetische Vererbung zeigen und eine mit Methylgruppenlieferanten angereicherte Nahrung den epigenetischen Zustand des Gens verändert. Aber das am gründlichsten untersuchte Beispiel einer epigenetischen Vererbung bei Säugetieren steht plötzlich ohne materielle Basis da – ein empfindlicher Dämpfer für die Euphoriker, die schon eine Revolution über die verstaubten Anschauungen des wissenschaftlichen Genetik-Mainstreams hinwegfegen sahen.

Ob es bei Säugetieren eine Vererbung erworbener Eigenschaften gibt, bleibt zumindest in diesem Fall umstritten. In gewissem Sinne ist natürlich jede Veränderung epigenetischer Muster, auf die man heute stößt, zu irgendeiner Zeit erworben worden. Irgendwann muss die erste Inzuchtmaus mit einem methylierten Transposon aufgetaucht sein (spontan oder induziert?), die erste Peloria. Macht es in der Folge einen Unterschied, ob diese Veränderung weiter zurückliegt und schon von den Eltern geerbt wurde wie im Fall der Fellfarben oder ob sie, wie beim Urahn der A^{vy}-Mäuse, während des eigenen Lebens erworben wurde?

Die Suche nach der materiellen Basis dieser nicht genetischen Vererbung beginnt jedenfalls von vorn, und die Forschungsdetektive haben bereits einen neuen Verdächtigen im Visier. Methylgruppen spielen auch in anderen epigenetischen Zusammenhängen eine wichtige Rolle, im Chromatin, bei den vielfältigen Modifikationen der Histonschwänze.[23] Würden diese Modifikationen die diversen Umprogrammierungen überstehen, könnten sie dafür sorgen, dass die bei den Eltern vorhandenen Methylierungsmuster im Embryo wiederhergestellt werden. Trotzdem bleibt festzuhalten: Die Methylierung der DNA spielt in diesem Orchester nur die zweite Geige.

12. Das Fenster zur Welt

Von den vielen faszinierenden Aspekten dieser postgenomischen jungen Wissenschaft zieht die epigenetische Vererbung wegen ihrer grundsätzlichen Bedeutung zweifellos die größte Aufmerksamkeit auf sich. Wenn Einflüsse der Umwelt in den Zellen zu vererbbaren epigenetischen Veränderungen führen, ist dies eben nicht nur ein faszinierendes neues Detailergebnis wissenschaftlicher Forschung, sondern eine Herausforderung für das geltende biologische Gedankengebäude. Das Schlusskapitel wird darauf ausführlich zurückkommen.

Um welche Umwelteinflüsse geht es eigentlich? Wann und in welcher Form finden sie ein epigenetisches Echo in den Zellkernen? Und nicht zuletzt: Welchen Sinn hat diese Reaktion der Organismen?

Zunächst ist Vorsicht angebracht, denn natürlich ist bei Weitem nicht jede epigenetische Veränderung auf die Umwelt zurückzuführen. Das Epigenom, die Gesamtheit aller epigenetischen Markierungen eines Genoms, entsteht zum größten Teil bereits im frühen Embryo und dient der Steuerung und Aufrechterhaltung der Zelldifferenzierung. Dass es ohne eine solche epigenetische Regulationssoftware nicht geht, zeigt die Tatsache, dass sogar die Keimzellen, zwei hochspezialisierte Zelltypen, für ihren kurzen Lebensweg von den Eltern mit einem ganz eigenen epigenetischen Programm ausgestattet werden. Vermutlich hat dies den Zweck, Eizellen und Spermien auf ihrer überaus wichtigen Mission zu einer optimalen Performance zu verhelfen, und da diese Mission mit der Verschmelzung zur Zygote erfüllt ist, wird das Programm schon nach wenigen Zellteilungen gelöscht und durch ein anderes, embryotypisches ersetzt.

Aber es geht auch anders: Die unterschiedliche Methylierung

der Transposons bei Inzuchtmäusen scheint weitgehend vom Zufall diktiert zu werden. Auch das Auftreten der Peloria ist weder die Folge innerer Notwendigkeiten noch eine Antwort des Leinkrauts auf Veränderungen der Umwelt. Ein Stimulus, der die Pflanze zur Ausbildung einer pelorischen Blüte veranlasst, ist nicht bekannt, daher gilt Linnés Monster bis zum Beweis des Gegenteils als spontane Epimutation. Die Umkehrbarkeit und Labilität epigenetischer Markierungen hat eben ihren Preis: manche kommen und gehen unaufgefordert, einfach per Zufall.

Umwelteinflüsse spielen nur in drei der bisher betrachteten Beispiele eine Rolle. Mit Methylgruppenlieferanten angereicherte Spezialnahrung führt bei Mäusen nachweislich zu veränderten Methylierungsmustern der DNA. Bei den Menschen aus Överkalix wurde ein generationsübergreifender Zusammenhang zwischen der Ernährung der Vorfahren und der Lebenserwartung der Nachkommen entdeckt. Und in England bekamen die kindlichen ALSPAC-Raucher später häufiger übergewichtige Söhne. Dass hier epigenetische Mechanismen beteiligt sein könnten, ist eine Vermutung, die mit ähnlich gelagerten Fällen im Tier- und Pflanzenreich begründet wird.

Gleich und doch verschieden – Zwillinge

In natürlich vorkommenden Organismen ist der Beweis, dass bestimmte Umwelteinwirkungen zu speziellen epigenetischen Reaktionen führen, nur in Ausnahmefällen zu erbringen, zu zahlreich sind die möglichen Einflussfaktoren. Vielfach belegt ist allerdings die Tatsache, dass epigenetische Markierungen sich im Laufe eines Lebens verändern. Erstaunliche Erkenntnisse über das Ausmaß dieser Veränderungen liefert die moderne Zwillingsforschung.

Eineiige Zwillinge sind natürliche Klone und genetisch identisch. Ihre verblüffende Ähnlichkeit hat die Menschheit seit jeher fasziniert, sie erregt Staunen und Heiterkeit – und das Interesse der Wissenschaft, mit zum Teil ungewöhnlichen Konsequenzen. Weil er einige der Zwillingspaare, die er als Belege für seine Intelligenzvererbungstheorie benötigte, nach Bedarf herbeifantasierte, sorgte der prominente englische Psychologe Cyril Burt für einen der spektakulärsten Fälschungsskandale in der Wissenschaftsgeschichte.

Jüngst sorgte die Base für Base identische DNA eines libanesischen Zwillingsbruderpaars für unüberwindliche juristische Probleme. Hassan und Abbas O. hatten am 25. Januar 2009 die Schmuckabteilung des berühmten Berliner Kaufhauses KaDeWe ausgeräumt, wurden gefasst und mussten trotz dringendem Tatverdacht wieder auf freien Fuß gesetzt werden. Obwohl am Tatort zweifelsfrei DNA-Spuren der Zwillinge sichergestellt wurden, war nicht festzustellen, wer der Schuldige war – Hassan, Abbas oder beide zusammen.

Dabei können sich eineiige Zwillinge trotz identischer DNA-Sequenzen in vielen Merkmalen und Eigenschaften unterscheiden, etwa in ihrer Körpergröße oder dem Risiko, an Schizophrenie, multipler Sklerose, Brustkrebs oder rheumatischer Arthritis zu erkranken.[1] Ein hochbetagtes Zwillingsbruderpaar leidet im Alter an Alzheimer, bei dem einen zeigt sich die Krankheit aber schon im Alter von 60 Jahren, während seinem Bruder noch fast zwei Jahrzehnte bei klarem Verstand vergönnt sind.[2] Warum? »Wenn nur ein eineiiger Zwilling eine klinische Erkrankung ausbildet, besteht die traditionelle Erklärung in sogenannten nicht geteilten Umwelteffekten, die die Krankheit vermutlich in einem von zwei genetisch vorbelasteten Zwillingen zum Ausbruch brachten«, erläutert der kanadische Zwillingsforscher Arturas Petronis.[3]

In den klassischen Studien wurden eineiige Zwillinge mit zweieiigen verglichen, die genetisch betrachtet nichts anderes als normale Geschwister sind, das Ergebnis der zeitnahen Befruchtung zweier verschiedener Eizellen durch zwei verschiedene Spermien. Hinter der Bezeichnung Zwilling verbergen sich also im Grunde sehr unterschiedliche Phänomene, beiden Zwillingstypen ist aber gemeinsam, dass sie ihre entscheidenden ersten Lebensmonate gleichzeitig im Bauch derselben Mutter verbringen. Sind Eineiige sich bezüglich bestimmter Merkmale ähnlicher als Zweieiige, wird von einer genetischen Komponente ausgegangen. Auf diese Weise wurde für praktisch alle wichtigen Krankheiten des Menschen eine signifikante genetische Komponente ermittelt.[4]

Tatsächlich erkranken bei Eineiigen häufiger beide Zwillinge, das heißt aber nicht, dass eineiige Zwillinge sich immer gleich verhalten. Im Falle der Schizophrenie wurde mit 80 Prozent ein sehr hoher genetischer Anteil ermittelt, doch nur bei jedem zweiten aller von diesem schweren Leiden betroffenen Zwillingspaare bricht die Krankheit bei beiden Geschwistern aus. Bei Alzheimer, Alkoholismus und Autismus sind es nur wenig mehr.[5] Was ist mit der anderen Hälfte? Ein Autounfall, eine schwere Lungenentzündung, eine Hepatitis, Mobbing am Arbeitsplatz – was macht den Unterschied? Ein Zwilling raucht, liebt Wein und riesige Steaks und ist ein glücklich verheirateter Großstädter, der andere lebt als abstinenter vegetarischer kinderloser Witwer auf dem Land. Was gibt den Ausschlag? Entscheiden ausschließlich nicht geteilte Umwelterfahrungen über das Schicksal dieser Menschen?

Ein Untersuchungsschwergewicht spricht dagegen, die »*Minnesota Study of Twins Reared Apart*«: Die Daten von über 100 eineiigen und zweieiigen Zwillingspaaren, die spätestens im frühen Kindesalter voneinander getrennt wurden und seitdem getrennt aufwuchsen.[6] Die Einflüsse der Umwelt müssten unter diesen Umständen noch an Gewicht gewinnen – fast das ganze Leben dieser Zwillinge ist eine nicht geteilte Erfahrung. Doch der Vergleich mit gemeinsam aufgewachsenen Zwillingen spricht eine andere Sprache. Erstaunlicherweise sind die Unterschiede zwischen beiden Gruppen minimal, was für Arturas Petronis und seine Kollegen zu »paradoxen Ergebnissen führt«. Dass Zwillinge weit davon entfernt sind, gleichzeitig an derselben Krankheit zu leiden, »spricht dafür, dass die Umwelt wichtig ist«. Doch bei getrennt aufgewachsenen Zwillingen haben die verschiedenen Umwelten keine oder nur geringe Wirkungen. Untersuchungen aus Schweden über die Anfälligkeit für Migräne und Magengeschwüre, die auf Daten des dortigen Zwillingsregisters beruhen, kommen zu ähnlich widersprüchlichen Ergebnissen.[7]

Würde ausschließlich die Umwelt für die bislang unerklärlichen Unterschiede verantwortlich zeichnen, müssten eineiige Zwillinge, die in der gleichen Umwelt aufwachsen und identische Erfahrungen machen, ein sehr hohes Maß an Gemeinsamkeiten aufweisen. Unter Menschen wird man solche »Umweltzwillinge« vergeblich suchen, bei durch Inzucht nahezu erbgleichen Labortieren, die unter streng kontrollierten Bedingungen aufwachsen, sollte man sich diesem Zustand zumindest annähern können. Doch trotz hochgradig standardisierter Haltungsbedingungen unterscheiden sich die Versuchstiere in Körpergewicht, Nierengröße und anderen Merkmalen, eine erhebliche Variationsbreite bleibt erhalten. Nach Klaus Gärtner, der 1990 an der Medizinischen Hochschule Hannover die Daten aus 20 Jahren Versuchstierforschung auswertete, sind nur 20 bis 30 Prozent dieser Variabilität mit Umweltfaktoren zu erklären. Für die restlichen 70 bis 80 Prozent machte er eine rätselhafte »dritte Komponente« mit unbekannter materieller Basis verantwortlich.[8]

Um die alte Streitfrage nach der Macht der Gene und dem Einfluss der Umwelt zu beantworten, scheinen Zwillinge ein ideales Studienobjekt abzugeben, und seit vielen Jahren versuchen

Wissenschaftler, sich diese Laune der Natur zunutze zu machen – mit letztlich unbefriedigendem Ergebnis. In jüngster Zeit erlebt die Zwillingsforschung jedoch einen ungeahnten Aufschwung. Wo die Genetik nicht weiterführt, springt die Epigenetik in die Bresche. Ist sie, nach Genen und Umwelt, die gesuchte »dritte Komponente«?

Die Ergebnisse Klaus Gärtners deuteten in diese Richtung.[9] Bei seinen erbgleichen Inzuchttieren war die Variationsbreite eineiiger Zwillinge deutlich geringer als die zweieiiger. Epigenetische Unterschiede könnten dieses Resultat erklären. Durch Trennung des frühen Keims entstehen eineiige Zwillinge erst nach der Befruchtung. Nicht nur ihre DNA, auch ihr epigenetischer »Startpunkt« sollte demnach identisch sein. Dagegen gehen zweieiige Zwillinge aus der Verschmelzung unterschiedlicher Eizellen und Spermien hervor. Ihre epigenetischen Markierungsmuster unterscheiden sich von Beginn an und führen letztlich zu stärker ausgeprägten Unterschieden zwischen den Geschwistern.

Dass die unterschiedliche epigenetische Programmierung eines einzigen Gens über Sein oder Nichtsein eines gravierenden Krankheitsbildes entscheiden kann, zeigt das Beispiel eines kleinen Säuglings, der von Emma Whitelaw und einem australisch-niederländischen Forscherteam untersucht wurde.[10] Das Kind wurde mit einer schweren Missbildung der Wirbelsäule geboren, einem sehr seltenen Defekt, der als *caudal duplication syndrome* beschrieben wurde und im Extremfall zu einer Verdopplung der gesamten unteren Körperhälfte führen kann. Bei dem Mädchen waren die Wirbelsäule unterhalb des vierten Lendenwirbels sowie einige Organe betroffen. Es hatte außerdem einen Tumor im Lendenbereich und einen offenen Rücken.

Man kennt eine sehr ähnliche Verdopplung der unteren Wirbelsäule von Mäusen, die eine Mutation des *Axin*-Gens tragen und einen gegabelten Schwanz besitzen. Auch der Mensch besitzt dieses Gen. Seine Bedeutung für das *caudal duplication syndrome* ist unklar, aber, so Emma Whitelaw und Kollegen, »es bleibt der stärkste Kandidat«. Eine Sequenzanalyse dieses Gens erbrachte bei dem Mädchen und seinen Familienmitgliedern, von einer kleinen Anomalie abgesehen, keine Auffälligkeiten. Seine schwere Missbildung war nicht die Folge einer Mutation des *Axin*-Gens.

Das Erstaunliche war nun, dass das kleine Mädchen ein eineiiges Zwillingsschwesterchen hatte, das vollkommen gesund war. Auch dieses besaß demzufolge ein normales *Axin*-Gen. War es denkbar, dass frühe epigenetische Unterschiede zu der Fehlentwicklung des einen Zwillings geführt hatten?

Die Forscher überprüften verschiedene Abschnitte des Gens, Exons und Introns. Im Promotor wurden sie fündig. Er enthält eine CpG-Insel mit 15 Methylierungsstellen, eine jener Basenfolgen, die einen überdurchschnittlich hohen Gehalt an Cytosin-Guanin-Sequenzen aufweisen. Mit Ausnahme des inaktivierten X-Chromosoms sind CpG-Inseln normalerweise nicht methyliert (s. Kap. 5). Diese aber war es, und den von allen Familienmitgliedern höchsten Methylierungsgrad wiesen das Zwillingspaar und vor allem das missgestaltete kleine Mädchen auf.

»Die Studie zeigt«, schrieb Emma Whitelaw[11], »dass Divergenzen im epigenetischen Zustand genetisch identischer Individuen mit phänotypischen Unterschieden assoziiert werden können und dass epigenetische Ereignisse insgesamt eine signifikante Quelle von Variation innerhalb der gesamten menschlichen Population sein können.«

Ein Einzelfall? Oder lassen sich diese Ergebnisse verallgemeinern? Gibt es epigenetische Unterschiede, die die rätselhaften Differenzen zwischen genetisch identischen Zwillingen erklären können?

2005 dürfte als historisches Jahr in die Geschichte der Zwillingsforschung eingehen. Ein internationales Forscherteam unter der Leitung des Krebsforschers Manel Esteller vom Centro National de Investigaciones Oncológicas in Madrid legte die spektakulären und viel beachteten Ergebnisse einer Untersuchung an 80 eineiigen Zwillingen vor, der größten derartigen Gruppe, die je Gegenstand molekularbiologischer Forschung war.[12] Ein halbes Dutzend modernster Verfahren kam zum Einsatz. Analysiert wurde nicht nur die Methylierung der DNA. In Gestalt zweier Modifikationen auf den Schwänzen der Histone H3 und H4 wurde auch die Ebene des Chromatins berücksichtigt. Die Ergebnisse gaben der »dritten Komponente« Dimension und Dynamik. Bei 35 Prozent der Paare (14 von 40) fanden die Forscher zum Teil »bemerkenswerte« epigenetische Unterschiede in allen drei Parametern. Mitunter wurde der Methylierungsgrad eines Zwillings von seinem Kozwilling um das 2,5-fache übertroffen.

Vielleicht überrascht die Tatsache, dass bei fast zwei Dritteln keine Unterschiede zu finden waren. Eine Erklärung liefert das Alter der Versuchspersonen. Das jüngste Zwillingspaar war drei, das älteste 74 Jahre alt. Bei einem Durchschnittsalter von nur 31 Jahren waren die jungen Paare also eindeutig überrepräsentiert. Die Unterschiede, auf die die Forscher stießen, nehmen aber mit dem Alter zu. Hätte die Stichprobe mehr ältere Zwillinge enthalten, wäre der prozentuale Anteil von Paaren mit epigenetischen Differenzen deutlich höher ausgefallen.

Die dreijährigen Zwillingsgeschwister waren epigenetisch kaum voneinander zu unterscheiden, Fünfzigjährige dagegen offenbaren beträchtliche Unterschiede, sowohl in absoluten Zahlen als auch in der Verteilung epigenetischer Markierungen im Genom. »Wir fanden auch«, schreiben die Forscher, »dass die Zwillingspaare, die laut Fragebogen weniger Lebenszeit zusammen verbracht und/oder eine unterschiedlichere medizinisch-gesundheitliche Geschichte hinter sich haben, gleichzeitig die größten Unterschiede im Level der DNA-Methylierung und der Acetylierung der Histone 3 und 4 zeigen.«[13]

Mit anderen Worten: Das Leben hinterlässt epigenetische Spuren, sehr individuell und – dank der Tatsache, dass die Forscher jetzt über die erforderlichen Techniken verfügen – unübersehbar. Ältere Zwillingspaare sind genetisch identisch, aber epigenetisch verschieden, und die Abweichungen sind umso größer, je unterschiedlicher das Leben der beiden Zwillinge verlaufen ist.

Aber nicht nur das. Die Forscher konnten zeigen, dass die abweichenden Muster epigenetischer Markierungen auch zu veränderten Transkriptionsmustern führen. Die Stellschrauben für die Aktivität vieler Gene nehmen bei älteren Zwillingspaaren zunehmend unterschiedliche Positionen ein, Gene werden abgeschaltet oder ihre Produktion heruntergefahren. Trotz identischer DNA-Sequenzen weichen die Transkriptome eineiiger Zwillinge mit dem Alter immer stärker voneinander ab. Auch wenn die Studie keinen Beweis liefern kann, liegt es nahe, diese immer weiter auseinanderklaffende Schere epigenetischer Differenzen mit den bislang unerklärlichen Unterschieden im individuellen Krankheitsrisiko in Beziehung zu setzen.

Die Untersuchung gibt allerdings keinen Aufschluss darüber, ob sich die epigenetische Ausstattung des Genoms im Laufe des Lebens tatsächlich verändert. Verglichen wurden ja verschiedene Zwillingspaare. Es könnte Zufall sein, dass die Dreijährigen sich so ähnlich waren, und die Unterschiede bei den Fünfzigjährigen bestanden möglicherweise schon von Anfang an. Wir wissen es nicht und haben keine Möglichkeit mehr, es herauszufinden. Das Beispiel des kleinen Mädchens mit der doppelten Wirbelsäule und seiner gesunden Schwester zeigt, dass schon sehr junge Zwillingspaare unterschiedliche epigenetische Markierungen tragen können. Die beiden waren zum Zeitpunkt der Probennahme erst sieben Monate alt.

Eine Untersuchung der menschlichen Chromosomen 6, 20 und 22, die 2006, also ein Jahr später, veröffentlicht wurde, schien diese skeptische Haltung zu stützen. »Unsere Daten legen die Vermutung nahe, dass die DNA-Methylierung stabiler ist, als zuvor gedacht«, stellten die Forscher fest. Sie hatten bei verschiedenen Altersstufen keine Unterschiede im Grad der Methylierung finden können.[14]

Zwei Jahre musste sich die Fachwelt gedulden, bis eine isländisch-amerikanische Koproduktion die Frage nach der Stabilität der DNA-Methylierungen beantwortete.[15] Erstmals wurden nicht nur die Mittelwerte verschiedener Altersstufen verglichen, sondern die Methylierungsmuster derselben Personen, die zweimal, im Abstand von elf bzw. 16 Jahren, Proben ihrer DNA ablieferten. Bei fast allen der 111 Isländer und 126 Amerikaner, die sich für die Untersuchungen zur Verfügung stellten, hatte sich der Methylierungsstatus der DNA in dieser Zeit verändert, bei acht bis zehn Prozent der Versuchspersonen sogar um mehr als ein Fünftel, und das, obwohl das Durchschnittsalter der isländischen Versuchspersonen mit knapp 75 Jahren schon bei der ersten Probennahme sehr hoch lag. Epigenetische Veränderungen sind demnach auch und gerade im fortgeschrittenen Alter möglich, und sie erfolgen in beide Richtungen. Den Personen, deren Methylierung im Laufe der Jahre zunahm, stand eine fast gleich große Gruppe gegenüber, bei der sie in etwa demselben Maße zurückging. Damit hatte man auch eine Erklärung dafür gefunden, warum der Vergleich von Mittelwerten verschiedener Altersstufen bislang zu negativen Resultaten führte. Die individuellen Abweichungen nach oben und unten heben sich bei Betrachtung ganzer Altersgruppen gegenseitig auf und bleiben unentdeckt.

Einen interessanten neuen Aspekt lieferten die Ergebnisse der amerikanischen Versuchspersonen, denn sie entstammten 21 großen Familien aus dem US-Bundesstaat Utah, die zumeist drei Generationen umfassten. Die bei diesen Personen ermittelten epigenetischen Veränderungen waren innerhalb der Familien sehr ähnlich. Besonders augenscheinlich wurde dies bei Familie 21. Während bei fast allen anderen Familien eine leichte Zunahme der DNA-Methylierung zu verzeichnen war, hatte sie in der Familie 21 stark abgenommen und zwar bei allen fünf Familienmitgliedern in ähnlicher Größenordnung. Die Fähigkeit, die mit dem Alter einhergehenden Veränderungen der DNA-Methylierungsmuster auf ein bestimmtes Maß zu begrenzen, scheint demnach unter genetischer Kontrolle zu stehen und wird vererbt.

Instabil – das Kommen und Gehen der Methylgruppen

Die Interpretation der großen epigenetischen Zwillingsstudie erweist sich in der Rückschau als zutreffend. Epigenetische Markierungen verändern sich mit zunehmendem Alter. Nur: Wodurch? Sind sie tatsächlich ein biochemisches Abbild der erfahrenen Umwelt?

Auf dem langen Weg ins Alter haben die Körperzellen viele Teilungen durchgemacht und jedes Mal wurde neben der DNA auch deren epigenetischer Anhang kopiert. Das Enzym, das für die Übertragung der DNA-Methylierungsmuster verantwortlich ist (s. Kap. 5), arbeitet aber bei Weitem nicht so zuverlässig wie die Kopiermaschinerie der DNA. Deren Tochtermoleküle durchlaufen eine intensive Qualitätskontrolle, komplexe Reparaturmechanismen beheben Fehler und sorgen für eine korrekte Weitergabe der Basensequenz.

Die Erhaltungs-Methyltransferase muss ohne dieses dicht gewebte Sicherheitsnetz auskommen. Untersuchungen haben ergeben, dass das Enzym bestehende Methylierungen nur mit einer Genauigkeit von etwa 95 Prozent überträgt. Zusätzlich werden pro Zellteilung in drei bis fünf Prozent der Fälle unmethylierte CG-Sequenzen mit einer Methylgruppe versehen. Exaktes Kopieren sieht anders aus. Computersimulationen zeigen, dass bei dieser Fehlerrate einzelne Methylierungssignale schon nach wenigen Zellteilungen verschwunden wären. Das Enzym arbeitet zwar besser, wenn, wie im Fall der realen DNA, mehrere Methylgruppen zu übertragen sind.[16] Trotzdem ist nach jeder Zellteilung von einem leicht veränderten Methylierungsmuster auszugehen.

Ein Großteil der bei älteren Zwillingen beobachteten Unterschiede wäre demnach eine Folge zufällig gestreuter Ungenauigkeiten bei der Übertragung der vorhandenen Methylgruppenmuster auf die beiden Tochtermoleküle der DNA, ein sich von Zellteilung zu Zellteilung summierender Prozess der schleichenden Veränderung.[17] Er allein würde erklären, warum sich ältere Zwillinge epigenetisch stärker unterscheiden als junge. Da dieser Prozess unabhängig in jeder einzelnen Zelle abläuft, erklärt er auch, warum die epigenetischen Markierungsmuster selbst innerhalb eines Organismus, ja, sogar innerhalb gleichartiger Zellen eines Gewebes voneinander abweichen können.[18] Die Tatsache, dass die Unterschiede zwischen getrennt und gemeinsam aufgewachsenen eineiigen Zwillingen für eine Vielzahl von Merkmalen gleich sind, spricht ebenfalls dafür, dass solche vom Zufall gesteuerten Veränderungen wichtiger sein könnten als spezifische Effekte der Umwelt.[19]

Untersuchungen an Mäusen bestätigen diese Überlegungen. Eine Arbeitsgruppe der University of Michigan School of Medicine konnte zeigen, dass Gene des epigenetisch stillgelegten X-Chromosoms mit zunehmendem Alter der Tiere immer aktiver werden.[20] Dasselbe gilt für Erbanlagen, die ein Imprinting tragen, bei denen also ein von den Eltern stammendes epigenetisches Methylierungssignal dafür sorgt, dass nur das väterliche oder mütterliche Allel aktiv ist.

Was die amerikanischen Forscher an wenigen Beispielen herausfanden, dürfte sich in Zellen gleichzeitig bei Hunderten, wenn nicht Tausenden von Genen abspielen, die epigenetisch stummgeschaltet wurden. »Die einfache Hypothese, dass die epigenetische Regulation der Genexpression in normalen Geweben durch das ganze Leben stabil bleibt, wird zurückgewiesen.« Das Gegenteil trifft zu: Das von den verschiedenen epigenetischen Ebenen geknüpfte Regulationsnetz wird zunehmend löchrig. »Es ist wahrscheinlich«, schlussfolgern die Wissenschaftler, »dass epigenetische Fehler eine allgemeine Eigenschaft ... alternder Zellen darstellen.«[21] Dadurch steigt der informationelle Lärmpegel kontinuierlich an. Immer häufiger tauchen in den Zellen Genprodukte auf, die auf »ungeplante Expression« zurückgehen und die störend in die normalen zellulären Abläufe eingreifen.

Irgendwann könnten die sich zeitlebens ansammelnden kleinen epigenetischen Schlampereien individuelle Schwellenwerte überschreiten, die den Übergang von Gesundheit zu Krankheit markieren, zu den lästigen Zipperlein des alternden Körpers, aber auch zu Altersdiabetes, Alzheimer, Schizophrenie und Krebs. Da die Fähigkeit, den zunehmenden Kontrollverlust zu begrenzen, offenbar erblich ist, werden die Schwellenwerte bei einem Menschen früher, beim nächsten später und bei einem dritten gar nicht überschritten. Die Größenordnung der beobachteten epigenetischen Veränderungen ist beträchtlich. Bei der Suche nach Krankheitsursachen werden sie damit zu sehr viel aussichtsreicheren Kandidaten als die klassischen sequenzverändernden Mutationen. Auch diese sammeln sich im Laufe eines langen Lebens in den Körperzellen an, sie treffen aber nur eines von 10.000 bis 100.000 Basenpaaren und sind damit zu selten, um die zahlreichen Fehlfunktionen und Ausfälle im alternden Organismus zu erklären.[22]

Klaus Gärtners »dritte Komponente«, die den Phänotyp von Organismen prägt, könnte also durchaus in der Epigenetik zu finden sein. Doch welche Rolle spielt die Umwelt? Gärtner bezifferte ihren Einfluss vor 20 Jahren auf 20 bis 30 Prozent, wie groß der Bereich, der ihr zur Einflussnahme auf die epigenetischen Markierungen der Zelle bleibt, wirklich ist, kann zurzeit niemand beantworten.

Bislang gingen die Wissenschaftler davon aus, dass jede Veränderung der epigenetischen Muster während der Verdopplung der DNA erfolgt, der Replikation. Wenn die epigenetischen Programmcodes des »alten« DNA-Strangs auf den neu synthetisierten komplementären Strang übertragen werden, scheint auch der geeignete Moment für Korrekturen gekommen, seien sie nun dem Zufall und der ungenauen Arbeit der beteiligten Enzyme geschuldet oder einem wie auch immer gearteten Einfluss der Umwelt.

In letzter Zeit mehren sich aber die Hinweise, dass diese Veränderungen sehr schnell und in jeder Phase des Zellzyklus erfolgen können, was für Einwirkungen der Umwelt, die sich nicht nach dem inneren Zustand der Zellen richten, von besonderer Bedeutung ist.[23] Die Fehler der Methyltransferase sind nicht die einzige Quelle für Veränderungen. Wie sich jüngst herausstellte, ist das Ausmaß der DNA-Methylierung innerhalb eines Zellzyklus keineswegs konstant, sondern fällt nach dem Ende einer Zellteilung auf ein Minimum und erreicht während der Replikation, kurz vor Beginn der nächsten Teilung, sein Maximum.[24] In dem System steckt also zu jedem Zeitpunkt ein beträchtliches Maß an Dynamik, wobei der Ab- und Aufbau nicht wahllos im gesamten Genom erfolgt, sondern spezifisch für einzelne Sequenzen ist. In manchen DNA-Abschnitten tut sich mehr, in anderen weniger – genau wie man es erwarten müsste, wenn spezifische Umweltfaktoren spezifische epigenetische Effekte haben würden. Zeigt sich hier die Handschrift der Umwelt? Noch sind Sinn und Zweck dieser Veränderungen völlig unklar. Aus den Formulierungen der Forscher spricht ein nicht geringes Maß an Verwirrung. »Die Beobachtungen (…) sind überraschend«, räumen sie ein. »Das ist ein unerwartetes Ergebnis.«[25] Die Dynamik und Komplexität der Naturvorgänge – man hat sie einmal mehr unterschätzt.

Licht – biologische Rhythmik

Vor diesem Hintergrund ist es nicht verwunderlich, dass Wissenschaftler der Universität Genf kürzlich epigenetische Veränderungen in Leberzellen dingfest machten, die sich überhaupt nicht mehr teilen und in denen somit auch keine Verdopplung der DNA stattfindet.[26] Sie liefern ein faszinierendes Beispiel für eine durch Umwelteinflüsse getriggerte epigenetische Umprogrammierung eines Gens, die nicht schleichend von Teilung zu Teilung oder nur einmal im Leben einer Zelle erfolgt, sondern jeden Tag aufs Neue, in einem 24-Stunden-Rhythmus.

Der entscheidende Umweltfaktor, der hier als synchronisierender Zeitgeber auftritt, ist das Licht, und auf der Ebene des Genoms sind diesmal nicht die Methylierungen der DNA betroffen, sondern verschiedene Modifikationen der Histonschwänze, die sich, den im Labor herrschenden jeweils zwölfstündigen Hell- bzw. Dunkel-Phasen folgend, zyklisch verändern.[27] Die Folgen für die das Gen beherbergende Chromatinregion sind dramatisch. Jeden Tag durchläuft sie eine Verwandlung von aktivem Euchromatin während der Hellphase zu inaktivem Heterochromatin bei Dunkelheit. Zusätzlich nimmt während der aktiven Tagesstunden die Nukleosomendichte ab, um die Transkription des Gens zu ermöglichen. Die Histonkomplexe werden entweder verschoben oder abgebaut, um anschließend bei Nacht wieder an Ort und Stelle versetzt zu werden. Das Ganze ist eine nie ruhende biochemische Baustelle, auf der zahlreiche Proteinarbeiter ein Leben lang tagaus, tagein mit Auf- oder Abbau beschäftigt sind.[28]

Japanische Wissenschaftler demonstrierten bei einem anderen zyklisch arbeitenden Gen, wie schnell der epigenetische Apparat der Zelle auf Lichtreize zu reagieren vermag.[29] Sie versetzten Mäusen während der Dunkelphase eine dreißigminütige Lichtdusche, um dann im Abstand von fünf Minuten jeweils einige Nager zu dekapitieren und für die spätere Untersuchung tiefzugefrieren.[30] Die Analyse zeigte, dass die Zellen sofort nach dem Einschalten des Lichts mit der Acetylierung der Histonschwänze von H3 und H4 begannen, sodass nach nur zehn Minuten ein Maximum erreicht war. Danach setzte auf dem Schwanz von H4 ein ebenso rascher Abbau ein, während die Modifikationen von H3 auch nach dem Ausschalten des Lichts noch über Stunden auf relativ hohem Niveau erhalten blieben.

Die Epigenetik ist demzufolge auch an der Regelung der im Organismenreich weit verbreiteten biologischen Rhythmen beteiligt. Man kann nur erahnen, welch biochemisches Durcheinander wir uns und unseren Zellen durch lange Interkontinentalflüge zumuten. Selbst ein nächtlicher Griff zum Lichtschalter, um den Weg zur Toilette zu finden, dürfte in uns zu einem epigenetischen Alarmzustand und fieberhaften sinnlosen Aktivitäten führen, die dann während der folgenden Stunden des Schlafs abklingen und erst bei Tagesanbruch wieder in geordnete Bahnen münden.

Eine Erinnerung an den Winter – die Vernalisation

Wie das Licht ist auch die Temperatur ein Umweltfaktor von großer biologischer Bedeutung. Bei dem vielleicht bestuntersuchten Beispiel für eine Umwelterfahrung mit nachdrücklichem epigenetischem Echo spielt sie die entscheidende Rolle. Es geht um die Koordinierung der Blütenbildung bei Pflanzen, genauer gesagt bei einem Kreuzblütler namens *Arabidopsis thaliana*, auch Acker-Schmalwand oder Schotenkresse genannt. *Arabidopsis* ist für die wissenschaftliche Erforschung pflanzlichen Lebens, was die Maus, die Taufliege *Drosophila* und der Fadenwurm *Caenorhabditis elegans* für tierische Lebewesen sind: ein Modellorganismus, an dem stellvertretend für seine große Verwandtschaft grundlegende Fragen der Biologie erforscht werden. Obwohl das unscheinbare weiß blühende Gewächs kaum einem Spaziergänger auffallen dürfte, wurde ihm die Ehre zuteil, als erste Pflanze Gegenstand eines großen internationalen Genomprojekts zu werden. Das nahezu vollständig sequenzierte Erbgut der Acker-Schmalwand[31] wurde am 14. Dezember 2000 in *Nature* präsentiert, kurz vor den Ergebnissen des Humangenomprojects.

Arabidopsis gehört zu den vielen ein- oder zweijährigen Pflanzen gemäßigter Klimazonen, die als Samen oder junges Gewächs eine längere Kälteperiode erfahren müssen, um im kommenden Frühling blühen zu können.[32] Auch Kulturpflanzen, etwa Getreidearten, brauchen winterliche Kälte unterschiedlicher Dauer und Intensität, um Früchte und Samen zu produzieren. Der Sinn dieser sogenannten Vernalisation (von *ver*, dem lateinischen Wort für Frühling)[33] leuchtet unmittelbar ein: Die Pflanzen sollen nicht blühen, wenn Fröste oder Trockenheit die empfindlichen Fortpflanzungsorgane schädigen könnten, sondern möglichst in einer Jahreszeit, die optimale Wachstumsbedingungen und die Chance auf einen größtmöglichen Reproduktionserfolg bietet – im Frühjahr.

Erst eine mehrwöchige Kälteperiode versetzt die am Boden kauernden Pflänzchen in einen Zustand, der sie befähigt, in die Höhe zu wachsen und Blüten auszubilden. Damit ist ausgeschlossen, dass es zu einer für die Pflanze fatalen Herbstblüte kommt, nur weil ein kurzer Kälteeinbruch missverstanden wurde. Erst die länger werdenden Tage der sich ankündigenden warmen Jahreszeit liefern dann das endgültige Startsignal. Ohne vorausgegangene Kälteeinwirkung – bei *Arabidopsis* sind 40 Tage bei 2–4 Grad C optimal – bliebe jedoch auch der schönste Frühling ohne Wirkung. Die Blüte würde ausfallen.

Das Kältesignal wird nicht von allen Teilen der Pflanze empfangen.[34] Setzt man verschiedene Gewebe einer mehrwöchigen Kälteperiode aus, regenerieren sich daraus vollständige Pflanzen.[35] Werden sie aus Teilen ausgewachsener Blätter gezogen, bilden sie jedoch trotz Vernalisation keine Blüten aus. Pflanzen, die aus jungen Blättern oder Wurzelabschnitten entstehen, gelingt das ohne Weiteres. Die Wirkung der Kälteperiode entfaltet sich demnach nur in Geweben, die noch wachsen und sich teilende Zellen enthalten. Oder anders formuliert: Nur Zellen, in denen DNA-Replikation stattfindet, können vernalisiert werden. Dieser Zustand bleibt während des Regenerationsvorganges über viele Zellteilungen erhalten. Die ausgewachsene Pflanze schließlich »erinnert sich« an die vor Monaten erfahrene Kälte … und blüht, ein Phänomen, das die Forscher zu ungewohnt poetischen Überschriften ihrer in trockener Wissenschaftssprache verfassten Berichte inspirierte: »*Remembering Winter*«, »*Memories of Winter*«, »*The Chill before the Bloom*«. Die aus den Samen dieser vernalisierten Pflanzen keimende Folgegeneration allerdings kann sich an nichts erinnern. Sie muss, in einem neuen Winter, ihre eigene Kälteerfahrung machen.

Ein Umwelteinfluss, der im Zellgedächtnis verankert wird, die Weitergabe über viele Zellteilungen und die Löschung dieses Gedächtnisses bei der Bildung der Keimzellen – das klingt nach Epigenetik.

Im Zentrum des molekularen Geschehens steht bei *Arabidopsis* ein Protein namens *FLOWERING LOCUS C*, kurz *FLC*, ein Transkriptionsfaktor, der in der jungen Pflanze die Blütenbildung unterdrückt. Hier setzt die Vernalisation an. In der das

FLC-Gen enthaltenden Chromatinregion wird die Information über die erlebte Kälte in Gestalt von Methylgruppen auf die Schwänze der Histone geschrieben. *FLOWERING LOCUS C* wird epigenetisch stillgelegt und über viele Zellteilungen hinweg stumm bleiben. In grober Vereinfachung der tatsächlichen Vorgänge heißt das: Der gesamte für die Blütenbildung nötige Zellapparat begibt sich in Bereitschaft, in geduldiger Erwartung längerer Tage mit viel Licht.

Sind diese endlich gekommen, tritt mithilfe eines Gens namens *CONSTANS* ein raffinierter Mechanismus in Kraft. Entgegen seinem Namen folgt die Aktivität dieses Gens einem täglichen Rhythmus.[36] Während langer Tage erreicht *CONSTANS* nachmittags bei hellem Tageslicht einen maximalen RNA-Ausstoß, was von entscheidender Bedeutung ist, denn das nach dieser Anweisung produzierte *CONSTANS*-Protein ist nur bei Licht stabil. Unter Kurztagbedingungen fällt seine Produktion in die dunkle Tageszeit, sodass es schnell wieder zerfällt. Das Licht langer Frühlingstage aber stabilisiert das Protein, sodass es den entscheidenden Schritt vollziehen und den *FLOWERING LOCUS T* aktivieren kann. Genau an dieser Stelle setzte ursprünglich die Blockade seines Namensvetters *FLC* an. Nach erfolgreicher Vernalisation ist dieses Hindernis aber aus dem Weg geräumt und der Weg frei. Das vom *FLOWERING LOCUS T* codierte Protein kann nun in den Blättern produziert werden, wandert zur Sprossspitze und setzt dort eine Kaskade von Folgeereignissen in Gang.

Die Pflanze verwandelt sich und ist bald darauf kaum noch wiederzuerkennen. *Arabidopsis* schießt aus ihrer Blattrosette vom Boden in die Höhe, zum Licht, und präsentiert der Welt schließlich ihre eher nach IKEA als nach extravaganter Designerware aussehenden »Hochzeitsbetten, damit das Paar dort seine Hochzeit mit einer erhöhten Feierlichkeit begehen kann«.[37]

Doch die epigenetische Niederschrift am *FLC*-Gen transportiert noch mehr.[38] Je länger die winterliche Kälte andauert, desto tiefer sinkt der mRNA-Pegel des *FLOWERING LOCUS C* und desto schneller kommen die Pflanzen zur Blüte, wenn die Tage warm werden. Die epigenetischen Markierungen enthalten also nicht nur eine schlichte Ja-Nein-Botschaft über eine erfahrene Kälte, sie liefern auch quantitative Informationen über die Dauer dieser Periode.

Gelée Royale – Umwelt und Phänotyp

Die beiden zuletzt behandelten Beispiele illustrieren, wie Organismen sich Licht und Temperatur mithilfe epigenetischer Mechanismen zunutze machen, um sich in einer Umwelt mit schwankendem Ressourcenangebot optimal einzunischen – sozusagen lebenslanger epigenetischer Alltag.

Aber das Duo aus Umwelt und Epigenetik kann noch mehr. Es kann Königinnen auf den Thron heben und wehrlose Beutetiere in schwer gerüstete Ritter verwandeln.

Die Wissenschaftler haben einen riesigen Berg an Fallbeispielen zusammengetragen, bei denen Umwelteinflüsse maßgebliche Weichenstellungen vornehmen. Die Temperatur entscheidet über die Fellfarben von Siamkatzen, die Flügelmuster von Schmetterlingen und das Geschlecht von Schildkröten und Krokodilen. Der Kontakt mit Artgenossen bestimmt, ob Wanderheuschrecken zur biblischen Plage werden und Fische zu Männchen oder Weibchen; Ausscheidungen, mit denen Räuber ihre Anwesenheit verraten, veranlassen Beutetiere wie Frösche, Rädertierchen, Wasserflöhe, Schnecken und Fische, sich selbst oder ihre Nachkommen mit dicken Muskelpaketen, Dornen, Helmen und verstärkten Schalen auszustatten, um sie vor den gefräßigen Feinden zu schützen. Die Wissenschaftler sprechen bei diesen verschiedenen, durch spezifische Umweltsignale abrufbaren Erscheinungsformen eines Organismus von phänotypischer Plastizität.[39] »Die Umwelt enthält Signale, die einen sich entwickelnden Organismus zur Produktion eines Phänotyps befähigen, der seine Fitness in dieser speziellen Umwelt verbessert«, formuliert Scott Gilbert, prominenter Autor eines weltweit verbreiteten Lehrbuchs über Entwicklungsbiologie[40]. Man muss diese Signale nur lesen und nutzen können.

Die Mechanismen, die diesen Veränderungen zugrunde liegen, sind erst in den wenigsten Fällen genau analysiert worden, und nicht immer ist Epigenetik im Spiel, wie bei den biologischen Rhythmen und der Vernalisation. Wenn sich aber nun, wie jüngst geschehen, eines der bekanntesten und drastischsten Beispiele für derartige umweltinduzierte Veränderungen ebenfalls als das Werk epigenetischer Regulation entpuppt, lässt das aufhorchen. Epigenetische Programmierungen, daran kann kaum noch ein Zweifel bestehen, sind das wichtigste zelluläre Werkzeug, das Umwelterfahrungen im Genom verankert und in biochemische Aktion umsetzt.

Das prominente Beispiel, um das es geht, ist die Ausbildung spezialisierter Kasten in den Staaten sozialer Insekten wie Bienen und Ameisen. Wie ist es möglich, dass aus den Eiern derselben Königin mal sterile Arbeiterinnen und viel seltener immens fruchtbare und sehr viel größere Königinnen entstehen? Bei manchen Ameisenarten sind die Größenunterschiede geradezu grotesk. Arbeiterinnen und Königinnen der Honigbiene differieren nicht nur in ihrer Fruchtbarkeit. Sie zeigen zahlreiche morphologische und physiologische Unterschiede, besitzen eine extrem unterschiedliche Lebenserwartung und zeigen ein völlig anderes Verhalten.

Beide Phänotypen entstehen auf der Basis des gleichen Genoms, jedes einzelne Ei kann potenziell beide Richtungen nehmen. Den Unterschied macht allein die Nahrung, das ist seit langem bekannt. Bei der Honigbiene werden die Larven von zukünftigen Arbeiterinnen mit Honig und Pollen gefüttert, wer

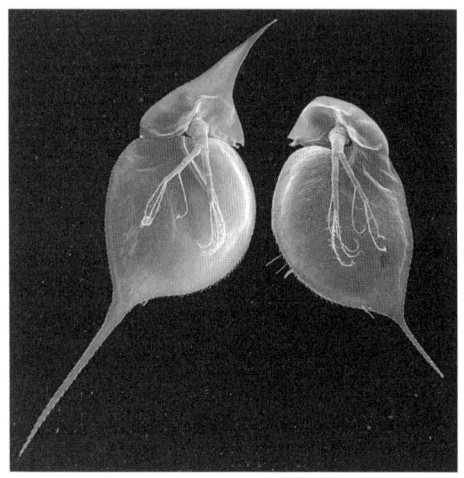

Eine rasterelektronenmikroskopische Aufnahme zweier erbgleicher Individuen des Wasserflohs *Daphnia lumholtzi*. Rechts der normale Phänotyp. In Gegenwart von räuberischen Fischen wächst den Tieren ein spitz auslaufender Helm und ein langer Sporn am Körperende (links), die im Experiment einen sehr effektiven Schutz gegen den Räuber bieten.

jedoch zu einer Königin heranwachsen soll, erhält zeit seines Larvenlebens ein Kopfdrüsensekret der Ammenbienen, das Gelée Royale oder Weiselfuttersaft genannt wird. Wie kann ein Stoff, der zu 10–23 Prozent aus Zucker und zu zwei Dritteln aus Wasser besteht, eine derartige Wirkung entfalten?[41]

Forscher der Australian National University in Canberra sind des Rätsels Lösung nun einen großen Schritt näher gekommen.[42] Ob ihre an der Honigbiene gewonnenen Erkenntnisse auch für andere soziale Insekten von Bedeutung sind, muss sich erst noch zeigen. Der Nachweis, dass bei dem beliebten Honiglieferanten epigenetische Markierungen die entscheidende Rolle spielen, erfolgte bislang zwar nur indirekt, aber er ist eindeutig und weist der weiteren Forschung die Richtung, in die sie zu gehen hat. Mithilfe eines Tricks, der die Produktion und Injektion einer bestimmten RNA beinhaltet, gelang es den Australiern, in frisch geschlüpften Bienenlarven die Produktion einer Methyltransferase zu blockieren (genannt Dnmt3), die für die Bindung neuer Methylgruppen an die DNA zuständig ist. Die winzigen Larven überstanden die Prozedur zumeist gut, verpuppten sich und entwickelten sich zu 72 Prozent in Königinnen mit voll entwickelten Eierstöcken. Allein die Verhinderung der DNA-Methylierung führt demnach zu einem Gelée-Royale-ähnlichen Effekt. Die Methylierung müsste also bei den Arbeiterinnen höher sein, was die Forscher auch bestätigen konnten. Betroffen ist eine ganze »Batterie« von Genen. Über das gesamte Genom gesehen, ist der Unterschied zwischen Arbeiterinnen und Königinnen nicht sehr groß, an einzelnen Methylierungspositionen kann er aber bis zu 30 Prozent betragen.

Im Bienenstock erhalten anfangs auch die Larven der Arbeiterinnen das legendäre Sekret, allerdings nur, bis sie ein gewisses Alter erreicht haben. Danach wird auf Honig und Pollen umgestellt, eine Diät, die offenbar zu verstärkter Methylierung der DNA und in der Folge zur Degradierung der so ernährten Tiere in das große Heer der sterilen Arbeiterinnen führt. Das Geheimnis steckt also weniger im exklusiven Futter der Königinnen als in der Honigschleckerei ihrer prospektiven Untertanen. Welche Inhaltsstoffe des leckeren Blütensafts für sein Methylierungspotenzial verantwortlich sind, ist unbekannt. Bei seiner Produktion gelangen auch allerhand Bienensekrete in die Waben.

Die Fürsorge der Mütter – Maternal Care

Um ein ähnlich enges Zeitfenster von nur wenigen Tagen geht es auch bei dem folgenden Beispiel. Es ist aber von ganz anderem Kaliber, weil es einen äußerst sensiblen Bereich berührt und auch den Menschen betrifft. Mehrfach war davon die Rede, dass die grundlegende epigenetische Programmierung eines Organismus bereits während der frühen Embryonalentwicklung stattfindet, für Säugetiere und uns Menschen heißt das: im Mutterleib. Es kann also nicht verwundern, dass diese Lebensphase besonders sensibel auf Umweltreize reagiert, was die Antwort der Inzuchtmäuse auf eine mit Methylgruppenspendern angereicherte Nahrung eindrucksvoll demonstriert (Kap. 10). Das Futter kann die übergewichtigen gelben Mäusemütter nicht heilen, wirkt während ihrer Schwangerschaft aber auf den Nachwuchs. Auch die Ergebnisse der Överkalix-Studien, so sie denn tatsächlich auf epigenetische Phänomene zurückzuführen sind, bestätigen dies, denn die stärksten Effekte auf die Lebenserwartung der Enkel erbrachte die Ernährung der Großmütter während ihrer ersten drei Lebensjahre (gezählt vom Moment der Befruchtung), also die Zeit als Embryo, Fötus und Stillbaby.[43] Die schwedischen Untersuchungen und die englische ALSPAC-Studie zeigen aber auch, dass es im Leben der Heranwachsenden weitere sensible Phasen gibt, in denen Ernährung und Verhalten von Eltern und Großeltern generationsübergreifende und vermutlich epigenetisch kontrollierte Folgen haben.

In den letzten Jahren kommen nun immer wieder faszinierende, zum Teil auch erschreckende Botschaften von der McGill University in Montreal, Kanada. Wahrscheinlich ist es kein Zufall, dass neben anderen ein Mann wie Moshe Szyf hinter dieser Forschung steht, ein Grenzgänger und Spätberufener, der zunächst in Israel Philosophie studierte, bevor er sich der Genetik zuwandte. »Die Geistes- und Naturwissenschaften sind vollständig getrennt«, sagte er dem *Spiegel*, »beinahe so, als ob Geist und Körper sich nichts zu sagen hätten. Ich will verstehen, wie sie miteinander reden.«[44] Szyf und sein kanadischer Kollege, der Klinische Psychologe Michael J. Meaney, beschäftigen sich in interdisziplinär zusammengesetzten Forschungsteams mit brisanten Themen wie Selbstmord und Kindesmisshandlung. Und seit vielen Jahren untersuchen sie die Konsequenzen eines Verhaltens, das jedem Neugeborenen einen glücklichen Start ins Leben ermöglichen sollte und für die meisten Menschen eine Selbstverständlichkeit darstellt: *maternal care*, die mütterliche Fürsorge. Mit Epigenetik scheint das alles rein gar nichts zu tun zu haben.

Am Anfang standen, wie so oft, Beobachtungen an Labornagern. Schon seit den 1960er-Jahren war bekannt, dass die Stimulation von Rattenbabys zu einem veränderten Stressverhalten im Erwachsenenalter führt. Was den anfangs noch blinden und nackten Winzlingen in den ersten 21 Tagen ihres Lebens durch Menschenhand widerfuhr, war im Vergleich zu dem, was viele ihrer Artgenossen ertragen müssen, weder grausam noch besonders zärtlich und doch von überaus nachhaltiger Wirkung.[45] Einmal pro Tag wurde die Mutter von ihrem Wurf getrennt und die Rattenbabys in eine kleine Schachtel überführt. Nach nur 15 Minuten war die Prozedur schon beendet, und Mutter und Babys waren wieder vereint in ihrem Käfig. Zweifellos hätten es die kleinen Ratten vorgezogen, ungestört in ihrem Nest zu bleiben, die kurze tägliche Unterbrechung der rättischen Familienidylle war ihnen unangenehm. Die Trennung von ihren Müttern dürfte sie aber nicht besonders beeindruckt haben, denn die machen sich auch ohne Zutun des Menschen mehrmals am Tag vom Acker und lassen ihre Babys für 20 bis 25 Minuten allein zurück. Das Ganze wäre also kaum der Rede wert, hätten sich die täglich in eine Schachtel transferierten Tiere nicht Wochen und Monate später als wesentlich stressresistenter und mutiger erwiesen als Artgenossen, denen diese Behandlung erspart blieb.

Schon früh wurde die Vermutung geäußert, diese unerwartet ausgeprägte Reaktion der Ratten sei keine Folge der Manipulation, sondern eines durch den menschlichen Eingriff veränderten Verhaltens der Mütter. Als die Forscher genau beobachteten, was sich zwischen den Müttern und ihrem Nachwuchs abspielte, zeigten sich tatsächlich deutliche Unterschiede. Die Babys, die täglich durch Menschenhand gingen, wurden viel ausgiebiger geleckt und geputzt. Offenbar führt der Stimulus der Manipulation zu verstärktem Ultraschallgepiepse der verunsicherten Kleinen, was Rattenmütter augenblicklich zu intensivem Pflegeverhalten veranlasst. Ist das die Erklärung? Führt verstärkte mütterliche Fürsorge in den ersten Lebenstagen zu mutigen und stressunempfindlichen Erwachsenen?

Die Frage müsste sich beantworten lassen, wenn es auch natürlicherweise Unterschiede im Brutpflegeverhalten der Rattenmütter gäbe, ohne den täglichen Babytransfer durch die Hand menschlicher Betreuer. In der Tat erwiesen sich bei Tieren, die vollkommen in Ruhe gelassen wurden, keineswegs alle Weibchen als liebevolle Mütter, manche ließ ihr Nachwuchs sogar ausgesprochen kalt, wofür die lieben Kleinen zeit ihres Laborrattenlebens einen nicht geringen Preis bezahlen mussten. Denn als die Forscher verfolgten, was aus den vergleichsweise nachlässig behandelten Babys wurde, fanden sie verängstigte Ratten vor, »die stets in die dunkelste Ecke des Käfigs flohen«, während von ihren Müttern intensiv betüddelte Artgenossen zu mutigen, neugierigen und robusten Prachtratten heranwuchsen.[46] Interessanterweise ist das Lecken und die intensive Fellpflege durch die Mutter nicht mit der zeitlichen Dauer korreliert, die die Weibchen bei ihren Jungen verbringen. Es gibt also Rattenmütter, die lange bei ihren Babys verweilen, ohne sich um sie zu kümmern, und andere, die viel unterwegs sind, die relativ kurze Zeit ihrer Anwesenheit im Nest aber dazu verwenden, die Jungen ausgiebig zu lecken und zu putzen. Und nur darauf kommt es an.

Das erstaunlich unterschiedliche Verhalten der Nachkommen, das über viele Monate stabil blieb, war also eine direkte Folge der unterschiedlichen mütterlichen Zuwendung, die die Tiere genossen hatten. Letzte Zweifel daran wurden ausgeräumt, als man Babys intensiv pflegender Mütter von eher desinteressierten Weibchen aufziehen ließ und umgekehrt.[47] Wuchsen die adoptierten Jungtiere heran, zeigten sie genau das Verhalten, das für die natürlichen Nachkommen ihrer Pflegemütter typisch war: In der Obhut intensiv leckender und pflegender Weibchen entwickelten sich auch die Babys von Rabenmüttern zu mutigen und stressresistenten Erwachsenen, während die Rattenjungen, die den umgekehrten Weg nehmen mussten, das deutlich schlechtere Los gezogen hatten. Genetik war bei diesen auffälligen Verhaltensunterschieden offenbar nicht im Spiel.

Man muss sich noch einmal klar vor Augen führen, was hier geschieht: Ein Verhalten der Mutter – intensive oder nachlässige Pflege der Babys in den ersten Tagen nach der Geburt – prägt die Nachkommen dergestalt, dass sie Wochen später ausgeprägte Unterschiede in ihrer Antwort auf Stress zeigen, eine Verhaltensdisposition, die bis zu einem Alter von 24 bis 26 Monaten nachweisbar bleibt. Wie wird diese frühe Erfahrung bis ins Erwachsenenalter transportiert? Und sogar darüber hinaus? 1999 berichteten die kanadischen Forscher in *Science*, dass die weiblichen Nachkommen intensiv pflegender Mütter sich ihrem eigenen Nachwuchs später mit derselben Hingabe widmen und dass aus den Töchtern von Rattenrabenmüttern selbst Rattenrabenmütter werden.[48] Ein durch frühe Erfahrungen erworbenes Verhalten wird demnach sogar vererbt, obwohl das kreuzweise Vertauschen der Rattenbabys wieder beweist, dass die Genetik in diesem Fall nicht beteiligt ist. Um auszuschließen, dass das brisante Ergebnis durch eine unterschiedliche Behandlung der untergeschobenen Pflegebabys verfälscht wurde, tauschten die Forscher nie mehr als zwei Junge aus und führten eine Reihe von Kontrollen durch. In einem Ansatz wurde der Babytausch nur vorgetäuscht, in dem die Jungen entfernt und dann wieder zurückgesetzt wurden. In einem anderen wurden Junge von intensiv pflegenden Müttern von anderen intensiv pflegenden Weibchen aufgezogen.

Egal, woher die Babys stammten, ob aus dem eigenen Nachwuchs (mit vorgetäuschtem Austausch oder ohne), dem eines wesensverwandten fremden Weibchens oder aus dem Wurf einer Rabenmutter: Wer das Glück hatte, von einer intensiv pflegenden Leihmutter aufgezogen zu werden, übernahm deren positive Eigenschaften, als es um die eigenen Babys ging, und erwies sich bei der Erkundung einer unbekannten Umgebung als wesentlich mutiger und ausdauernder.

Wer Pech hatte, landete bei einer Rabenmutter, praktizierte deren Pflegeverhalten auch bei seinen eigenen Nachkommen und war zu einem Leben als Feigling verdammt. Die fatale Kontinuität, die sich hier andeutet, ist allerdings leicht zu durchbrechen. Man muss die Tiere nur dem eingangs geschilderten täglichen Babytransfer unterziehen, und sofort beginnen auch Rabenmütter mit intensiver Babypflege. Das Verhalten ihres Nachwuchses ist dann später nicht von dem intensiv pflegender Muttertiere zu unterscheiden.

Nun wären Wissenschaftler keine Wissenschaftler, wenn sie nicht versuchten, hinter den Vorhang des beobachteten Verhaltens zu blicken, tief hinein in das komplizierte Wechselspiel der Hormone und Transkriptionsfaktoren, das die Stressantwort eines Organismus steuert und in dem irgendwo die Ursache des unterschiedlichen Verhaltens der Ratten verborgen sein muss. Eine lange Suche war nicht erforderlich, denn in nahezu allen untersuchten Parametern, ob im Blut oder in verschiedenen Gehirnregionen, zeigten sich signifikante Unterschiede zwischen intensiv gepflegten und vernachlässigten Ratten. Des Rätsels Lösung lieferten, wie könnte es anders sein, markante epigenetisch gesteuerte Veränderungen der Genaktivität, die an einem neuralgischen Punkt der Stressantwort ansetzen.[49]

Stress setzt im Körper komplizierte Veränderungen in Gang, die ihn auf außergewöhnliche physische und psychische Belastungen vorbereiten sollen. Vermittelt wird diese Reaktion durch eine Kaskade von Hormonausschüttungen, die im Hypothalamus, einem Teil des Zwischenhirns, beginnt und über die Hirnanhangsdrüse zur Nebennierenrinde führt. Auf jeder Station kommt es zur Ausschüttung spezieller Hormone, die den Organismus in Alarmzustand versetzen und eine Vielzahl von körperlichen Reaktionen auslösen.

Eine Schlüsselrolle kommt einem Gen zu, das vor allem im Hippocampus aktiv ist, einem evolutionär sehr alten Teil des Gehirns. Es moduliert die Stressantwort, indem sein Genprodukt als Empfangsstation für ein Hormon fungiert, das in der Nebennierenrinde, also am Ende der Signalkette erzeugt wird.[50] Ist das Rezeptor-Gen stumm, kann der durch den Körper schwimmende Hormoncocktail ungehemmt seine erregende Wirkung entfalten. Ist es dagegen aktiv und sind ausreichend Rezeptormoleküle vorhanden, wird die Stressantwort gedämpft. Die Wissenschaftler sprechen von einem negativen Feedback-Loop.[51]

Bei den von ihren Müttern intensiv geputzten und geleckten Rattenbabys ist genau das der Fall. Ein gegenüber den Rabenmutterbabys deutlich aktiveres Rezeptor-Gen führt bei ihnen dauerhaft zur Abschwächung der Stressreaktion, und je hingebungsvoller die mütterliche Pflege ausfällt, desto höher ist die Aktivität des Gens. Doch wodurch kommen diese Unterschiede zustande, und wie werden sie bis ins Erwachsenenalter der Ratten konserviert?

In der entscheidenden Promotorsequenz des Gens stießen die kanadischen Forscher auf alte Bekannte, die Methylgruppen.[52] Bei den vernachlässigten Tieren besetzten sie jede einzelne der 17 vorhandenen -CG-Sequenzen – das Gen arbeitet nur mit gebremster Kraft. Erheblich lückenhafter fiel dagegen die Methylierung bei ihren intensiv umsorgten Artgenossen aus.

Als besonders interessant erwiesen sich die Positionen 16 und 17. Sie flankieren nämlich eine symmetrische Sequenz (-GCGG-GGGCG-), an die ein spezieller Transkriptionsfaktor[53] bindet, der für die Aktivierung des Gens zwingend erforderlich ist. Position 17 war bei allen Ratten mit einer Methylgruppe belegt, aber

Position 16 nur bei den vernachlässigten Tieren, mit dem Ergebnis, dass der Transkriptionsfaktor nicht in der Lage ist, an die DNA zu binden und das Gen zu aktivieren. Bei den intensiv gepflegten Tieren kann er hingegen ungehindert Anschluss suchen, da Modifikationen an den Histonschwänzen gleichzeitig sicherstellen, dass das Chromatin gelockert und die DNA zugänglich wird. Das Rezeptor-Gen läuft zur Hochform auf und dämpft die Stressantwort – ein eindrucksvolles Beispiel dafür, dass es bei epigenetischen Markierungen auf jedes Detail ankommen kann. Winzigste Veränderungen, die vom Fürsorgeverhalten der Mutter abhängen, entscheiden über das Ausmaß einer komplexen Reaktion, die zahlreiche Körperfunktionen in Mitleidenschaft zieht und ein ganzes Rattenleben prägt.[54]

Die sensible Phase, in der diese Weichenstellungen erfolgen, lässt sich ziemlich genau eingrenzen. Kurz vor der Geburt ist die gesamte Promotorregion unmethyliert, schon am ersten Tag im Licht der Welt aber sitzen die Methylgruppen an Ort und Stelle. Auch die entscheidende Position 16 ist besetzt, sowohl bei den intensiv pflegenden als auch bei den nachlässigen Müttern. Erst danach wirkt sich die unterschiedliche Fürsorge aus. Die Entscheidung, ob sich die jungen Ratten später mutig und explorativ oder eher ängstlich und zurückhaltend verhalten werden, fällt zwischen dem ersten und dem sechsten Tag – für die nachtaktiven Nager zweifellos eine Weichenstellung von großer Tragweite. Das Verhalten der Mütter spielt dabei eine zentrale Rolle.

So leicht, wie die epigenetischen Veränderungen durch mütterliche Fürsorge entstehen, so leicht sind sie auch wieder zu beseitigen: durch Infusion von Methionin, einer Aminosäure, die als Methylgruppenlieferant fungiert, direkt in den Ort des Geschehens, ins Gehirn.[55] Wie von Geisterhand verschwinden sämtliche biochemischen Unterschiede, die zuvor als Folge intensiver mütterlicher Fürsorge dingfest gemacht wurden: Die Methylierung am Promotor des Rezeptor-Gens im Hippocampus nimmt zu, die Aktivität des Gens lässt nach, und die Stress-antwort der getesteten Ratten fällt deutlich heftiger aus. Aus den verwöhnten Babys, die zu Ratten heranwuchsen, die auch in stressigen Situationen kaum aus der Ruhe zu bringen waren, werden nervöse Angsthasen. Die wichtigste Erkenntnis dieser Untersuchungen lautet: Sogar in voll ausdifferenzierten Zellen wie denen des Hippocampus sind die zuverlässig über viele Zell-teilungen transportierten epigenetischen Markierungen poten-ziell reversibel. Die Forscher halten es für nicht ausgeschlossen, dass eine mit Methylgruppenspendern angereicherte Nahrung ähnliche Wirkungen entfalten könnte.

Das Hormonrezeptor-Gen ist jedoch beileibe nicht die ein-zige DNA-Sequenz, die von der Fürsorge der Mutter beeinflusst wird. Beim Vergleich der unterschiedlich intensiv gepflegten Ratten stießen die Kanadier auf über 900 Gene, deren Aktivität im Hippocampus infolge mütterlichen Tuns herauf- oder her-unterreguliert wird. Die Mehrzahl codierte für Proteine, die mit der Ausbildung des Gehirns und dessen Funktion zu tun ha-ben.[56] Viele dieser Unterschiede verschwanden nach Infusion von Methionin.

Noch ein weiteres Gen erregte das Interesse der rührigen For-scher.[57] Es ist im Hypothalamus aktiv, einem kleinen, aber über-aus wichtigen Gehirnareal, dem in hohem Maße die Steuerung des vegetativen Nervensystems und damit elementarer Körper-funktionen obliegt. Das Gen codiert für einen Östrogen-Rezep-tor und stand bei den Forschern im Verdacht, etwas mit dem besonders liebevollen Verhalten der intensiv pflegenden Ratten-weibchen zu tun zu haben. Und sie hatten recht. Bis ins Detail wiederholte sich hier, was die Forscher schon im Hippocampus beobachtet hatten. Bei den Jungen nachlässiger Mütter war das Gen stark, bei ihrem liebevollen Gegenpart deutlich geringer methyliert. Und auch die schon bewährten Babyaustauschpro-gramme lieferten analoge Ergebnisse. Wie im Falle der Stressantwort erfolgt die Weitergabe an die kommende Generation weder genetisch noch epigenetisch, sondern durch das Verhalten der Mütter. Ihre Fürsorge erzeugt in den Babys epigenetische Programmierungen, die zu lang anhaltenden physiologischen Veränderungen im Körper führen, die später ein ähnliches Verhalten gegenüber den eigenen Kindern zur Folge haben. Dieses wiederum erzeugt in deren Babys epigenetische Programmierungen, die zu lang anhaltenden ... und so weiter, und so weiter. Das Fürsorgeverhalten und »die Stressreaktivität der Nachkommen spiegelt die ihrer Mütter«.[58]

Man fragt sich unwillkürlich: Haben die nachlässigen Rattenrabenmütter eigentlich den Hauch einer Ahnung, welchen Tsunami an biochemischen Reaktionen und Prozessen sie ihren hilflosen Babys vorenthalten? Auf die überraschende Antwort wird noch zurückzukommen sein.

Wahrscheinlich geht es Ihnen wie mir. Die Ergebnisse der kanadischen Forschergruppe sind derart klar und eindeutig, dass einem beim Betrachten der schmucklosen schwarzen Balkendiagramme eine Gänsehaut über den Rücken läuft. Unwillkürlich stehen einem die erschreckenden Berichte über vernachlässigte Kinder vor Augen, die in den letzten Jahren durch die Presse geisterten. Die lakonischen Sätze, mit denen Michael Meaney und Kollegen ihre 1999er-Arbeit über die transgenerationale Weitergabe des rattenmütterlichen Verhaltens abschlossen, beweisen, dass ihnen seinerzeit ähnliche Gedanken durch den Kopf gingen. »Beim Menschen beeinflussen soziale, emotionale und ökonomische Kontexte die Qualität der Beziehung zwischen Eltern und Kind und können eine Kontinuität über die Generationen zeigen. Unsere Befunde an Ratten könnten daher für das Verständnis der Bedeutung früher Interventionsprogramme bei Menschen relevant sein.«[59]

Zehn Jahre später wurde deutlich, dass sie für den Menschen

weit mehr als nur »relevant« sind. Menschenmütter lecken ihre Babys nicht, und sie betreiben keine Fellpflege, die Kommunikation zwischen Säugling und Mutter ist wesentlich differenzierter und erfolgt über einen ungleich längeren Zeitraum. Der Vater spielt eine Rolle, auch die Großeltern. Und doch nahmen die an Ratten gewonnenen Forschungsergebnisse in detaillierter Weise vorweg, was nun, im Februar 2009, auch eine bahnbrechende Untersuchung an Hirngewebe menschlicher Selbstmörder ergab.[60] Die Proben stammten aus der Quebec Suicide Brain Bank, einer Einrichtung der McGill University in Montreal, in der Gehirne für die neurologische und psychiatrische Forschung aufbewahrt werden. Vorausgegangen war eine lange Suche nach geeigneten Organspendern, dann musste viel Überzeugungsarbeit geleistet werden, um von den Angehörigen der Toten die Erlaubnis zur Entnahme des Hippocampus zu erhalten. Dass dies nicht ganz einfach gewesen sein dürfte, ergibt sich aus der Tatsache, dass einige Selbstmörder als Kinder Opfer schwerer Misshandlungen geworden sind.

Die kanadischen Forscher, darunter Michael Meaney, Moshe Szyf und Gustavo Turecki, der Direktor der McGill-Gruppe für Selbstmordstudien, untersuchten insgesamt 36 Personen, die zum Zeitpunkt ihres Freitodes durchschnittlich 35 Jahre alt waren. Die erste Gruppe bildeten zwölf Selbstmörder »mit einer Geschichte von Kindesmissbrauch«. Damit waren sowohl sexueller Missbrauch als auch schwere Fälle von körperlicher Gewalt und Vernachlässigung gemeint. Das zweite Dutzend bestand aus Selbstmördern ohne diesen Hintergrund. Als Kontrolle dienten zwölf Menschen ähnlichen Alters, die in der Kindheit keine Missbrauchserfahrungen zu erleiden hatten und eines plötzlichen »normalen« Todes gestorben waren.

Kindesmissbrauch ist für die Betroffenen ein traumatisches Erlebnis und geht mit einem erhöhten Risiko einher, später Übergewicht, Diabetes und Herzkrankheiten, vor allem aber diverse Formen psychopathologischer Störungen zu entwickeln. Dazu gehören Schizophrenie, schwere Depressionen oder Angststörungen, die häufig auch mit einer veränderten hormonellen Stressantwort verbunden sind. Diese psychischen Störungen wiederum vergrößern die Gefahr eines Selbstmords. Auch wenn sich die Folgen und Umstände naturgemäß unterscheiden – vieles erinnert an die Verhältnisse in den Nestern der Rattenrabenmütter. Und das ist kein Wunder. Denn die vom Hypothalamus ausgehende hormonelle Signalkette, die die Stressantwort des Körpers hervorruft, das Rezeptor-Gen im Hippocampus, das diese Stressantwort moduliert, und die Bindungsstelle des Transkriptionsfaktors, der für die Aktivierung des Gens obligatorisch ist – all das findet seine Entsprechung beim Säugetier Mensch. Die kanadischen Forscher zeigten nun, dass das Ganze auch nach ähnlichen epigenetischen Spielregeln funktioniert. Nur bei den Menschen mit Missbrauchserfahrung waren die Bindungsstellen des Transkriptionsfaktors mit Methylgruppen blockiert. Ihre Stressantwort dürfte intensiv und heftig ausgefallen sein. Die Folge waren Ängste und depressive Verstimmungen.

Die Opfer von Kindesmissbrauch unterschieden sich deutlich von der Kontrollgruppe, die eines natürlichen Todes gestorben war; für die Selbstmörder ohne Missbrauchshintergrund galt das nicht. Nicht die Tatsache, dass ihr verzweifelter Zustand diese kranken, zum Teil alkoholabhängigen Menschen dazu brachte, ihrem Leben selbst ein Ende zu setzen, machte den entscheidenden Unterschied aus.[61] Es war die Jahrzehnte zurückliegende Erfahrung von Gewalt, Vernachlässigung und sexuellem Missbrauch.

Eine fast zeitgleich erstellte Untersuchung, die im kanadischen Vancouver erarbeitet wurde, ergab allerdings, dass es gar nicht zu diesen extrem gestörten Formen des familiären Umfelds kommen muss, um die Stressreaktion von Kindern negativ zu beeinflussen. Die Säuglinge depressiver und von Ängsten geplagter Mütter zeigen dieselbe epigenetische Reaktion.[62]

Es gehört nicht viel Fantasie dazu, sich auszumalen, wie manche der misshandelten Kinder im Falle einer Elternschaft mit ihrem eigenen Nachwuchs umgehen werden. »Den vielleicht besten Vorhersagewert für Missbrauch und Vernachlässigung von Kindern liefert die Geschichte der Kindheitstraumata der Eltern«, stellt Michael Meaney fest.[63]

»Na, wunderbar«, könnte jemand einwenden, »sensationell! Jetzt wissen wir, dass Kindesmisshandlung bleibende Schäden verursacht. Und dass das Leben überhaupt Spuren hinterlässt. Brauchten wir für diese grandiose Erkenntnis die Epigenetik?«

Natürlich nicht. Die Epigenetik will und kann die Psychologie weder ersetzen noch erklären. Sie liefert vollkommen neuartige Informationen, den Beweis, dass derartige traumatische Ereignisse nicht nur seelische, sondern auch bleibende körperliche und biochemische Veränderungen hervorrufen, die sich sogar auf der Ebene des Genoms nachweisen lassen. Sie behauptet nicht, dass das eine die direkte Folge des anderen wäre, obwohl Psychologie und Epigenetik des Menschen zweifellos etwas miteinander zu tun haben. Es gibt zahlreiche Schnittstellen zwischen Körper und Geist, sonst würden Drogen und Psychopharmaka und die Injektion eines Methylgruppenlieferanten ins Rattengehirn ohne jede Wirkung bleiben. Und es geht um die Frage, warum manche Menschen erkranken und andere nicht.

Vor über 100 Jahren äußerte Sigmund Freud in seinem »Entwurf einer Psychologie« die Hoffnung, die Wissenschaft werde eines Tages die spezifischen Hirnfunktionen herausfinden, »über welche psychische und soziale Erfahrungen eine erhöhte Anfälligkeit für Krankheiten vermitteln«.[64] Jetzt scheint diese Hoffnung Freuds erstmals in Erfüllung zu gehen. Epigenetische Veränderungen spielen dabei eine Schlüsselrolle. Die kanadischen Forscher betonen, dass ihre »Daten alternative Mechanismen der Verwundbarkeit sicherlich nicht ausschließen«. Die Stressantwort des Körpers wird nicht nur durch den Hormonrezeptor im Hippocampus beeinflusst. Mithilfe der Epigenetik gelingt es aber zum ersten Mal, eine Brücke zwischen sozialen Erfahrungen über Hirnfunktionen bis hin zu molekularen Vorgängen in den Zellen zu schlagen. Und noch steckt die epigenetische Erforschung des Menschen in ihren Kinderschuhen. Die Frage, die in Zukunft zu stellen sein wird, heißt eindeutig nicht, ob Gene oder Umwelt einen Menschen prägen, sondern: Wie wirken beide auf welcher genetischen Basis zusammen?

So unausweichlich und verhängnisvoll die hier geschilderten Zusammenhänge erscheinen mögen, sie enthalten auch eine gute Nachricht. Denn epigenetische Markierungen sind grundsätzlich reversibel. Auf die Frage, wie seine Vision für die Zukunft der Verhaltensmedizin aussähe, antwortete Michael Meaney: »Das soziale Umfeld scheint ein außerordentlich wirksamer Regulator biologischer Systeme zu sein. Dies zeigt sich bis hin zur Ebene der DNA, die in ihrer Funktion sozialer Regulation unterliegt. Wenn also die Aktivität der DNA über den gesamten Entwicklungszeitraum sozial bestimmt wird, sollte das auch bedeuten, dass sie durch soziale und psychologische Interventionen modifiziert werden kann. Und es gibt keinen Grund anzunehmen, dass diese Effekte nur auf Vorgänge im Gehirn beschränkt sein sollten. (...) Wir werden letztlich vielleicht erkennen, dass soziale Interventionen therapeutische Effekte hervorrufen können, vermittelt über ein weites Spektrum an Veränderungen bis hin zu strukturellen Veränderungen auf der Ebene der DNA. Und dies kann in der Tat bei einer großen Anzahl von Erkrankungen von Bedeutung sein.«[65] Liegt hier – dieser Gedanke drängt sich geradezu auf – ein Grund für die zum Teil allen medizinischen Erkenntnissen hohnsprechenden Erfolge mancher alternativer Heilmethoden, vom Handauflegen bis zur Homöopathie, die mit intensiver Zuwendung durch die behandelnden Personen verbunden sind?

Bei Kindesmisshandlungen geht es um hochgradig pathologische Erscheinungen in einem pathologischen Umfeld, eine verhängnisvolle Mixtur aus sozialer, emotionaler und ökonomischer Not, chronischer Überforderung und häufig Drogensucht. Hier nach einem Sinn zu fragen verbietet sich von selbst.

Im Falle der Rattenrabenmütter stellt sich diese Frage allerdings sehr wohl. Denn – Epigenetik hin, Epigenetik her – wie ist es zu erklären, dass dieses für die Nachkommen doch offenbar nachteilige Verhalten vieler Mütter evolutionär stabil ist? Hätten nicht alle Rabenmütter längst aus den Rattenpopulationen dieser Welt herausselektiert werden müssen, da sie doch nur benachteiligte Angsthasen in die Welt setzen, die keiner Herausforderung gewachsen sind? Wo bleibt da die Fitness? Oder ist es am Ende, unter gewissen Umständen, gar nicht so schlecht, ein Angsthase zu sein?[66]

Junge Ratten verbringen die ersten Wochen nach der Geburt in einer sehr eintönigen und reizarmen Umgebung. Sie leben in der Abgeschiedenheit ihres Nests, wo die Kontakte sich ausschließlich auf ihre Geschwister und die Mutter beschränken. Sie ist das einzige Bindeglied zwischen den heranwachsenden Jungtieren und der Welt draußen, die ihrerseits die emotionale und körperliche Verfassung der Mutter beeinflusst. Stressfaktoren der Umwelt wie Nahrungsmangel, Bedrohung durch Fressfeinde oder ein niedriger Status innerhalb der Hackordnung der dort lebenden Artgenossen finden so ihren Widerhall in dem von der Mutter praktizierten Fürsorgeverhalten.

Studien an Affen, die bereits Mitte der 1990er-Jahre durchgeführt wurden, verdeutlichen, was das bedeutet. Mutter-Kind-Paare von Bonnet-Makaken wurden in drei verschiedenen »Umwelten« gehalten, die sich vor allem in der Verfügbarkeit der

Nahrung unterschieden. Diese war in jedem Fall reichlich vorhanden und für die Tiere, die das Glück hatten, mit dem Schlaraffenland der ersten Umweltvariante konfrontiert zu werden, auch leicht zu beschaffen. In der zweiten Variante aber mussten die Affenmütter lange suchen und verschiedene Strategien verfolgen, um sich und ihr Baby mit Nahrung zu versorgen. Die dritte Variante bestand aus einer Mischung der beiden ersten, wobei die Affen nie wussten, ob sich die Nahrungssuche leicht oder mühselig gestalten würde.

Anfangs gab es keine Unterschiede im Mutter-Kind-Verhalten, nach einigen Monaten aber änderte sich das. Als problematisch erwies sich das zweite Szenario. Die Konflikte zwischen Mutter und Kind nahmen zu, und die jungen Affen wurden schüchtern und ängstlich, sie zeigten sogar trotz des fortdauernden Kontakts zu ihren Müttern Anzeichen einer Depression, wie man sie bei Affenkindern beobachtet hatte, die von ihren Müttern getrennt wurden. Aus so aufgewachsenen Affenbabys wurden furchtsame und unterwürfige Heranwachsende, beim sozialen Spiel der anderen standen sie oft außen vor. Ob bei Ratten oder Affen – die Mühsal der Nahrungsbeschaffung, der Stress der Mütter, sich in einer Umwelt voller Gefahren und Widrigkeiten behaupten zu müssen, ihre dadurch zunehmende Angst und Furchtsamkeit spiegeln sich in ihren Nachkommen. Bei Menschen ist das nicht anders. Die Wissenschaft hat viele Faktoren identifiziert, die das Verhalten von Menschenmüttern gegenüber ihren Neugeborenen beeinflussen, keiner davon hat sich aber als so wirksam erwiesen wie das Niveau mütterlicher Ängste.

Trotzdem legt Michael Meaney Wert auf die Feststellung, dass die wenig fürsorglichen Rattenmütter nicht besser oder schlechter seien als ihre Artgenossinnen, die ihren Babys eine intensivere Pflege angedeihen lassen. Sie sind schlicht anders. Ob sich die »charakterliche« Prägung, die der Nachwuchs durch das Verhalten der Mütter erwirbt, als vorteilhaft erweist, entscheidet allein die Umwelt.

Wo werden die so aufgewachsenen Nachkommen einmal leben? Nun, in der Regel in der gleichen Umwelt, in der auch ihre Mütter zurechtkommen mussten. Wenn es aber schwer ist, genug Nahrung zum Überleben zu finden, wenn noch dazu überall Raubtiere und aggressive Artgenossen lauern und das Terrain womöglich unübersichtlich ist und voller Gefahren – ist es dann für ein kleines, relativ wehrloses nachtaktives Geschöpf ratsam, arglos und ohne Scheu draufloszumarschieren? Im Gegenteil. Vorsicht ist angebracht, Wachsamkeit und permanentes Auf-der-Hut-Sein, jederzeit zur Flucht bereit. In einer solchen Umgebung ist es sicherer, in bekannten Gefilden zu bleiben und sich lieber doppelt und dreifach abzusichern, bevor man Neuland betritt und sich unbekannten Gefahren aussetzt. Mithin erscheint genau das Verhalten angebracht, das die vermeintlich vernachlässigten Rattenkinder von ihren Rabenmüttern mit auf den Lebensweg bekommen. Ihr Verhalten ist in der Sprache der Biologen adaptiv. Diese Anpassung an eine Umwelt, die hohe Anforderungen stellt, hat allerdings einen Preis. Er besteht in einem deutlich erhöhten Krankheitsrisiko im Erwachsenenalter – eine Frage von Kosten und Nutzen. Michael Meaney ist überzeugt, dass die Rechnung dennoch aufgeht. Denn wenn der Preis zu zahlen ist und die Zeit der Krankheiten anbricht, sind die eigenen Kinder schon zur Welt gebracht.

Werden Rattenmütter gegen Ende ihrer Schwangerschaft künstlichem Stress ausgesetzt, geht die Fürsorgeintensität leidenschaftlich pflegender Weibchen zurück. Ihr Verhalten ist dann nicht mehr von dem der Rabenmütter zu unterscheiden und wird mindestens bis in die dritte Generation weitergegeben. Mit anderen Worten: Sollten sich die Verhältnisse in einer besonders sensiblen Situation nachteilig verändern, reagieren die Tiere sofort. Die Botschaft, die damit verbunden ist, lautet offenbar: Passt auf, seid lieber vorsichtig. Was mir geschehen ist, könnte auch euch widerfahren.

Auch beim Menschen gibt es überzeugende Beispiele dafür, dass die Neigung zu einer starken Stressantwort von Vorteil sein kann. In London wurde über zwei Jahrzehnte das Schicksal von 63 männlichen Jugendlichen verfolgt, die in ärmlichen Verhältnissen mit hoher Kriminalität aufwuchsen.[67] Wer von ihnen schaffte den Absprung, wer konnte das Milieu hinter sich lassen? Am erfolgreichsten im Umschiffen der zahlreichen Fallgruben, die in einem solchen kriminogenen Umfeld lauern, waren nicht die Draufgänger, sondern die Außenseiter. Es waren Jungen, die sich scheu und ängstlich verhielten, die als Achtjährige keine oder nur wenige Freunde hatten und mit zehn als neurotisch galten. Als gut Dreißigjährige aber standen sie mit einem sauberen Vorstrafenregister da und hatten es, anders als die anderen, zu Familie, Arbeit und Wohnung gebracht.

Streichen wir also im Nachhinein all die wertenden Begriffe wie »vernachlässigt«, »Angsthasen« oder »Rabenmütter«. So wie Wasserflöhe sich und ihren Nachwuchs in der Gegenwart von Fressfeinden mit einem sperrigen Schutzhelm ausstatten, wie Frösche, die in derselben Situation Eier legen, aus denen Kaulquappen mit überaus muskulösen Schwänzen schlüpfen, die zu schneller Flucht befähigen, so bereiten auch Rattenmütter ihren Nachwuchs auf die Umwelt vor, die sie tagtäglich selbst erfahren. Sie können nicht anders. Ihr Fürsorgeverhalten enthält Informationen über die außerhalb des Nests herrschenden Verhältnisse. In der Gestalt der epigenetischen Niederschrift im Genom der Nachkommen wird dieses Verhalten zu einer Vorhersage über den wahrscheinlichen Zustand ihres Lebensraums in der Zukunft.

Überlegungen wie diese führen zu einem interessanten Konzept, das vor allem von dem neuseeländischen Kinder- und Perinatalmediziner Peter Gluckman, einem der prominentesten Wissenschaftler seines Landes, und seinem britischen Kollegen Mark Hanson vertreten wird. Die Konsequenzen, die sich daraus ableiten lassen, geben für die Zukunft großen Anlass zur Sorge.[68]

Immer mehr Studien belegen einen Zusammenhang zwischen verschiedenen Kennwerten der frühen Säugetierentwicklung und dem vermutlich epigenetisch begründeten Ausbruch von Krankheiten im Erwachsenenalter. Beim Menschen kann eine beeinträchtigte fötale Umwelt zu einem niedrigen Geburtsgewicht führen, was mit einer erhöhten Gefahr einhergeht, als Erwachsener mittleren oder fortgeschrittenen Alters an Herzkrankheiten und Diabetes zu leiden, Krankheiten, die in entwickelten Ländern epidemische Ausmaße erreicht haben.

Die britischen Wissenschaftler Nicholas Hales und David Barker versuchten dies Anfang der 1990er-Jahre mit ihrer *Thrifty Phenotype Hypothesis* zu erklären, zu deutsch: der Hypothese vom sparsamen Phänotyp. Sie besagte, dass frühkindliche Mangelernährung während der Schwangerschaft sofortige Stoffwechselumstellungen beim Fötus zur Folge hat, die ihm helfen, mit der Mangelsituation fertig zu werden. Der Preis für diese Anpassung besteht in Entwicklungsverzögerungen, niedrigem Geburtsgewicht und höherem Krankheitsrisiko im Erwachsenenalter. Nur wenn die Heranwachsenden später auch außerhalb des Mutterleibs mit einer Mangelsituation konfrontiert werden, könnten sie von ihrem auf Nahrungsmittelknappheit eingestellten Stoffwechsel profitieren.

Peter Gluckman und Mark Hanson sehen in dem Vorteil, den ein solcher Mensch während seines nachgeburtlichen Lebens genießt, das eigentliche Ziel der fötalen Stoffwechselumstellung. In ihren Augen macht es vielmehr Sinn, diese und andere Reaktionen auf Umwelterfahrungen nicht als zufällige Konsequenz einer Veränderung anzusehen, die primär dem Fötus zugute kommt, sondern als Teil einer weit verbreiteten und breit angelegten evolutionären Strategie. Sie halten die Reaktion des Kindes für eine vorhersagende adaptive Antwort, eine *predictive adaptive response*. Charakteristisch für diese Reaktion von Organismen ist der große zeitliche Abstand zwischen dem auslösenden Umweltreiz, hier der schlechten Ernährung im Mutterleib, und der verbesserten Anpassung durch die ausgelösten Veränderungen. Nichts anderes geschieht bei der intensiven Stressantwort ausgewachsener Ratten, die als Babys nur geringe Pflege genossen haben. In beiden Fällen wird der eingehende Reiz zu einer Vorhersage über den zukünftigen Zustand der Umwelt.

Ein besonders eindrückliches Beispiel für diesen erst mit erheblicher Verzögerung wirksamen Anpassungsvorteil liefert die berühmt-berüchtigte wandernde Wüstenheuschrecke *Schistocerca gregaria*.[69] Der auslösende Reiz, der bei den normalerweise scheuen, gut getarnten kurzflügeligen Tieren zu einem atemberaubenden Effekt führt, der seinesgleichen sucht, ist eine simple Berührung. (Möglicherweise spielen zusätzlich Geruchsreize eine Rolle.) Wo am Körper dieser Reiz wahrgenommen wird, wurde an der Universität von Oxford durch einen Versuchsaufbau herausgefunden, der zu meinen persönlichen Forschungsfavoriten gehört.[70]

Eine Heuschrecke, die in einem engen durchsichtigen Plastikbehälter untergebracht war, wurde mithilfe eines feinen Pinsels an einer bestimmten Körperregion »mechanisch stimuliert«. Und zwar für fünf Sekunden, alle 60 Sekunden über eine Zeitspanne von vier Stunden. Dann kam das nächste Tier an die Reihe. Gekitzelt wurde die linke Körperseite, überall, an der Antenne, am

Kopf, den Mundwerkzeugen, der Körperseite, an allen Gliedern aller drei Beine, jeweils über einen Zeitraum von vier Stunden. Der Originalveröffentlichung ist nicht zu entnehmen, ob die Forscher selbst am Pinsel saßen oder ob das Pinseln von einer Maschine übernommen wurde, einer Heuschreckenintervallkitzelmaschine. Insgesamt kamen 170 Tiere in den Genuss dieser Behandlung, 4 x 170 macht 680 Stunden Heuschreckenkitzeln. Das ist Wissenschaft.

Der Kitzelmarathon führte zu einem klaren Ergebnis. Nur wenn der Pinsel auf den hinteren Oberschenkel zielte, wurde der Umwandlungsprozess in Gang gesetzt. Weitere Untersuchungen präzisierten: Es kommt sogar nur auf einen kleinen Teil des Oberschenkels an. Nimmt die Populationsdichte zu, etwa weil sich die Tiere bei knapper werdenden Ressourcen auf kleinen Flecken, die noch Nahrung bieten, zusammendrängen, häufen sich die Berührungen durch Artgenossen an diesem neuralgischen Punkt des hinteren Oberschenkels. Irgendwann bringt ein Tropfen das Fass zum Überlaufen. Als erste Reaktion ändern die Tiere innerhalb von Stunden ihr Verhalten – statt sie zu meiden, suchen sie nun die Nähe der anderen, sie aggregieren. Die Transformation des Körpers braucht mehr Zeit.

Das Entwicklungsstadium der Heuschrecke, das die Berührungsreize empfängt, hat von den in seinem Körper angestoßenen Veränderungen keinen Vorteil. Das Tier deutet die sich häufenden Berührungen aber als Ankündigung einer in der Zukunft drohenden ernsten Nahrungsverknappung und antwortet mit einer radikalen Veränderung von Verhalten und Körper. Nach mehreren Häutungen oder sogar Generationen entschlüpft dem alten Chitinpanzer schließlich das biblische Ungeheuer, das, bunt gefärbt und mit kräftigen Flügeln ausgestattet, die übervölkerten Gebiete verlässt und zu Millionen über jedes essbare Fleckchen Vegetation in der näheren und ferneren Umgebung herfällt. Es unterscheidet sich äußerlich so stark von der sesshaften Form, dass man die beiden früher als getrennte Arten ansah.

Zurück zur Ernährung und zu vorhersagenden adaptiven Antworten beim Menschen. Wie wirken sie, und wo setzen sie an?

Die Körpergröße von eineiigen Zwillingen ist im Erwachsenenalter viel ähnlicher als zum Zeitpunkt ihrer Geburt – eine Folge der Tatsache, dass Unterschiede im nachgeburtlichen Wachstum in hohem Maße genetisch bedingt sind, während beim Fötus Umwelteinflüsse die entscheidende Rolle spielen und damit die Epigenetik. Umwelt, das ist für den Fötus zuallererst die Mutter (und ihre Plazenta). Ist sie gut ernährt und gesund, muss auch das heranwachsende Kind nicht darben, sollte man meinen.

Doch selbst bei optimalster eigener Versorgung kann die Mutter ihren Fötus nicht grenzenlos wachsen lassen, ohne Gefahr für das eigene Leben und das ihres Kindes heraufzubeschwören. Denn es gibt eine unverrückbare Grenze: Das Baby muss bei der Geburt durch das enge Becken passen. Also beschränkt die Mutter das Wachstum des Fötus. Gluckman und Hanson stellen klar, dass es bei diesem Einfluss um viel geht: »Wenn die Form des mütterlichen Beckens die Entbindung des Fötus begrenzt (was der Fall ist, seit die Hominiden zum aufrechten Gang übergingen), wird die Beschränkung durch die Mutter entscheidend für das Überleben des Fötus (und der Spezies).«[71]

Die Größe des weiblichen Beckens korreliert eng mit der Körpergröße. Die einzige Möglichkeit, eine dauerhaft günstige Ernährungslage an ihre Föten weiterzugeben, bestünde für die Mütter also darin zu wachsen. Die Körpergröße verändert sich aber nur langsam. In Südamerika beispielsweise hat sie seit der Steinzeit nur geringfügig zugenommen.[72] Gerade wenn die Lebensverhältnisse sich nachhaltig verbessern, wird daher eine Begrenzung des fötalen Wachstums umso dringender. Das von der Mutter vermittelte Bild der Welt, die den Fötus nach der Geburt erwartet, muss notgedrungen pessimistischer ausfallen, als es den tatsächlichen Verhältnissen entsprechen würde, ja, die Schere zwischen den herrschenden Bedingungen und dem mütterlichen Signal klafft umso weiter auf, je besser die Mutter ernährt ist.

Sie verhindert ein übermäßiges und lebensbedrohliches Wachstum des Fötus, indem sie vor allem in der zweiten Schwangerschaftshälfte seinen Stoffwechsel beeinflusst, was mit der Betätigung diverser epigenetischer Regler verbunden sein dürfte. Auch unter für die Mutter günstigen Bedingungen erhält das ungeborene Leben daher eine Prägung, die für eine unsichere, eher durch Mangel als Überfluss gekennzeichnete Umwelt angemessen ist. Dazu gehören, nach Gluckman und Hanson, »die Neigung zur Ansammlung labiler Fettdepots, reduzierte Muskelmasse, eine geringe Gefäßdichte in einigen Geweben und eine kompakte Körpergestalt«.[73]

Dies ist gewissermaßen unsere werkseitig gelieferte Grundeinstellung. Sie befähigte unsere Vorfahren, selbst unter ungünstigen Bedingungen genügend Nährstoffe für die Fortpflanzung bereitzustellen und in guten Zeiten Reservedepots anzulegen. Der Fortpflanzungserfolg in jungen Jahren hatte Priorität; das Alter, in dem dafür der Preis zu zahlen wäre, erreichte ohnehin kaum jemand. Wir sind nicht für die moderne Überflussgesellschaft gemacht, sondern für die harten Bedingungen unserer jagenden und sammelnden Ahnen. Das ging so lange gut, wie unsere Lebenserwartung bei 30 bis 40 Jahren lag.

Die Beschränkung des fötalen Wachstums durch die Mutter liefert den Hebel und die Instrumente, an denen die Predictive Adaptive Response ansetzt. Dabei führen nicht nur die Extreme zu einer Antwort des Organismus, sondern das gesamte Spektrum, das von katastrophaler Unterernährung bis zur Überversorgung reicht. Die jeweils für die Mutter geltenden Bedingungen präparieren die Nachkommen für einen Pfad, bei dem eine Ober- und Untergrenze möglicher zukünftiger Einflüsse den Bereich einer gesunden Entwicklung absteckt. Gehen die Schwankungen der Umwelt darüber hinaus, führt dies auf die Dauer zu Krankheit.

Das Ganze funktioniert eben nur, wenn die Umweltbedingungen sich tatsächlich so entwickeln wie vorhergesagt. In der Vergangenheit muss dies überwiegend der Fall gewesen sein. Die Tatsache, dass bei vielen Organismen ähnliche vorhersagende adaptive Antworten zu finden sind, zeigt, dass die Befähigung zu dieser Reaktion einen hohen selektiven Vorteil verlieh.

Für den Menschen des 20. und 21. Jahrhunderts gilt dies nicht mehr. Das Missverhältnis zwischen der eher pessimistischen Prognose, die dem Fötus von der Mutter mit auf den Weg gegeben wird, und dem tatsächlich herrschenden Überfluss wird in den modernen Industriestaaten immer eklatanter, die Entwicklung in den sogenannten Schwellenländern folgt auf dem Fuß. Noch nie war unsere Nahrung so gehaltvoll, und noch nie mussten wir so wenig Energie aufwenden, um an sie heranzukommen.[74]

Gluckman und Hanson nennen das Problem, das sich aus ihrer Hypothese ergibt, gleich im Titel ihres Buches: *Mismatch*, Fehleignung. Liegt die Wüstenheuschrecke mit ihrer Prognose daneben, wird es im alten Lebensraum auch in Zukunft genug Nahrung geben, und ihre wandernde Erscheinungsform emigriert umsonst. Eine Verschwendung von Energie, aber viel mehr auch nicht. Beim *Homo sapiens* sind die Folgen schwerwiegender. Die Kinder werden immer dicker, und die steigende Lebenserwartung lässt immer mehr Menschen ein Alter erreichen, in dem der seit langem angelegte Konflikt zwischen der pessimistischen Voreinstellung des Stoffwechsels und dem in der Realität erfahrenen Schlaraffenland in chronische Krankheiten mündet.

Vor diesem Hintergrund kann es kaum verwundern, dass neueste Ergebnisse einer Langzeitstudie[75] an Rhesusaffen die überaus positiven gesundheitlichen Effekte einer maßvollen Ernährung bestätigen. Über zwei Jahrzehnte mussten sich die Tiere mit einer um 30 Prozent kalorienreduzierten Nahrung begnügen. Von Unterernährung waren sie am Ende weit entfernt, und ihre hervorragende körperliche Verfassung dürfte sie für ihre Entbehrungen mehr als entschädigt haben. Denn während nach 20 Jahren von der All-you-can-eat-Kontrollgruppe nur noch die Hälfte der Tiere lebte, waren es bei den Diät-Affen 80 Prozent. Sie alterten langsamer, und genau jene Krankheiten, die laut Gluckman und Hanson als Konsequenz der Fehleignung drohen, traten bei ihnen erst mit erheblicher Verzögerung auf: Herz-Kreislauf-Krankheiten und Krebs. Von Altersdiabetes, bei Rhesusaffen sonst sehr häufig, blieben die Tiere gänzlich verschont.

Ein letztes Beispiel soll zeigen, dass nicht nur die Ernährungsbedingungen zu vorhersagenden adaptiven Antworten führen. Die Temperatur, die Menschenbabys in einer sensiblen Phase kurz nach der Geburt erfahren, determiniert die Zahl der Schweißdrüsen, die durch bestimmte Nervenverbindungen aktiviert werden. Für die Babys ist die Fähigkeit zu schwitzen nicht besonders wichtig, da ihre Oberfläche im Verhältnis zum Volumen des Körpers größer ist als bei Erwachsenen und sie leicht Wärme verlieren. Aber das einmal etablierte Drüseninventar bleibt ein Leben lang bestehen, und wie es sich für eine Predictive Adaptive Response gehört, entfaltet sie ihre eigentliche Wirkung erst beim heftig schwitzenden Erwachsenen. In der Kälte aufgewachsene Menschen, die es in die Tropen verschlägt, haben deshalb ein erhöhtes Herzinfarktrisiko.[76]

13. Außer Kontrolle – Krebs

»Nach unserer Auffassung wird sich die epigenetische Revolution in der Biologie als ebenso wichtig erweisen wie die Umwälzungen, die aus der DNA-Analyse erwuchsen und ihren Höhepunkt in der Sequenzierung des menschlichen Genoms fanden«, schreiben Peter Gluckman und Mark Hanson in ihrem Buch *Mismatch*.[1] »Für die Medizin ergeben sich daraus sogar möglicherweise noch weitreichendere Folgerungen.«

Mitten im größten Touristengewimmel Berlins, zwischen Oranienburger Straße und Hackeschem Markt und nur ein paar Schritte von der berühmten Museumsinsel entfernt, arbeiten einige Dutzend Menschen, die diese Vision teilen. Als Passant rechnet man in dieser Gegend mit vielem – mit Feuerschluckern, Seifenblasenzauberern, Kunsthandwerkern und jungen attraktiven Damen, die nach Kundschaft Ausschau halten, vor allem natürlich mit Cafes, Kneipen, Boutiquen, Galerien und jeder Menge Kultur –, aber sicher nicht mit einem modernen Biotechunternehmen, das mit der Bekämpfung einer der größten Plagen der Menschheit Geld verdienen will.

Die Aufbaujahre verbrachte die junge Firma noch im Prenzlauer Berg, in der Kastanienallee. Hipper ging es zu dieser Zeit kaum. Jetzt hat sie hier ihren Sitz, in der Kleinen Präsidentenstraße, einer der kürzesten Straßen Berlins. Das kurz nach der Wende erbaute Haus, in dem das Unternehmen drei Stockwerke gemietet und Wohnungen zu Labors, Büros und Besprechungsräumen umgebaut hat, ist kein Blickfang. Von der Anwesenheit des Unternehmens kündet auch keine weithin sichtbare Neonschrift, nur ein schlichtes Metallschild neben der Eingangstür. Damit Kundige sofort wissen, womit man sich hier beschäftigt, wurde die Wissenschaft, von der Peter Gluckman, Mark Hanson und andere so viel erwarten, gleich in den Unternehmensnamen geschrieben: Epigenomics AG. »Hier wird lange gearbeitet«, sagt Dr. Achim Plum, der es als leitender Angestellter von Epigenomics wissen muss. Wenn man dann nach vielen Arbeitsstunden endlich vor die Tür tritt, befindet man sich jedoch nicht, wie so viele bedauernswerte Kollegen, in irgendeinem gesichtslosen, wie ausgestorben daliegenden Technikpark an der Peripherie, sondern mitten im Trubel der deutschen Hauptstadt. Für die Motivation der Mitarbeiter sei das ungeheuer wichtig.

Gegründet wurde Epigenomics 1998, in der Hochphase des Biotech-Start-up-Booms, von Alexander Olek, einem ehemaligen Mitarbeiter des Max-Planck-Instituts für Molekulare Genetik in Berlin-Dahlem. Olek hat das Unternehmen schon vor Jahren verlassen und verdient sein Geld heute mit ganz anderen Aktivitäten. Epigenomics aber existiert bis heute und will mit der Markteinführung seines ^{m}SEPT9 Detection Assay, die für 2009 geplant ist, erstmals schwarze Zahlen schreiben. Aus der Geschäftsidee von Alexander Olek, der eine bereits existierende Technik zur Analyse der DNA-Methylierung weiterentwickelte und für die Diagnostik von Krebserkrankungen nutzbar machen wollte, könnte bald eine Erfolgsstory werden. Denkt man an die rund 70.000 Menschen, die nach Schätzungen des Robert-Koch-Instituts Jahr für Jahr allein in Deutschland an Darmkrebs erkranken, muss man Epigenomics viel Glück wünschen.

Viele dieser Menschen haben sich nie oder zu spät der von den Krankenkassen bezahlten Vorsorge-Koloskopie unterzogen, der berühmt-berüchtigten Darmspiegelung. Vielleicht hatten sie Angst vor Schmerzen, vor einer unangenehmen entwürdigenden Prozedur, vor dem meterlangen Schlauch, den man ihnen durchs Gedärm schieben würde. Vielleicht hatten Freunde ihnen erzählt, wie widerlich das abführende Gesöff sei, das man, womöglich zu nachtschlafender Zeit, selbst anrühren und dann gleich literweise zu sich nehmen muss, damit der Arzt später freie Sicht hat. Auch die Stuhltests, die unsichtbare Darmblutungen nachweisen, haben allerlei Tücken. Man kann sie vergessen, verlegen oder nie beim Arzt abgeben. Und was ist, wenn man eine dieser modernen Toiletten sein Eigen nennt, bei denen der Darminhalt sogleich im Wasser verschwindet? »Die sind ein echtes Problem für die Darmkrebsvorsorge«, sagt Achim Plum und lacht. In Zukunft, wenn alles so läuft wie geplant, wird man bei seinem Hausarzt nur eine Blutprobe abgeben müssen, der ^{m}SEPT9 Detection Assay macht's möglich. Blutabnahme – das kennt man. Daran hat man sich gewöhnt.

Bislang ist nahezu jede biomedizinische Großoffensive, die öffentliche Forschungsgelder verschlingt, mit der Aussicht begründet worden, neue Erkenntnisse über die Entstehung und Entwicklung von Krebszellen zu gewinnen. Die erfolgreiche Verknüpfung mit dem von allen Menschen gehegten Traum eines langen Lebens in Gesundheit war entscheidend für das positive öffentliche Echo des Humangenomprojekts (s. Kap. 3).

Sicher wäre es unfair, den vor einem Jahrzehnt lautstark auftretenden Forschern zu unterstellen, sie hätten dieses Thema nur deshalb in den Vordergrund gestellt, weil es so unübertroffen wirksam ist und weil niemand, am allerwenigsten die Politik, sich dem Vorwurf aussetzen möchte, man hätte sich aus schnödem Geiz der Lösung des Weltkrebsproblems in den Weg gestellt. Krebs ist eine grauenhafte Krankheit, die zweithäufigste Todesursache in Deutschland. Da sie im Genom einzelner Zellen beginnt, ist es zunächst erforderlich, die dabei ablaufenden grundlegenden Prozesse zu verstehen, bevor man an therapeutische Anwendungen denken kann. Insofern war es durchaus gerechtfertigt, wenn Forscher damals im Zusammenhang mit dem Humangenomprojekt das Wort Krebs in den Mund nahmen, obwohl es doch in erster Linie um klassische Grundlagenforschung ging – ein Wort, das viel weniger sexy klingt.

Über die Zeit, die erforderlich sein würde, bis die gewonnenen Erkenntnisse Eingang in die medizinische Praxis finden würden, schwiegen sich die Forscher aus. Sie wussten es selbst nicht, und vage Äußerungen oder gar ein Zeithorizont, der weniger in Jahren als in Jahrzehnten zu messen wäre, hätte die öffentliche Reaktion sicher verhaltener ausfallen lassen. Zudem zeigen heutige Äußerungen der Wissenschaftler, die damals im Rampenlicht standen, dass sie von der ungeheuren Komplexität des zellulären Innenlebens, die sich ihnen offenbarte, selbst am meisten überrascht wurden. Die simplen genzentrischen Konzepte, die damals vertreten und über die Medien transportiert wurden, stehen heute als reines Wunschdenken da.

Die Protagonisten der epigenetischen Forschung, dem derzeit heißesten Thema des postgenomischen Zeitalters, machen es nun nicht anders. In kaum einer Veröffentlichung zum Thema Epigenetik fehlt der Hinweis, wie überaus vielversprechend die Beiträge sind, die diese Wissenschaft für Verständnis und Therapie von Krebserkrankungen liefern kann. Haben Epigenetiker tatsächlich mehr Grund zur Zuversicht als ihre Vorgänger vor zehn oder 20 Jahren, oder wird hier wieder nur die Fahne in den Wind der Forschungsförderung gehängt? Fallen wir ein weiteres Mal auf denselben Trick herein?

Achim Plum, Genetiker und Senior Vice President Corporate Development von Epigenomics, schmunzelt. Als gebürtiger Rheinländer spricht er das Wort Krebs mit kurzem e aus. Es klingt dadurch irgendwie weniger bedrohlich. »Die Gesellschaft, die Forschungslandschaft fordert von den Leuten diesen Anwendungsbezug, also wird er hergestellt, komme, was da wolle. Beim Humangenomprojekt war das sehr augenfällig, weil die Kenntnis der DNA-Sequenz die Krebsforschung sicherlich erleichtert, aber in sich keinerlei Antworten liefert. Man hat versucht, das Projekt sehr aggressiv in diese Ecke zu stellen, aber die DNA-Sequenz bringt, abgesehen von wenigen Genvarianten, die eine Prädisposition zur Folge haben, keinen Informationsgewinn für die Entstehung eines Tumors. Es erleichtert und beschleunigt heute die Arbeit, aber eine Antwort war aus dem Humangenomprojekt nie zu erwarten.«[2]

War nie zu erwarten? Das ist eine Lektion, die man sich merken sollte. Natürlich hätte keiner der Beteiligten damals vor die öffentlichen Geldgeber treten und sagen können: »Bitte, gebt uns ein, zwei Milliarden eurer Steuergelder. Für die Krebsforschung wird das zwar zunächst nicht allzu viel bringen, aber wir werden so viele schöne neue Daten bekommen. Damit werden wir Jahre herumspielen können und euch in Ruhe lassen.« Nein, das hätte man von niemandem verlangen können. Aber wäre ein wenig mehr Aufrichtigkeit nicht angebracht gewesen? Hätte man nicht ehrlicher argumentieren können, wissenschaftlicher?

»Das ist bei der Epigenetik, denke ich, schon anders, weil es einen direkten funktionellen Zusammenhang gibt«, sagt Achim Plum. »Tumore entstehen durch eine mehr oder weniger zufällige Aneinanderreihung von genetischen Veränderungen, die ausschließlich an der Krebsstelle stattfinden«, durch somatische Mutationen also. In einem sehr frühen Stadium betreffen sie nur eine oder sehr wenige Zellen und können deshalb bei einer Sequenzierung der DNA nur gefunden werden, wenn man genau die richtigen Zellen erwischt oder in fortgeschritteneren Stadien Tumorgewebe untersucht. Letzteres geschieht natürlich in großem Umfang, war aber nicht Gegenstand des Humangenomprojekts. »Und«, fährt Achim Plum fort, »sie entstehen durch epigenetische Veränderungen. Auf einmal werden Gene, die eigentlich angeschaltet sein sollten, um zum Beispiel eine Wachstumskontrolle auszuüben, durch DNA-Methylierungen stillgelegt. Eine Vielzahl von Genen, die in einer Krebszelle plötzlich verstummen, sind tatsächlich sogenannte Tumorsuppressorgene. Bei der epigenetischen Forschung schauen wir also nicht auf die Basisinformation, die Sequenz, sondern schon auf deren

Interpretation durch den Organismus, die im Kontext von Umweltinformation erfolgt. Und die Interpretation ist das, was einen krankhaften Zustand zur Folge hat.«

Epigenomics ist nicht das einzige Unternehmen, das Krebsforschung und Epigenetik zusammenführt, aber, so Achim Plum, »wir sind mit Sicherheit die mit dem größten Patentportfolio in der Methylierung«.

Es gilt an dieser Stelle zunächst ein weit verbreitetes Missverständnis auszuräumen, das durch die inflationäre Verwendung des Wortes »Krebsgen« entstanden ist. Sätze wie: »Neues Brustkrebsgen entdeckt« waren und sind häufig in Zeitungsmeldungen zu lesen, und vermitteln den Eindruck, als enthielte unser Genom, das nun wahrlich genug »Schrott« beherbergt, gewissermaßen den eigenen Untergang in Gestalt einer Vielzahl von Krebs erzeugenden Genen. Doch Krebsgene in dem Sinn, dass ihr einziger Daseinszweck in der Produktion von Krebs besteht, so wie Histongene (über Transkription und Translation) eben Histone oder Globingene Teile unseres roten Blutfarbstoffs produzieren, gibt es nicht. Gene, die normalerweise in bestimmten sensiblen Aufgabenbereichen des Organismus unbeanstandet ihren Dienst tun, können allerdings auch in Varianten auftreten, die die Entstehung von Krebs begünstigen. Diese sensiblen Bereiche betreffen vor allem die Steuerung des Zellzyklus; sie hängen also mit Wachstum und Zellteilung zusammen, mit der Replikation der DNA, deren nachfolgender Qualitätskontrolle und den gegebenenfalls einzuleitenden Reparaturmaßnahmen. Dazu kommt der Mechanismus der Apoptose, gewissermaßen ein eingebautes Selbstmordprogramm, das unter anderem dann aktiviert wird, wenn Zellen gravierende Schäden des Erbguts nicht mehr korrigieren können. Schätzungen gehen davon aus, dass mehrere Tausend unserer proteincodierenden Gene an diesen Prozessen beteiligt sind.

Wenn die Aktivierung von Erbanlagen, die in einem Gewebe normalerweise stummgeschaltet sind, zur Entstehung von Krebs führt, spricht man von Protoonkogenen. Im aktivierten Zustand werden sie dann zu Onkogenen. Umgekehrt haben Tumorsuppressorgene erst durch ihre Stilllegung den medizinischen Ernstfall zur Folge.[3] Jahrelang konzentrierte sich die Suche nach den Veränderungen, die diese Gene in potenzielle Zeitbomben verwandeln, fast ausschließlich auf die Gensequenz.[4] Sie wird, irgendwo in einzelnen Zellen eines Gewebes, vor allem durch Punktmutationen verändert, durch Wegfall oder Verlagerung ganzer Chromosomenabschnitte (Deletionen und Translokationen) und andere kleine genetische Katastrophen.

In den letzten Jahren aber, und das ist sowohl für Epigenomics als auch für dieses Buch ausschlaggebend, wächst die Einsicht, dass auch epigenetische Veränderungen maßgeblich zur Krebsentstehung beitragen. Aus heutiger Sicht kann diese Tatsache kaum überraschen, denn in einem derart komplexen Regulationsnetzwerk geht eben, allen eingebauten Sicherungsmaßnahmen zum Trotz, auch mal etwas schief –, vor allem, wenn schädigende Umwelteinflüsse im Spiel sind. Krebs ist vor allem eine Krankheit älterer Menschen, und das Alter streut zunehmend Sand ins epigenetische Getriebe.

Dass die Methylierung von Genen mit der Entstehung von Krebs zu tun haben könnte, ist kein neuer Gedanke. Entsprechende Vorstellungen wurden schon in den 1960er-Jahren, kurz nach der Entdeckung der DNA-Methylierung, geäußert.[5] Die Verknüpfung von epigenetischen Mechanismen und Krebs (und anderen, insbesondere psychiatrischen Krankheiten) ist seit Jahrzehnten eine konstante Größe innerhalb der Forschungslandschaft, schon zu einer Zeit, als der Begriff Epigenetik kaum verwendet wurde.

Doch wie die Sequenzierung von DNA-Abschnitten war auch die Analyse der epigenetischen Markierungen lange Zeit eine äußerst mühselige und zeitraubende Angelegenheit. Man bewegte sich im Schneckentempo voran. Erst als sich die technischen und methodischen Voraussetzungen verbesserten, nahm auch die epigenetische Krebsforschung Fahrt auf, und aus einer stetig wachsenden Zahl punktueller epigenetischer Absonderlichkeiten von Krebszellen begann sich ein Bild des großen Ganzen herauszuschälen.

Auffälligstes epigenetisches Kennzeichen einer typischen Krebszelle ist eine ausgeprägte genomweite Untermethylierung.[6] Im Vergleich zu gesunden Zellen fehlen Methylgruppen vor allem an den durch zahllose Wiederholungen gekennzeichneten mobilen genetischen Elementen, aber auch an codierenden Sequenzen. Dieser Mangel an Methylgruppen wird immer ausgeprägter, je weiter der Krebsprozess fortschreitet.

Noch immer ist nicht abschließend geklärt, ob diese genomweite Unterversorgung nun die Ursache oder die Folge der Krebsentstehung ist. In jedem Fall trägt der Verlust von Methylgruppen zu einer Instabilität der Chromosomen und zur Aktivierung von Transposons bei, Prozesse, die buchstäblich den Zerfall der vertrauten Kernstrukturen zur Folge haben. Nimmt man Mäusen die Fähigkeit, die Methylierung der DNA bei Zellteilungen sicher an die Tochterzellen weiterzugeben, entwickeln die Tiere im Alter von vier bis acht Monaten einen aggressiven Krebs des Lymphgewebes, der rasch zum Tod führt, eine drastische Demonstration, die für eine aktive Rolle der Methylierung zumindest bei bestimmten Krebsarten spricht.[7]

DNA-Methylierung geht in Krebszellen zwar genomweit verloren, in CpG-Inseln, die häufig mit Tumorsuppressorgenen assoziiert und normalerweise nicht methyliert sind (s. Kap. 5), steigt sie dagegen dramatisch an. »Jedem Tumortyp«, schreibt der renommierte spanische Krebsforscher Manel Esteller[8], »kann ein spezifisches definierendes DNA-Hypermethylom zugeordnet werden«, also ein charakteristisches Muster an, im Vergleich zu gesunden Zellen, übermethylierten Sequenzen, die innerhalb eines einzigen Tumors 100 bis 400 CpG-Inseln umfassen können. Der von Epigenomics entwickelte Test zur Darmkrebs-Früherkennung zielt auf eine solche in Krebszellen methylierte Häufung von Cytosin-Guanin-Sequenzen ab.

Mit dem Fortschreiten der Tumorbildung häufen sich auch auf den Histonschwänzen die Veränderungen. Das gesamte epigenetische Regulationsgefüge beginnt aus dem Ruder zu laufen. Dazu tragen auch genetische Mutationen bei, die Gene für epigenetisch wirksame Enzyme in Mitleidenschaft ziehen. Die Zelle verliert über elementare Prozesse zunehmend die Kontrolle. Das Unheil nimmt seinen Lauf.

Wer sich mit dem kranken Organismus beschäftigt, sollte die Verhältnisse im gesunden Körper kennen. Im Jahr 2003, auf der Höhe des »Om-Booms« – Genom, Proteom, Methylom, Hypermethylom und andere mehr –, hoben deshalb Epigenomics und das britische Wellcome Trust Sanger Institute, eine der weltweit bedeutendsten Einrichtungen zur Genomforschung, das *Human Epigenome Project* (HEP) aus der Taufe. Mit im Boot waren auch französische Wissenschaftler des Centre National de Génotypage in Paris. Das überaus ambitionierte Ziel der nach einem gemeinsamen Pilotprojekt geschlossenen Vereinbarung sah vor, innerhalb von nur fünf Jahren »die DNA-Methylierungsmuster genomweit in allen menschlichen Genen und allen Geweben zu identifizieren, zu katalogisieren und zu interpretieren«.[9]

Das bedeutete viel Arbeit. Ein Mensch besitzt zwar nur ein Genom, aber viele Epigenome. Die HEP-Forscher wollten sich zwar auf die Methylierung beschränken, es liegt aber gerade in der Natur der epigenetischen Sache, dass sich die Epigenome von Zellen – die Gesamtheiten ihrer epigenetischen Markierungen – von Zelltyp zu Zelltyp, von Gewebe zu Gewebe, von Krankheit zu Krankheit, zwischen Frauen und Männern und in verschiedenen Altersstufen unterscheiden. Das Ganze ist daher ein gewaltiges, nur durch ein Höchstmaß an Automatisierung zu bewältigendes Mammutprogramm.

»Ein solches Projekt passte damals einfach in die Zeit«, sagt Achim Plum. »Je größer, desto besser.« Es geriet zu groß, wie sich herausstellen sollte. Die Luft bzw. das Geld reichte nur für ein erstes Etappenziel, eine Analyse der menschlichen Chromosomen 6, 20 und 22, die 2006 in dem renommierten Fachblatt *Nature Genetics* veröffentlicht wurde für Epigenomics, das in einem Team von 27 Wissenschaftlern sogar den Erstautor stellte, sicher ein enormer Prestigegewinn.[10]

»Wir haben dabei unglaublich viel gelernt«, sagt Achim Plum, und aus seiner Stimme ist ein Hauch von Bedauern herauszuhören. Die Idee eines Epigenomprojekts lebt in den USA weiter, in Berlin musste man aber einsehen, dass dieses Vorhaben für ein kleines Biotechunternehmen eine Nummer zu groß war, und beschränkte sich fortan auf das Kerngeschäft, die Entwicklung und Bereitstellung von Verfahren zur molekulardiagnostischen Früherkennung von Krebs.

Am weitesten fortgeschritten ist das Darmkrebsprojekt; die Markteinführung eines spezifischen Tests, eben jenes ^{m}SEPT9 Detection Assay, steht unmittelbar bevor. Neue diagnostische Verfahren für die Erkennung von Lungen- und Prostatakrebs werden folgen. Während sich vor uns sonnenbebrillte Touristenmassen durch die Hackeschen Höfe schieben, erläutert Achim Plum die Tücken der Darmkrebs-Früherkennung.

»Ein Tumor gibt DNA ins Blut ab, warum, ist nicht wirklich verstanden. Schönheitsfehler: Diese DNA ist schwer zu finden.« Man könnte auch nach tumorspezifischen Mutationen suchen, die aber bei den meisten Krebsformen sehr heterogen sind. Die Wege, die zu einer Entartung von Zellen führen, sind erschreckend vielfältig. Man müsste nach sehr vielen Mutationen gleichzeitig suchen, um die ganze Variationsbreite zu erfassen und zu einer einigermaßen sicheren Aussage zu kommen. Die Suche nach bestimmten methylierten Genen vereinfacht die molekulare Diagnostik erheblich, denn das von Epigenomics verwendete Septin-9-Gen ist in über 90 Prozent aller Darmtumore methyliert, in gesundem Gewebe dagegen so gut wie nie. Wie genau das Gen an der Entstehung von Darmkrebs beteiligt ist, ist dabei gar nicht so wichtig. Entscheidend ist die hohe Korrelation zwischen dem Auftreten von Krebs und der methylierten Form des Gens, und zwar in allen Stadien und Lokalisationen des Tumors. Septin 9 ist in der Sprache der Wissenschaftler ein Biomarker, und zwar ein sehr guter. Ihn identifiziert zu haben ist, neben all den selbst entwickelten technischen Tricks, das wichtigste Kapital von Epigenomics. Gerade für die Suche nach epigenetischen Markern ist das Unternehmen nach jahrelanger Forschungsarbeit bestens ausgerüstet.

Nun muss man das methylierte Gen nur noch finden. Auch andere Zellen geben DNA ins Blut ab. Es geht um den Nachweis winzigster Mengen, um einzelne Genomkopien, die sich, aus welchem Grund auch immer, ins Blutplasma verirrt haben. Genau das leistet das nun marktreife Produkt. Es erkennt 70 Prozent aller Tumore. Einfache Stuhltests, wie sie zum größten Teil verwendet werden, liegen bei 30 bis 40 Prozent.

»Der Test ist so leistungsfähig wie die besten nichtinvasiven stuhlbasierten Verfahren«, sagt Achim Plum. »Aber eben auf Blut, da sehen wir die Nische. Die Hauptschwierigkeit bei der Krebsvorsorge ist, dass die Leute es nicht machen. Sie nehmen nicht teil.«

Nur 20 Prozent der über fünfzigjährigen Menschen, die in Deutschland Darmkrebs-Früherkennung betreiben sollten, führen die einfachen Stuhltests durch. Katastrophal fallen die Zahlen für die Darmspiegelung aus, die den über Fünfundfünfzigjährigen empfohlen wird. Pro Jahr nutzen nur drei Prozent der

Zielgruppe das kostenlose Angebot. »Der Test soll die Darmspiegelung nicht ersetzen«, betont Achim Plum. »Richtig durchgeführt, ist sie ein fast perfektes diagnostisches Verfahren. Wenn dieselbe Anzahl von Menschen, die heute einen Stuhltest machen lässt, bereit wäre, unseren Bluttest zu nutzen, wäre der Effekt auf die Mortalität unglaublich, ein Riesenschritt nach vorne in der Darmkrebs-Früherkennung.« Zunächst wird man diesen Test allerdings aus der eigenen Tasche bezahlen müssen. Die Kosten werden sich etwa im Rahmen einer schicken Designer-Jeans bewegen – angesichts der Brisanz der gelieferten Ergebnisse dürfte das auch für Normalverdiener zu verkraften sein. Bis die Krankenkassen den Test in ihren Leistungskatalog aufnehmen, kann noch viel Zeit ins Land gehen.

Ein anderes mögliches Einsatzgebiet der Epigenetik betrifft die Prognose über den weiteren Krankheitsverlauf und Vorhersagen darüber, wie gut Tumore auf bestimmte Medikamente ansprechen werden, ein Schritt in Richtung einer exakt auf den individuellen Patienten zugeschnittenen Medizin. So ist die Übermethylierung bestimmter Suppressorgene bei Tumoren in Lunge, Darm und Gehirn mit einer für den Patienten sehr schlechten Prognose verbunden, was im Einzelfall gegen den Einsatz weiterer medizinischer Maßnahmen spräche, die das Leiden nur unnötig verlängern würden. Der Methylierungsstatus anderer Gene ist dagegen mit einer positiven Reaktion auf bestimmte Chemotherapien assoziiert. In beiden Fällen erhalten die behandelnden Ärzte wichtige zusätzliche Entscheidungshilfen, wie in einem konkreten Krebsfall weiter zu verfahren ist.

Früherkennung, Diagnose und Prognose sind wichtig, doch Epigenetiker träumen auch von einem therapeutischen Einsatz ihrer Verfahren. Epigenetische Markierungen sind reversibel, sogar in den massiv veränderten Krebszellen. Ein hochkarätiges Team[11] hat dies 2004 eindrucksvoll an Mäusen bewiesen. Die

Forscher transplantierten Zellkerne aus Leukämie-, Lymphgewebe- und Brustkrebszellen in gesunde entkernte Eizellen, und trotz der zweifelhaften Qualität ihres Erbguts absolvierten die künstlich zusammengesetzten Zellen mit Bravour die ersten Teilungen und lieferten normale Blastozysten. In einem Fall konnten sogar embryonale Stammzellen entnommen werden, die in der Lage waren, eine Vielzahl von unterschiedlichen Zelltypen hervorzubringen. Der tödliche Krebs, der den transplantierten Zellkernen in Gestalt zahlloser epigenetischer Fehlmarkierungen innewohnte, schien wie ausradiert. Eine epigenetische Reprogrammierung, ein Jungbrunnen.

Doch leider hatte das spektakuläre Experiment kein Happy End. Die Forscher injizierten diese Stammzellen nämlich in andere Blastozysten und erzeugten Chimären, man könnte auch sagen Mosaike, Tiere, die sich aus den Zellen zweier Individuen zusammensetzen. Zwölf dieser Mischwesen erreichten das Erwachsenenalter. Und alle entwickelten einen Krebs, der sehr viel bösartiger war, als die Ausgangsformen. Krebs ist eben das Ergebnis von epigenetischen und genetischen Veränderungen. Erstere lassen sich offenbar rückgängig machen, zumindest, was die frühe Embryonalentwicklung angeht, das entstandene Chaos in der DNA-Sequenz aber bleibt.

Tatsächlich können epigenetisch wirksame Arzneimittel schon heute inaktivierte Tumorsuppressorgene wieder zum Leben erwecken.[12] »Es gibt zugelassene Krebsmedikamente, die tatsächlich Demethylierung bewirken, als *mechanism of action*, wie man das so schön nennt«, erläutert Achim Plum. »Sie inhibieren die Methyltransferasen, die von Zellgeneration zu Zellgeneration die Beibehaltung der Methylierung sicherstellen. Es kommt zu einem Verlust der Methylierung. Und damit wird die Krebszelle in die Apoptosis gesteuert«, in den programmierten Zelltod.

»Aber diese Demethylierung geschieht doch genomweit, oder?«, wende ich ein.

»Ganz genau. Und da wird's dann schwierig.«

Auch die nächste Generation von Wirkstoffen[13], die auf die Histon-modifizierenden Enzyme zielt, wird notgedrungen »mit dem Vorschlaghammer draufhauen«.

Der Traum bestünde natürlich in Manipulationen, die zielgenau nur das Epigenom einzelner ausgewählter Gene treffen. Doch niemand weiß bisher, wie das zu bewerkstelligen wäre und ob man überhaupt je dazu in der Lage sein wird. Bis dahin bleibt in schweren Fällen nur der Vorschlaghammer, unter Inkaufnahme gravierender Nebenwirkungen. Der kurzzeitige Einsatz solcher Wirkstoffe ist nur gerechtfertigt, wenn es bei Krebspatienten um die pure Lebensrettung geht.[14]

Emma Whitelaw, die erfahrene Pionierin der epigenetischen Forschung, warnt vor übertriebenen Erwartungen: »Es wurde argumentiert, dass medizinische Therapien die reversible Natur von DNA-Methylierung und Histonmodifikationen nutzen könnten, um epigenetische Läsionen, die im Laufe des Lebens erworben wurden, zu reparieren. Sicher, der potenzielle Nutzen für die menschliche Gesundheit ist eine wissenschaftliche Untersuchung wert, aber wie bei der Gentherapie, die ihr Versprechen noch nicht erfüllt hat, sollte man skeptisch bleiben, wie lange dies wohl dauern mag.«[15]

14. Ein schöner Hintern – die RNA-Welt

Die folgende Geschichte handelt von Fleisch und Geld. Ein Farmer im US-Bundesstaat Oklahoma sah sich schon in Dollars schwimmen – warum sonst hätte er den außergewöhnlichen Hammel, der 1983 auf seiner Farm das Licht der Welt erblickte, »Solid Gold« nennen sollen? Bei seinem Anblick muss einem Lammfleisch-Liebhaber das Wasser im Munde zusammengelaufen sein. Solid Golds Hinterteil war so dick mit Muskeln bepackt, dass die normalen Tiere dagegen wie unterernährt wirkten. Der Farmer witterte ein lohnendes Geschäft; als er seinen Rekordhammel aber in Zucht nahm, trat Ernüchterung ein. Denn das neue Merkmal, das Ruhm und Wohlstand verhieß, folgte einem derart vertrackten Erbgang, dass der Farmer seine Felle bald davonschwimmen sah und Fachleute um Rat fragte. Weil ihnen »Solid Gold« wohl doch zu profan erschien, tauften die Forscher das außergewöhnliche Merkmal Callipyge. Was wie der Name einer griechischen Gottheit klingt, bedeutet schlicht: schöner Hintern.

Zuerst entwickelte sich alles ganz großartig. Solid Gold wurde mit normalen Mutterschafen gekreuzt, und etwa die Hälfte seiner Nachkommen, ob männlich oder weiblich, entwickelte ein ähnlich prächtiges Hinterteil wie ihr Vater. Erfreulicherweise sah alles nach einem klassischen dominanten Erbgang aus. Als dann aber eine der Callipyge-Töchter mit einem normalen Hammel verbandelt wurde, besaß kein einziges Enkellamm Solid Golds Qualitäten, obwohl einige die verantwortliche Mutation nachweislich in sich trugen. Plötzlich verhielt sich das Große-Hinterbacken-Merkmal so, als sei es rezessiv und außerstande, sich gegen die normale Variante durchzusetzen. Paarte man nun in der dritten Generation einen der Hammel, die Träger der Callipyge-Mutation waren, ohne das Merkmal auszuprägen, mit einem normalen Schaf, war alles wieder so, wie der Farmer es sich erträumt hatte. Offenbar kann der schöne Hintern von Solid Gold nur von männlichen Schafen weitervererbt werden.[1]

Für Michel Georges von der belgischen Universität Liège wurde »die Sache völlig bizarr«[2], als die Forscher nach weiteren Kreuzungen Tiere erhielten, die das Merkmal sowohl vom Vater als auch von der Mutter geerbt hatten, die also reinerbig waren und nach landläufiger Vorstellung in jedem Fall ein Ebenbild von Solid Gold hätten sein müssen. Trotzdem waren sie nur mit Hinterteilen in enttäuschendem Normalmaß ausgestattet. Der schöne Hintern zeigt sich also nur dann, wenn die Lämmer eine einzelne Genkopie vom Vater erben. Bringt auch die Mutter Solid Golds Qualitäten ein, führt dies auf irgendeine Weise zur Neutralisierung des väterlichen Einflusses.

Wie ist das möglich? Die Beantwortung dieser Frage führt zu einer Serie von sensationellen Entdeckungen, die unser Bild von den Vorgängen in der Zelle innerhalb weniger Jahre nachhaltig verändert haben. Sie führt mitten hinein in eine neue molekularbiologische Weltordnung.

Wir leben in einem Zeitalter wissenschaftlich-technischer Revolutionen. Da wären, um nur einige zu nennen, die digitalen Revolutionen mit Personal Computern, Mobilfunk und Internet und die Revolutionen in den Biowissenschaften, die Gentechnik, die Genomsequenzierungsrevolution und das zentrale Thema dieses Buches, die epigenetische Revolution. Manche sind schon Vergangenheit und vollkommen in unserem technisierten Alltag aufgegangen, andere, bei denen für die Bevölkerung spürbare Veränderungen noch auf sich warten lassen, sind in vollem Gange, und wieder andere, wie die Nanotechnik- und die Erneuerbare-Energien-Revolution, stehen kurz vor dem Ausbruch. Es sind so viele, und sie brechen in so rascher Folge über uns herein, dass einem normalen Bürger die eine oder andere leicht entgehen kann. Oder haben Sie bemerkt, dass wir seit wenigen Jahren nicht mehr in einer DNA-, sondern in einer RNA-Welt leben?

Bei der biowissenschaftlichen Revolution, die zu diesem Wandel geführt hat, ist nicht abzusehen, ob ihr Höhepunkt bereits überschritten ist oder noch vor uns liegt. Sie ist allerdings definitiv nicht beendet und von so grundlegender Bedeutung und außerhalb der Wissenschaftszirkel derart unbemerkt geblieben, dass sie hier unbedingt Erwähnung finden muss, zumal ein enger Zusammenhang mit der Epigenetik besteht. Man könnte sie als eine Art kopernikanische Wende in der Biologie bezeichnen. Sie schütteln den Kopf? Sicher, der Vergleich ist sehr hoch gegriffen, wahrscheinlich zu hoch. Bedenkt man andererseits die zentrale Rolle der DNA, die dieses Molekül seit mehr als einem halben Jahrhundert spielt, scheint seine Verwendung durchaus gerechtfertigt. Spätestens seit Watson und Crick 1953 ihre Struktur aufklärten, wurde die DNA zum Dreh- und Angelpunkt biologischen Denkens. Wir lebten in einer DNA-Welt.

Ihrer kleinen Schwester, der Ribonukleinsäure, kurz RNA, waren im molekularen Geschehen der Zelle lange Zeit nur Hilfstätigkeiten zugedacht. Sie unterscheidet sich von der DNA in zwei Details: Sie enthält ein etwas anderes Zuckermolekül, eben die namengebende Ribose statt der Desoxyribose, und sie verwendet statt Thymin die Base Uracil, die von dem in der DNA verwendeten Baustein nur durch eine Methylgruppe abweicht. In Gestalt der einsträngigen Boten-RNA (*messenger*-RNA oder mRNA) transportiert sie die in der DNA enthaltene Information aus dem Kern ins Zellplasma, wo die Proteinfabriken der Zelle warten, die Ribosomen, die ebenfalls aus RNA-Bausteinen bestehen (rRNA). Eine weitere Gruppe von exotisch geformten RNAs, die transfer- oder tRNAs, schleppen die zum Proteinbau nötigen Aminosäuren heran.

Wie gesagt – in der DNA-Welt leistete die RNA nur bessere Hilfsdienste, den Transport von Informationen und Aminosäuren von hier nach da. Die belebte Sphäre unseres Planeten, so wie wir sie kennen, hatte jedoch einen oder mehrere Vorläufer, in denen diese Moleküle möglicherweise eine ganz andere Position einnahmen. Das Leben bzw. eine primitive Vorform davon könnte als RNA begonnen haben. Der Begriff RNA-Welt bezog sich ursprünglich auf eine mehrere Milliarden Jahre zurückliegende hypothetische Zeit, in der es weder DNA noch Proteine gab, sondern nur einfache, sich selbst vervielfältigende RNA-Moleküle. Diese Vorstellung geht in Ansätzen bis in die 1960er-Jahre zurück, geriet dann aber bald auf ein Abstellgleis, weil es nicht gelang, ein grundsätzliches Problem zu lösen. Wie sollte sich diese archaische RNA vervielfältigen, wenn es keine Enzyme gab, die die dazu erforderlichen chemischen Reaktionen katalysierten? Von selbst verbinden sich die chemischen Bausteine nicht oder nur widerwillig. Zwar wurde über katalytisch wirksame RNAs spekuliert, die diese Aufgabe hätten übernehmen können, aber den meisten Forschern schien dieser Gedanke zu weit hergeholt. RNAs – Moleküle, die Lieferantendienste für die DNA übernehmen – als Biokatalysatoren? Unmöglich. »Keiner der frühen Autoren«, schrieb Francis Crick in einer 1993 unter dem Titel *The RNA-World* erschienenen Aufsatzsammlung, »war clever genug, sich vorzustellen, dass Relikte dieser hypothetischen RNAs mit katalytischer Wirkung heute noch vorhanden sein könnten.«[3]

Aber es gibt sie tatsächlich, im Hier und Jetzt. In dem Einzeller *Tetrahymena* stießen Thomas R. Cech und Sidney Altman, die für diese Entdeckung später mit dem Nobelpreis belohnt wurden, 1981 auf das erste Ribozym (zusammengefasst aus Ribonukleinsäure und Enzym), eine RNA mit katalytischer Aktivität, wie man sie bisher nur von Proteinen kannte. Damit erschien es denkbar, dass die kleine Schwester der DNA in

Eigenregie sowohl die Speicherung von Information als auch deren Weitergabe übernehmen konnte. Der Weg war frei für die 1986 von Walter Gilbert formulierte RNA-Welt-Hypothese.

Seitdem überstürzten sich die Ereignisse. Es wurde deutlich, dass »RNA-Moleküle viele unterschiedliche Formen annehmen und somit viele verschiedene Funktionen erfüllen können«.[4] Sie falten und verrenken sich zu komplizierten Strukturen und erreichen damit eine Vielfalt an molekularen Gestalten, die bisher ausschließlich für Proteine im Bereich des Möglichen schienen. Mit diesen können RNAs komplexe Verbindungen eingehen, die das Spektrum möglicher Funktionen zusätzlich erweitern.[5]

Sechs Jahre nach der ersten Auflage von *The RNA-World*, für die Francis Crick seinerzeit ein enthusiastisches Vorwort beigesteuert hatte, erschien 1999 eine Neuausgabe, und diesmal wurde neben den hypothetischen Verhältnissen der präbiotischen RNA-Welt auch die Rolle der neu entdeckten RNAs in den heute lebenden Organismen diskutiert. Das Bild der RNA bekam immer neue Facetten und wurde zunehmend komplexer, und doch war man, wie sich herausstellen sollte, erst am Anfang der Entwicklung. Denn 2006 wurde schon eine dritte Auflage des Klassikers erforderlich. In den Jahren zuvor, so die Herausgeber, »befand sich das Gebiet am Rand einer Explosion von Entdeckungen wichtiger neuer Funktionen der RNA, die bis dahin unvorstellbar waren«.[6] Der Umfang des Bandes war auf fast 800 Seiten angewachsen, und zwei Drittel seines überaus gehaltvollen Inhalts bestand nun in einer Darstellung der RNA-Vielfalt und -Funktionen in der heute existierenden Organismenwelt. Aus einem hypothetischen Geschehen auf der Urerde war eine Bezeichnung für die Gegenwart geworden. Ich weiß mich daher in bester Gesellschaft, wenn ich den Begriff in diesem Sinne verwende. Wir Heutigen leben, gemessen an der Vielfalt der Aufgaben und molekularen Erscheinungsformen, in einer RNA-Welt.

Dasselbe gilt natürlich für alle Organismen vor und nach uns, seit der Entstehung des Lebens, wie wir es kennen.

Damit ist die Entwicklung noch immer nicht abgeschlossen. Denn 2007 veröffentlichte das ENCODE-Projekt seine Ergebnisse (s. Kap. 4) und warf eine Fülle von neuen, bis dato unbekannten RNAs auf den Forschungsmarkt. Wer sein Leben der Erforschung dieser Stoffgruppe gewidmet hat, hatte in den letzten Jahren verdammt viel dazuzulernen. Die DNA schrumpfte unterdessen zu einem Großmolekül, das träge im Zellkern herumliegt, während ringsherum die von ihr abgeleitete Kinderschar – ein Gewusel von Proteinen sowie ein Heer von RNAs und epigenetischen Regulatoren – die zelluläre Arbeit erledigen.

Zu den klassischen drei, mRNA, rRNA und tRNA, gesellten sich (in alphabetischer Reihenfolge) asRNA, dsRNA, hnRNA, miRNA, piRNA, rasiRNA, scaRNA, scnRNA, siRNA, snRNA, snoRNA, ssRNA, tasiRNA, tnRNA und andere mehr. Keine Angst, eine Abarbeitung des weiter expandierenden RNA-Zoos sprengt den Rahmen dieses Buchs bei Weitem. Sie würde eine eigene umfangreiche Darstellung erfordern, die jedoch, wegen des erforderlichen Detailwissens, keine Chance hätte, jemals in den Auslagen einer normalen Buchhandlung zu landen.

Sucht man für die Tätigkeitsfelder all dieser neuen RNAs gemeinsame Überschriften, stößt man auf zwei Phänomene, unter die auch die Epigenetik zu subsumieren wäre: Regulation und die Abwehr fremder DNA/RNA. Während epigenetische Mechanismen bereits vor der Transkription greifen, indem sie die Übersetzung der DNA-Sequenz in mRNA verhindern oder ermöglichen, setzen die wichtigsten Mechanismen unter Beteiligung der neuen RNAs erst danach an, darunter die RNA-Interferenz, kurz RNAi, die erst 1998 von Andrew Fire und Craig Mello beim Fadenwurm *Caenorhabditis elegans* entdeckt wurde. Die beiden US-Amerikaner wurden danach mit Forschungspreisen überhäuft und schon 2006 mit dem Nobelpreis für Medizin geehrt. Sie hatten nicht nur einen vollkommen neuartigen Mechanismus der Zellverteidigung entdeckt, sondern sich und ihre Kollegen auch mit einem überaus machtvollen neuen Forschungsinstrument ausgestattet, von dem frühere Wissenschaftlergenerationen nur träumen konnten.

Die Entdeckungsgeschichte der RNA-Interferenz führt zurück in die späten 1980er-Jahre, und sie führt nach Köln, auf Versuchsflächen des Max-Planck-Instituts für Züchtungsforschung, mitten in eine erbittert geführte Debatte um die ersten Freisetzungsversuche mit gentechnisch veränderten Pflanzen auf deutschem Boden.[7]

In einem dieser Versuche war Petunien eine zusätzliche Kopie eines Gen eingeschleust worden, das an der Produktion eines blauroten Blütenfarbstoffs beteiligt ist.[8] Doch statt die beliebten Balkonpflanzen, wie geplant, mit noch intensiver gefärbten Blüten auszustatten, sorgte das neue Gen für das genaue Gegenteil. Zur Überraschung der Forscher wiesen viele Blüten weiße Flecken auf oder waren gänzlich farblos. Auf irgendeine Weise hatte die zusätzliche Genkopie nicht nur sich selbst, sondern auch das ursprünglich schon vorhandene Gen abgeschaltet, ein Phänomen, das auch bei weiteren ähnlichen Versuchen mit transgenen Pflanzen auftrat.

Folgeuntersuchungen brachten dann an den Tag, dass in solchen Fällen nicht nur die Gene verstummten, auch die schon produzierte mRNA dieser Gene wurde abgebaut. Spätestens jetzt wurden die Wissenschaftler neugierig. Eine Methode, mit der gezielt einzelne Gene, ja sogar deren mRNAs ausgeschaltet werden können, war für die Forscher von höchstem Interesse. So ließ sich herausfinden, was diese Erbanlagen tun. Also wurde fieberhaft weitergeforscht und der Knock-down der Gene perfektioniert.

Schon länger war bekannt, dass auch eine sogenannte *antisense*-RNA eine ähnliche Wirkung erzielte. Boten-RNA ist einsträngig, sie ist das komplementäre Pendant zum codierenden Strang der DNA. Fertigt man von dieser mRNA wiederum einen komplementären RNA-Strang an, erhält man die *antisense*-RNA. Wegen der festen Basenpaarung entspricht ihre Basenfolge dem Ausgangsstrang der DNA. (Sie enthält allerdings Uracil statt Thymin.)

Man versah Zellen nun mit einer zusätzlichen Variante des Gens, das man im Auge hatte. Dieses neue Gen war aber keine bloße Kopie, sondern gewissermaßen ein Spiegelbild des Originals. Letzteres produzierte weiter die korrekte mRNA, das neue Gen dagegen deren *antisense*-Variante. Mihilfe der einen fabrizierte die Zelle ein Protein, mit der anderen war das nicht möglich. Was kann eine Zelle mit einer derart verwirrenden Botschaft anfangen? Offenbar nicht viel, denn beide RNAs verschwanden, in perfektem Gleichklang. Bald gab es nicht mehr die geringsten Spuren – als hätten sich die beiden, die ja perfekt zusammenpassten, verbunden und seien danach von der Zelle im Verbund aus dem Verkehr gezogen worden. Was da im Detail vor sich ging, verstand niemand. Angewendet wurde es trotzdem, sogar in kommerziellen Zusammenhängen. Die berühmte Anti-Matsch-Tomate, ein ebenso spektakuläres wie überflüssiges Erzeugnis der Biotechnologie, ist ein Produkt dieses Verfahrens.[9]

Andrew Fire und Craig Mello stellten nun fest, dass dieses *gene silencing* noch besser funktionierte, wenn man doppelsträngige RNA in die Zellen schleuste. Sie enthält beides, die mRNA des Zielgens und die dazu komplementäre *antisense*-Variante. Man sparte sich gewissermaßen den Weg über das Gen. Das Geschehen wurde dadurch zunächst noch rätselhafter.

Der Nebel begann sich erst zu lichten, als man auf winzige Fragmente stieß, die eindeutig von der eingeschleusten RNA stammten. Was man 30 Jahre lang für unbedeutende Trümmer und Abbauprodukte gehalten und deshalb ignoriert hatte[10], entpuppte sich plötzlich als essenzieller Bestandteil eines wichtigen, bislang unentdeckten und evolutionär offenbar sehr alten zellulären Abwehrmechanismus. Kleine und kleinste RNAs betraten die Bühne, und sie wurden schnell als Hauptdarsteller identifiziert und bejubelt.

Um eine lange Geschichte abzukürzen, hier der faszinierende Ablauf der von Fire und Mello entdeckten RNA-Interferenz, wie er sich heute darstellt: In den Zellen vieler Organismen lauert ein Enzym-Raubtier mit dem schönen Namen DICER, der sich vom englischen *to dice* ableitet, was so viel bedeutet wie »in Würfel schneiden«. Spürt DICER eine doppelsträngige RNA auf, wird diese vom Enzym in kleine, 21 bis 24 Basenpaare lange Fragmente zerlegt, die sogenannten *small-interfering*-RNAs, kurz siRNAs. Diese vergleichsweise winzigen Bruchstücke rufen nun weitere Proteine auf den Plan, die sich zusammen mit jeweils einem der doppelsträngigen RNA-Schnipsel zu einem großen Enzymkomplex namens RISC[11] formieren. Einer der beiden kurzen RNA-Stränge wird verworfen und abgebaut, der andere verwandelt RISC in einen Jäger, der mit tödlicher Präzision auf genau eine Art von Beute spezialisiert ist: auf RNA, die über die Basenpaarung exakt zu dem einverleibten Fragment passt. Trifft ein solcher RISC-Komplex auf die richtige RNA-Beute, wird diese durchgeknipst und anschließend dem weiteren enzymatischen Abbau überlassen. Der Jäger bleibt dabei intakt und voll funktionsfähig und kann sich sofort wieder neue Beute suchen. Ein RISC-Komplex ist daher in der Lage, viele RNA-Moleküle zu zerstören, eine wiederverwendbare Präzisionswaffe, die ein genaues Abbild ihres Ziels in sich trägt. Anders als bei vergleichbaren menschengemachten Waffensystemen sind fatale Kollateralschäden ausgeschlossen.

Wer oder was ist so gefährlich, dass die Zellen von Pflanzen und Tieren durch die Evolution schon sehr früh in der Geschichte des Lebens mit einer derart ausgefuchsten Abwehrwaffe ausgestattet wurden? Oder anders gefragt: Woher stammt die doppelsträngige RNA?

Seit wenigen Jahren könnte sie aus den Labors der Menschen stammen. Sie stellen sie mittlerweile künstlich her, um zielgenau einzelne Gene auszuschalten und so Hinweise auf ihre Funktion zu erhalten. Für *Drosophila*, das Haustier der Genetiker, existieren mittlerweile mehr als 15.000 RNAi-Moleküle, eins für den gezielten Knock-out jedes einzelnen Gens der kleinen Fliegen.[12] Bald wird das auch für die Gene des Menschen möglich sein. Noch findet diese künstliche Provokation des RNAi-Mechanismus allerdings fast ausschließlich an Zellen in Gewebekulturen statt.

Die eigentliche Bedrohung für Organismen kommt natürlich aus einer anderen Richtung. Wir sind diesen Angreifern schon begegnet. Es sind Viren und Retroviren, etwa das Tabakmosaikvirus bei Pflanzen oder HIV beim Menschen, sowie deren zahlreiche und uralte Hinterlassenschaften im Genom, die Transposons. Viele von diesen Zellparasiten produzieren in ihrem Lebenszyklus zumindest zeitweilig doppelsträngige RNA und rufen so die Zellabwehr auf den Plan. Mithilfe der RNA-Interferenz versuchen Zellen, die Eindringlinge unter Kontrolle zu halten, sie zu unterdrücken oder zu zähmen, etwa wenn Transposons für eigene Zwecke eingespannt werden, wie in Kap. 9 beschrieben. Nicht immer gelingt die Abwehr. Auch das Immunsystem bietet keinen hundertprozentigen Schutz gegen attackierende Krankheitserreger. Ohne diese Verteidigungsmaßnahmen aber wären Pflanzen und Tiere katastrophal schlechter dran.

Zwischen der RNA-Interferenz und dem Immunsystem gibt es noch eine weitere faszinierende Entsprechung. Die durch ihre siRNAs auf eine bestimmte RNA-Beute spezialisierten RISC-Jäger können nach einem Angriff, ob von innen aus dem eigenen Genom oder von außen durch Viren, erhalten bleiben und eine

Art Immunität verleihen, die sogar über Zellteilungen an Tochterzellen weitergegeben wird, obwohl diese nie selbst Ziel eines solchen Angriffs waren. Bei Pflanzen werden die »geladenen« RISC-Komplexe auch zwischen den Zellen ausgetauscht, sodass ein erfolgreich abgewehrter Virenangriff auf einige wenige Zellen zu einer anhaltenden Immunisierung der gesamten Pflanze führt. Um die eigene Abwehr zu Höchstleistungen und einer nachhaltig wirksamen Antwort anzutreiben, können Pflanzen sogar dazu übergehen, doppelsträngige RNA, die Ursache des ganzen Ärgers, selbst zu vervielfältigen.

Parasiten und ihre Wirte liefern sich seit vielen Millionen Jahren ein dramatisches Wettrüsten. Jeder Schachzug der einen Seite führt, der Selektion sei Dank, zu einer Antwort der anderen. Das Ergebnis ist eine labile Form der Koexistenz. Fänden die Wirte kein Gegenmittel gegen eine neue Angriffsstrategie der Parasiten, wäre ihr Schicksal besiegelt. Im schlimmsten Fall drohten Vernichtung und Aussterben. Die RNA-Interferenz setzte umgekehrt die Viren unter Zugzwang. In Kuhpocken- und menschlichen Influenzaviren stießen amerikanische Forscher[13] auf zwei Proteine, die für eine erfolgreiche Infektion essenziell sind. Es zeigte sich, dass diese Proteine an doppelsträngige RNA binden und die RNA-Interferenz der Wirtszellen unterdrücken können, ein Ergebnis, das eine gute und eine schlechte Nachricht enthält. Die gute lautet: Wir und mit uns viele Tiere und Pflanzen verfügen über ein wirksames Virenabwehrsystem, von dem wir bis vor Kurzem gar nichts wussten. Leider, und das ist die schlechte Nachricht, hat die Gegenseite bereits ausgeglichen. Auch Pflanzenviren haben nachgerüstet.[14] Der Vorsprung ist zusammengeschmolzen.

Schon 1993 waren Forscher auf eine andere Gruppe kleiner RNAs gestoßen, den Namen microRNAs erhielten diese allerdings erst nach der Jahrtausendwende, als drei Arbeitsgruppen unabhängig voneinander erneut fündig wurden, darunter auch ein deutsches Team vom Max-Planck-Institut für Biophysikalische Chemie in Göttingen.[15] Durch Faltung ihrer ursprünglich einsträngigen Basenkette enthalten auch microRNAs doppelsträngige Bereiche und bedienen sich eines sehr ähnlichen Enzyminstrumentariums wie die RNA-Interferenz. Sie werden von einem DICER zurechtgestutzt und verbinden sich mit diversen Proteinen zu RISC-Komplexen, sind aber keine Fremd-RNA, sondern eine Eigenproduktion des Organismus. Sie liegen als RNA-Gene codiert im Genom vor und entstehen wie die mRNA von Proteingenen durch Transkription. Hier enden allerdings die Gemeinsamkeiten, denn microRNAs werden niemals in Eiweißmoleküle übersetzt. Ihre Aufgabe ist die Regulation der Proteinsynthese.

Wie bei der RNA-Interferenz wird ein RISC-Komplex, der mit einem microRNA-Fragment beladen wurde, zu einem spezifischen Jäger. Seine Beute ist allerdings keine potenziell gefährliche Fremd-RNA, sondern normale, zu der Sequenz seiner microRNA passende Boten-RNA.[16] Trifft Jäger auf Beute, gibt es zwei Möglichkeiten: Passen die Sequenzen von micro-RNA und mRNA perfekt zusammen, erleidet Letztere das gleiche Schicksal wie unerwünschte Eindringlinge. Sie wird zerschnitten und abgebaut und steht als Vorlage für die Proteinproduktion nicht mehr zur Verfügung. Ist die Übereinstimmung nicht exakt, finden also nicht alle Basen der entscheidenden microRNA-Sequenz einen passenden Bindungspartner, wird die Übersetzung der Boten-RNA in Protein nur behindert. In einem solchen Fall können weitere RISC-Komplexe mit anderen microRNAs an die gleiche Boten-RNA binden, um die Proteinproduktion weiter zu drosseln oder vollständig zu stoppen.

Zellen verfügen auf diese Weise über ein fein justierbares System, das Einfluss auf die Menge und Effektivität vorhandener mRNAs und damit auch auf die Menge des produzierten Proteins nimmt. Die Aktivität der diversen microRNA-Gene ist gewebespezifisch und charakteristisch für bestimmte Entwicklungsphasen.

Beim Menschen sind bisher über 400 verschiedene microRNAs gefunden worden, wobei jede einzelne, mehr oder weniger perfekt, an Hunderte von unterschiedlichen mRNAs binden kann. Schätzungen gehen davon aus, dass mindestens ein Drittel unserer Proteingene auf diese Weise reguliert wird. Wie überall kann natürlich auch hier etwas schiefgehen, möglicherweise mit fatalen Folgen. In Krebszellen konnten jüngst einige microRNA-Gene identifiziert werden, die durch Methylierung inaktiviert waren und somit als Regulatoren ausfielen – eine weitere Stufe auf der Kaskade des fortschreitenden Kontrollverlusts.[17]

Für Viren war dieser Mechanismus offenbar zu verführerisch, als dass sie ihm hätten widerstehen können. Mittlerweile sind mehrere Fälle belegt, in denen sie sich mit eigenen microRNAs in das biochemische Räderwerk der Zelle einklinken, um befallene Wirtszellen in ihrem Sinne zu manipulieren.[18] Herpesviren, die mit dem bei AIDS-Patienten auftretenden Kaposi-Sarkom assoziiert sind, codieren in ihrem Genom elf microRNAs, die in infizierten Zellen auch alle nachgewiesen wurden. Als man mithilfe ihrer Sequenz herauszufinden versuchte, welche mRNAs der Wirtszellen als Ziele infrage kommen, stieß man vor allem auf solche, deren Produktion in infizierten Zellen heruntergefahren wird – vermutlich ein Werk der vom Virus mitgebrachten microRNAs.

Der Epstein-Barr-Virus, ebenfalls der Herpesfamilie zugehörig, führt in seiner DNA fünf kleine RNAs mit sich.[19] Als man die microRNAs einer bestimmten mit dem Virus infizierten Zelllinie untersuchte, stellte sich heraus, dass vier Prozent nicht von der Wirtszelle, sondern vom Virus stammten. Wieder suchten die Forscher in Datenbanken nach potenziellen Zielen dieser viralen microRNAs. Was sie fanden, berührte Bereiche, die für jede Zelle von elementarer Bedeutung sind, unter anderem Transkription, Zellteilung und Zelltod. Mithilfe des biochemischen Apparats der Wirtszellen regulierten die viralen microRNAs aber auch die eigenen Genprodukte.

Zurück zu Solid Gold, jenem rekordverdächtigen Schafbock in Oklahoma und der seltsamen Vererbung seines prächtigen Hinterteils. Bis zum Jahr 2005 musste sich der schwer enttäuschte Farmer gedulden, bis er eine Erklärung dafür bekam, warum sich sein Traum von Ruhm und Reichtum so rasch in Luft aufgelöst hatte. Ob diese Erklärung ihn dann noch interessierte und ob er sie überhaupt verstehen konnte, ist zu bezweifeln. Es dürfte für ihn kein Trost gewesen sein, dass er die Schuld fortan einzig und allein den weiblichen Schafen und ihren verdammten microRNAs geben konnte.

Was der belgische Forscher Michel Georges und sein internationales Team nach jahrelangen Untersuchungen zutage förderten, war das erste Beispiel für einen bizarren Geschlechterkrieg, der lautlos und unsichtbar zwischen väterlichen und mütterlichen Genen ausgetragen wird. Die Waffen, die dabei zum Einsatz kommen, sind Methylgruppen und microRNAs.[20]

Zur Erinnerung: Solid Golds vielversprechende Eigenschaften vererbten sich nur, wenn das Callipyge genannte Merkmal vom Vaterschaf stammte. Wurde es von der Mutter oder, was besonders merkwürdig war, von beiden Eltern beigesteuert, besaßen alle Hinterteile der Schafsnachkommen nur Normalmaß. Dass sich ein Merkmal nur ausprägt, wenn es von einem bestimmten Elternteil stammt, ist nicht ungewöhnlich. Meistens steckt ein Imprinting dahinter, eine genomische Prägung in Gestalt von Methylgruppen, die an bestimmte regulatorische Sequenzen der DNA geheftet werden und von den Eltern schon den Keimzellen mit auf den Weg geben werden. Väter und Mütter versuchen damit sicherzustellen, dass in den Nachkommen nur ihre Genvarianten zum Tragen kommen.

Wird Callipyge vom Vater vererbt, werden alle Lämmer, ob männlich oder weiblich, Solid Gold nacheifern, in den Nachkommen der weiblichen Tiere aber wird das Merkmal unterdrückt. Wenn Callipyge allerdings von beiden Eltern stammt, kommt es zum Konflikt. Wer setzt sich durch? Es kann nicht im Interesse der weiblichen Schafe sein, wenn ihre Lämmer wertvolle Ressourcen in eine unsinnige und krankhafte Muskelhypertrophie investieren. Vielleicht käme das später einigen zu Macho-Schafen herangewachsenen Böcken zugute, keinesfalls jedoch den zukünftigen Müttern. Die sollten ihre Energie, im Sinne der Arterhaltung, dazu verwenden, möglichst viele Nachkommen in die Welt zu setzen und diese optimal zu versorgen. Also haben die Weibchen »Vorkehrungen« getroffen. In unmittelbarer Nähe des Callipyge-Locus stießen die Forscher auf ein ganzes Bündel an microRNA-Genen, die nur in den Müttern aktiv sind. In den Böcken sind sie epigenetisch stillgelegt.

Nun kann man fast erahnen, worauf die mütterlichen microRNAs wohl abzielen. Tatsächlich konnten Georges und seine Kollegen zeigen, dass sie genau zur mRNA des Callipyge-Allels passen. Sobald dieses Gen in einem Nachkommen aktiv wird, stürzen sich von mütterlichen microRNAs geleitete Enzym-Raubtiere (RISC) auf die produzierte Boten-RNA und beginnen ihre Zerstückelungsarbeit. Dabei ist es egal, ob sie es mit einer oder, wie im Falle der reinerbigen Callipyge-Träger, mit zwei Genkopien zu tun bekommen. Callipyge hat keine Chance: Die ausgewachsenen Schafe werden Solid Golds Format nie erreichen und ihre Ressourcen nicht verschwenden, sondern im Sinne der Mutter investieren. Zum ersten Mal konnte hier gezeigt werden, dass die Geschlechter ihre Konflikte auch mit Mitteln der Epigenetik und RNA-Interferenz ausfechten.

Epigenetische Mechanismen wirken auf die Produktion der mRNA ein, auf die Transkription. Doch um die Synthese eines bestimmten Genprodukts einzustellen, reicht es nicht, nur das Gen abzuschalten. Denn möglicherweise befindet sich bereits transkribierte mRNA im Umlauf, die weiterhin für eine Synthese des Proteins sorgt, obwohl das dazugehörige Gen bereits epigenetisch stillgelegt wurde. Epigenetik und die Regulation durch miRNAs ergänzen sich. Sie können unabhängig voneinander oder gemeinsam auf das Ziel hinarbeiten, die Produktion bestimmter Proteine zu drosseln oder ganz zu unterbinden.

Darauf, dass die beiden Mechanismen eng miteinander verbunden sein könnten, deuteten bereits Mitte der 1990er-Jahre Untersuchungen an Tabakpflanzen hin.[21] Der Durchbruch erfolgte aber erst Anfang des neuen Jahrtausends, als deutlich wurde, dass kleine RNAs spezifische Methylierungen von DNA und Histonschwänzen vermitteln können und dass dazu doppelsträngige RNA erforderlich ist. Zuerst war nicht absehbar, inwieweit sich diese an Pflanzen gewonnenen Erkenntnisse auf andere Organismen übertragen lassen. Mittlerweile wächst jedoch die Gewissheit, dass man es mit einem weit verbreiteten Mechanismus zu tun hat, einem Brückenschlag zwischen Epigenetik und RNA-Interferenz, zwei der wichtigsten Forschungsfelder der modernen molekularen Genetik.

Hätte man es nicht fast vermuten können? Als Teil eines großen Enzymkomplexes beweisen die kleinen RNAs Führungsqualitäten und leiten enzymatische Aktivität mithilfe der Basenpaarung genau an die Stellen, wo passende Partnersequenzen zu finden sind – zu Viren- und Transposon- genauso wie zu Boten-RNAs. Warum also nicht auch an die Quelle, dahin, wo die Transposons untergeschlüpft sind und die Genvorbilder der Boten-RNAs gelagert werden, warum nicht direkt zur DNA?

Vielleicht haben viele Forscher insgeheim in diese Richtung gedacht, doch Wissenschaft braucht Beweise. Noch gibt es mehr

Fragen als Antworten. Eines scheint jedoch sicher: Die RNA-Interferenzmechanismen, die Maschinerien um DICER, RISC und die kleinen RNAs, besitzen einen Abzweig, der direkt in Richtung DNA zielt, vor allem auf Transposons, sobald diese sich durch doppelsträngige RNA-Abschriften ihrer Sequenz in der Zelle bemerkbar machen.[22] Ihre DNA und spezifische Positionen auf den Histonschwänzen werden daraufhin methyliert, und die Umwandlung in stummes Heterochromatin wird eingeleitet. Dies betrifft auch die Gene, in denen sich diese mobilen Elemente niedergelassen haben. Bei Pflanzen, den »Meistern der epigenetischen Regulation«, gilt das für sehr viele Erbanlagen, deshalb könnte dieser Stilllegungsmechanismus von großer Bedeutung sein.[23] Barbara McClintock, die Entdeckerin der Transposons hatte diese vor über 50 Jahren ursprünglich als »kontrollierende Elemente« bezeichnet. Es scheint, als sollte sie recht behalten.

Bisher war von kleinen RNAs die Rede, jetzt soll es noch kurz um eine sehr große gehen. Kapitel 6 beschäftigte sich ausführlich mit der Inaktivierung eines der beiden X-Chromosomen bei weiblichen Säugetieren. Eine Erklärung, wie es zu dieser Stilllegung kommt, blieb es allerdings schuldig.

Dass bei der X-Inaktivierung massive Veränderungen vor sich gehen, zeigt schon die Tatsache, dass das betroffene X-Chromosom in Gestalt des Barr-Körperchens einen Zustand annimmt, der sich von dem aller anderen Chromosomen unterscheidet. An dieser Verwandlung eines ganzen Chromosoms sind alle besprochenen epigenetischen Mechanismen beteiligt (und noch mehr), von der DNA-Methylierung über Modifikationen der Histonschwänze und das Chromatin-Remodeling bis hin zum Einbau spezieller Histonvarianten in die Nukleosomenkerne.[24]

Eine Schlüsselrolle erfüllt aber ein *X-inactivation centre* genannter genetischer Hauptschalter, der ein riesiges und sehr eigentümliches RNA-Molekül codiert. Es ist etwa 17.000 Basen lang und wird von dem zur Inaktivierung ausgewählten Chromosom selbst produziert. Zunächst, mit Beginn der Zelldifferenzierung im frühen Embryo, wird dieser Schalter in allen X-Chromosomen betätigt. Nicht nur in den Zellen des weiblichen, auch im männlichen Embryo beginnen sie mit der Produktion der Mega-RNA.[25] Sie zerfällt aber rasch wieder, und erst wenn die Entwicklung weiter fortschreitet, schält sich auf bislang unverstandene Weise das eine weibliche X-Chromosom heraus, bei dem der Prozess der Inaktivierung fortgesetzt wird. Bei den beiden anderen bleiben nur winzige Reste zurück. Die RNA beginnt sich wie ein Mantel um das Chromosom zu legen und löst dann stufenweise das ganze Arsenal epigenetischer Veränderungen aus, die dieses X-Chromosom nahezu vollständig zum Schweigen bringen. Zum Schluss kündet das Barr-Körperchen von dieser Metamorphose, als untrügliches Kennzeichen der Weiblichkeit.

15. Eine Theorie für das neue Jahrhundert

Als Charles Darwin der Welt seine Theorie der natürlichen Selektion präsentierte, wusste er nicht, wie Vererbung funktioniert und woher die zahllosen Varianten kommen, aus denen die Selektion die bestangepassten Individuen auswählt. Er konnte erklären, warum Organismen sich im Verlauf der Evolution verändern, aber er wusste nicht, was ein Gen, eine Mutation oder ein Chromosom ist.

Kein Wunder also, dass die Wissenschaft in der ersten Hälfte des 20. Jahrhunderts bemüht war, diese Lücken mithilfe des neu erworbenen Wissens zu schließen. Männer wie Ernst Mayr, den manche den Darwin des 20. Jahrhunderts nannten, Julian Huxley[1], Theodosius Dobzhansky, Ledyard Stebbins und andere verschmolzen Darwins Lehre mit den Erkenntnissen von Genetik, Populations- und Zellbiologie zur *Modern Synthesis*[2], der Synthetischen Evolutionstheorie. Gene, und nur diese, prägen den Phänotyp eines Organismus, und Mutationen, zufällige Veränderungen der Gene, sind die Ursache für das Auftreten immer neuer Variationen. Die Population, eine Gruppe von Individuen einer Art, die in Raum und Zeit zusammenleben, wurde zur zentralen Einheit der Evolutionsbiologie. Individuen sind selektierbar, sie sind mehr oder weniger erfolgreich und setzen viele, wenige oder gar keine Nachkommen in die Welt, Populationen aber evolvieren. Genetiker wie R. A. Fisher und Sewall Wright entwickelten ein kompliziertes mathematisches Instrumentarium, um die Häufigkeitsveränderungen von Genvarianten in Populationen zu berechnen. Aus Darwins wortreich dargelegter Theorie wurde harte, im Labor, im Freiland und sogar am Schreibtisch nachprüfbare Wissenschaft.

Einige, die mit mathematischen Gleichungen wenig anfangen

konnten, empfanden das als eine Art Entzauberung. Nirgendwo kommt die Dominanz der Populationsgenetiker besser zum Ausdruck als in Theodosius Dobzhanskys 1937 erschienenem Buch *Genetics and the Origin of Species*, das die Fusion von altem und neuem Gedankengut schon in dem auf Darwin anspielenden Titel vollzog. Evolution, so definierte Dobzhansky darin, ist Veränderung von Allelfrequenzen. Man hat zweifellos schon mitreißendere Zusammenfassungen des Millionen Jahre währenden Evolutionsgeschehens gehört.

Auch diese Forschergeneration, die das heute noch gültige Gedankengebäude der Evolutionsbiologie errichtete und fortan mit Argusaugen darüber wachte, dass es in Reinkultur erhalten blieb, besaß jedoch nur ein sehr lückenhaftes Wissen von den Vererbungsvorgängen. Ihre Vorstellungen datieren aus einer Zeit, in der es noch keine Molekularbiologie gab und in der noch darüber gestritten wurde, ob Proteine oder die DNA Träger der Erbinformation sind.

Mehr als ein halbes Jahrhundert ist seitdem vergangen, in dem die Wissenschaft alles andere als untätig war, und nicht wenige Forscher sind heute davon überzeugt, dass die geltende Synthetische Theorie der Evolutionsbiologie mit ihrer Überbetonung der Populationsgenetik dringend diverser Ergänzungen bedarf.[3] Niemand, jedenfalls (fast) kein ernst zu nehmender Wissenschaftler, will sie zur Gänze über den Haufen werfen. Allein die Tatsache, dass ihre Voraussagen durch die Molekularbiologie weitgehend bestätigt wurden, macht sie »zu einer der erfolgreichsten und wichtigsten erklärenden Theorien der Wissenschaft«.[4] Sie wird daher wohl als Kern der neuen Vorstellungen erhalten bleiben, so wie Darwins Gedanken vor über 50 Jahren in der *Modern Synthesis* aufgingen. An der Tatsache, dass im geltenden Theoriegebäude ganze Wissensbereiche der modernen Biologie schlicht ausgespart bleiben, entzündet sich jedoch immer lautere Kritik.

Das Altenberg-Spektakel

Im Sommer 2008 trafen sich auf Initiative von Massimo Pigliucci von der New Yorker Stony Brook University und seinem Wiener Kollegen Gerd Müller 16 Wissenschaftler im niederösterreichischen Altenberg, um zusammen erste Umrisse dessen herauszuarbeiten, was einmal als Erweiterte Evolutionäre Synthese (EES oder *Extended Evolutionary Synthesis*)[5] in die Geschichte eingehen könnte. Flankiert wurde das ambitionierte Unterfangen von einer euphorischen Berichterstattung vor allem durch die amerikanische Journalistin Suzan Mazur, die die Zusammenkunft der »Altenberg 16« mit dem legendären Woodstock-Festival verglich, wo der Samen für eine völlig neue Musikkultur gesät worden sei, und von zum Teil ätzender Kritik des (nicht eingeladenen) wissenschaftlichen Mainstreams, der angesichts der medialen Jubelexzesse genervt »mit den Augen rollte«.[6]

Suzan Mazur hat im Vorfeld des Meetings mit vielen der beteiligten Wissenschaftler gesprochen, mehr noch, sie hat auch einige namhafte Forscher befragt, die nicht eingeladen waren.[7] Sieht man von ihrer Verschwörungstheorie ab, nach der ein Komplex aus Wissenschaft, Wirtschaft, Medien und Politik jede Veränderung der Synthetischen Theorie blockiert, weil alle damit gutes Geld verdienen und ideologisch davon profitieren, ist ein hochinteressanter Zustandsbericht dessen herausgekommen, was sie als Evolutionsindustrie bezeichnet. Wie man aufgrund einiger öffentlicher Kommentare befürchten musste, flogen hinter den Kulissen dieser »Industrie« die Fetzen. Die Reaktionen auf einen von Suzan Mazur im Internet veröffentlichten Vorbericht zum Altenberg-Workshop fielen derart heftig aus, dass die Veranstalter beschlossen, das Meeting fortan als »privat« einzustufen und die Presse nicht zuzulassen.[8] Die interessierte Öffentlichkeit wird sich also gedulden müssen, bis die

Ergebnisse der Altenberg-Konferenz im Darwin-Jahr 2009 als Buch veröffentlicht werden.[9]

Ob sie nun nach Altenberg geladen wurden oder nicht, noch stellen die selbst ernannten Erneuerer der *Modern Synthesis* nur eine Minderheit. Die große Mehrzahl der Forscher runzelt ob der Änderungswünsche die Stirn und vermag, wie der renommierte Chicagoer Evolutionsbiologe Jerry Coyne, nicht zu sehen, dass »es da irgendetwas zu reparieren gäbe«.[10] Der kanadische Biochemiker Laurence Moran kanzelte die in Altenberg zu diskutierenden möglichen Ergänzungen der Synthetischen Theorie als »entweder unnötig oder falsch« ab.[11] Auch Richard Lewontin, sicher einer der prominentesten lebenden Evolutionsforscher, schüttelte ungnädig den Kopf. Der heute achtzigjährige Harvard-Wissenschaftler unterstellt, die Kritiker wollten sich mit immer neuen Theorien nur aus der Masse der Forscher herausheben. Ohne Theorie »sind sie sozusagen nur Arbeiter in der Fabrik. Und designed wurde die Fabrik von Charles Darwin«.[12] Ist das Ganze nur ein von den Eitelkeiten einzelner Wissenschaftler angetriebener Wettlauf um den Titel »Darwin des 21. Jahrhunderts«?

Besonders verärgert reagierte Michael Lynch, Evolutionsbiologe aus Indiana und selbst Autor eines viel diskutierten Buches.[13] Er bezeichnete einige der lautstark auf Veränderungen drängenden Kollegen als in der Szene »buchstäblich Unbekannte, die keinerlei Nachweis geliefert haben, dass sie auch nur ein winziges bisschen der evolutionsbiologischen Mainstream-Literatur gelesen haben. (…) Wir erleben momentan, dass das Gebiet der Evolutionsbiologie zunehmend von Quacksalbern trivialisiert und bedroht wird, und obwohl diese Leute sicher nicht zu den Kreationisten zu zählen sind, sind sie doch genauso gefährlich«.[14] Damit lässt Lynch die Katze aus dem Sack. Denn das eigentlich Schockierende an diesen heftig geführten Auseinandersetzungen ist nicht so sehr die Brisanz der Inhalte, um die es geht, als vielmehr die Tatsache, dass es vor allem in den USA offenbar kaum noch möglich ist, eine vorurteilsfreie Diskussion über Evolutionsbiologie zu führen. Sofort droht die für Wissenschaftler nur schwer zu ertragende Vorstellung, die Vertreter des Intelligent Designs könnten sich im Hintergrund vor diebischer Freude die Hände reiben. Nicht diese Pseudowissenschaft, sondern die unbestreitbare Tatsache der Evolution stehe mittlerweile mit dem Rücken zur Wand, ist die Botschaft. Jede öffentliche Kritik an der geltenden Theorie liefere den religiös motivierten Feinden der Wissenschaft nur weiteres Argumentationsfutter. Also sollte man, vor allem wenn in der Nähe Mikrofone stehen, besser den Mund halten. Das kommt einem Maulkorb für jede Art von Kritik ziemlich nahe.

Trotz dieser Warnungen flammt zum wiederholten Mal ein seit vielen Jahren schwelender Streit auf. Doch die Gewichte scheinen sich langsam, aber unaufhaltsam zu verschieben. Die Schar der Kritiker wächst, und ihre Argumente erhalten durch neue Erkenntnisse immer größeres Gewicht. Altenberg ist nur der Anfang, ein Schritt auf einem langen Weg. »Ich stelle mir vor«, sagte der (eingeladene) Entwicklungsbiologe Stuart Newman in Anspielung auf den Vergleich mit dem 1969er-Musikfestival, »dass das eher wie eine Jamsession etwa im Jahr 1962 sein wird.«[15]

Viele Wissenschaftler haben sich mit Skizzen und Entwürfen einer modernisierten Synthetischen Theorie zu Wort gemeldet, allen voran Stephen Jay Gould mit seinem Mammutwerk *The Structure of Evolutionary Theory*, aber noch gehen die Meinungen weit auseinander. Auch unter den »Altenberg 16« herrschte keine Übereinstimmung. Massimo Pigliucci entmutigt das nicht, im Gegenteil. Er beruft sich auf den berühmten Wissenschaftsphilosophen Thomas S. Kuhn und wertet diese Meinungsvielfalt als das typische Ideengewitter, »das, wie die Geschichte der

Wissenschaften uns lehrt, oft eine Verschiebung der Rahmenbedingungen begleitet«.[16] Mit anderen Worten: Ob es die Mehrheit der Forscher nun gutheißt oder nicht, der Prozess, eine offene Diskussion über die Ausgestaltung einer *Modern Synthesis 2.0*, ist bereits in vollem Gange, und sie wird – irgendwann – zu einem Ergebnis kommen, zu einer neuen, erweiterten Evolutionstheorie des 21. Jahrhunderts. Ein wie auch immer gearteter intelligenter Designer wird darin mit Sicherheit keine Berücksichtigung finden.

Welches sind nun die Puzzlesteine, die nach Meinung der Kritiker in einem neuen, umfassenderen Bild der Evolution Platz finden müssten? Richtete man diese Frage an eine Versammlung, in der alle modernen biologischen Forschungsdisziplinen vertreten wären, würden sich viele Hände heben.[17] Da dies jedoch nicht primär ein Buch über Evolution ist, können hier nur wenige zu Wort kommen. Sie gehören, zumindest darin könnten die meisten Mitglieder der Versammlung vermutlich übereinstimmen, zu den wichtigsten.

Eco-Evo-Devo

Schon seit vielen Jahren wird beklagt, dass ein bedeutendes Teilgebiet der Biologie keinen Platz in der Synthetischen Theorie einnimmt, obwohl es zu Zeiten Darwins durchaus eine wichtige Rolle spielte. Gemeint ist die Embryologie oder ihr modernes Pendant, die Entwicklungsbiologie, vor allem ihr unter dem Kürzel Evo-Devo bekannt gewordener Ableger, der den Anspruch, etwas zum Thema Evolution beitragen zu wollen, schon im Namen führt (s. Kap. 5). »Die *Modern Synthesis*«, schreibt Scott Gilbert, durch mehrere hochkarätige Buchveröffentlichungen einer der bedeutendsten Repräsentanten der Entwicklungsbiologie, »ist zum größten Teil ein Satz von Theorien über Erwachsene, die um Fortpflanzungserfolg konkurrieren, mit anderen Worten: Wer hinterlässt im Verhältnis zu anderen die meisten Nachkommen«?[18] Völlig unberücksichtigt bleibt dabei die Tatsache, dass der Phänotyp der erwachsenen Organismen, der komplette Satz an Merkmalen und Eigenschaften, der über ihren Erfolg oder Misserfolg entscheidet, kein simples Abbild ihres Genotyps ist, also der Gesamtheit ihrer Gene, keine sture Übersetzung der genetischen Information in Proteine, anatomische Strukturen und Verhalten. Die Entwicklung von der befruchteten Eizelle zum geschlechtsreifen ausgewachsenen Organismus ist ein ungeheuer plastischer Prozess, bei dem Umwelteinflüsse von entscheidender Bedeutung sind.[19] Oder wie Scott Gilbert und sein Kollege David Epel es ausdrücken: »Der Phänotyp ist nicht einfach ein Abspulen des Genotyps.«[20] Die existierenden Variationen, das Material, mit dem die Selektion arbeitet, sind nicht nur das Ergebnis des zweifellos vorhandenen genetischen Variantenreichtums. Variation hat in einem erheblichen Umfang auch andere Ursachen, nicht zuletzt epigenetische, von der Acker-Schmalwand bis zum Menschen. Für Emma Whitelaw und David Martin steht fest: »So wie ein hochkomplexes Sortiment an Genotypen zu einem Spektrum an Phänotypen führen kann, könnte das gleiche Spektrum auch aus einem einzigen Genotyp resultieren, der ein hochkomplexes Sortiment von Epigenotypen hervorbringt.«[21]

Eco-Evo-Devo, die ökologische evolutionäre Entwicklungsbiologie, pocht vehement ans Tor der *Modern Synthesis* und begehrt Einlass. Doch niemand öffnet – im Gegenteil, von innen wird ein Riegel vorgeschoben. Die auch in diesem Buch dargestellten Beweise für den außerordentlich bedeutsamen Einfluss der Umwelt sind derart erdrückend, dass man als Außenstehender mitunter verständnislos mit dem Kopf schütteln muss, wenn man von der an Sturheit grenzenden Reaktion der synthetischen Theoretiker erfährt, die es für unnötig halten, diese Überlegungen in ihre Konzepte mit einzubeziehen.

Zu Darwins Zeiten bis zum Anfang des 20. Jahrhundert hatten sich Embryologie und Evolutionsbiologie noch eine Menge zu sagen. »Gemeinsamkeit in embryonalen Strukturen offenbart Gemeinsamkeit der Abstammung«, schrieb Darwin in seiner *Entstehung der Arten*.[22] Aber die Embryologie blieb lange eine rein beschreibende Wissenschaft und verlor den Anschluss an die davoneilenden Evolutionsbiologen, die nach den Ursachen des organismischen Wandels suchten. Schließlich bot sich die aufstrebende Genetik als Partner an. Beide, Evolutionsforscher und Genetiker, schlossen eine Liaison, die über Jahrzehnte ungemein fruchtbar war und eine Erfolgsgeschichte schrieb, die ihresgleichen sucht. Sie beschäftigten sich mit Genen und evolutionärem Wandel, die anderen mit Körpern und ihrer Entstehung. Beides hatte nichts miteinander zu tun. Die Entwicklungsbiologen waren aus dem Spiel, bis heute. Ernst Mayr: »Die Klärung der biochemischen Mechanismen, durch die das genetische Programm in den Phänotyp übersetzt wird, teilt uns absolut nichts über die Schritte mit, durch die natürliche Selektion dieses genetische Programm aufgebaut hat.«[23]

Im Gegensatz dazu stellen Scott Gilbert und David Epel fest: »Entwicklung ist die Kaskade von Ereignissen, die den Genotyp mit dem Phänotyp verbinden, die Gene mit Morphologie, Physiologie und Verhalten. (…) Man kann keine Evolutionstheorie haben ohne ein Verständnis der Mechanismen, durch die Gewebe, Organe und Organsysteme konstruiert werden und sich verändern können. Und diese Mechanismen (…) beziehen beides mit ein, Genom und Umwelt.«[24] Das *eine* genetische Programm gibt es nicht, es gibt deren viele.

Epigenetische Vererbung

Ein Phänomen, das von den meisten Kritikern der Synthetischen Theorie an vorderster Stelle genannt wird, ist die epigenetische Vererbung. Zwischen Epigenetik und Entwicklung gibt es viele Bezugspunkte. Epigenetische Programmierungen werden im Zuge der Entwicklung angelegt, sie stellen einen wesentlichen Teil des zellulären Regulationsapparates, sie steuern und manifestieren die Zelldifferenzierung, und sie können bis ins hohe Erwachsenenalter durch verschiedenste Umwelteinflüsse verändert werden. Epigenetische Markierungen tragen nicht nur zum Variantenreichtum der Organismenarten bei, Epiallele (also unterschiedliche Muster epigenetischer Markierungen) können sogar vererbt werden und sind damit Objekt der Selektion, genauso wie die klassischen genetischen Allele. Auch diese Tatsachen stehen im Widerspruch zur Lehrmeinung. Die Synthetische Theorie kennt nur die genetische Variation, und demzufolge kann auch nur diese vererbt werden.

Ob Charles Darwin und seine vielen Gegner und Unterstützer im In- und Ausland oder die große Architektenschar der Synthetischen Theorie, sie alle haben eines gemeinsam: Es waren ausnahmslos Männer.

In Zukunft aber werden auch einige herausragende Forscherinnen ein gewichtiges Wort mitzureden haben. Eine, die es verdient, zuallererst genannt zu werden, ist Eva Jablonka, eine Polin, die 1957 als Fünfjährige nach Israel emigrierte und dort ihre Ausbildung zur Genetikerin mit einer preisgekrönten Dissertation über das inaktivierte X-Chromosom abschloss. Seit vielen Jahren forscht und lehrt sie an der Tel Aviv University, wo sie am Cohn Institute for the History and Philosophy of Science and Ideas einen Lehrstuhl innehat. Wenn es jemanden gibt, der sich angesichts des heute herrschenden Epigenetik-Booms anerkennend auf die Schultern klopfen darf, dann ist es diese leise und zurückhaltend auftretende Frau, der man die Energie, die in ihr wohnen muss, kaum anmerkt. Doch – das Schauspiel, das sich im Vorfeld der Altenberg-Konferenz abspielte, stellte es zum wiederholten Mal unter Beweis – wer wie Eva Jablonka seit fast 20 Jahren unermüdlich über epigenetische Vererbung publiziert (zumeist zusammen mit ihrer Londoner Kollegin Marion Lamb), wer es wie sie wagte, schon Mitte der 1990er-Jahre ein Buch mit dem häretischen Titel *Epigenetische Vererbung und Evolution: die Lamarck'sche Dimension*[25] zu veröffentlichen, der muss über ein außerordentlich dickes Fell verfügen und sich seiner Sache absolut sicher sein. Heute erscheint praktisch keine Arbeit über epigenetische Vererbung ohne einen Verweis auf ihre zahlreichen Beiträge zum Thema.

Natürlich gehörte auch Eva Jablonka zu den ans Konrad-Lorenz-Institut nach Altenberg geladenen Wissenschaftlern. Sie war die einzige Frau unter 15 Männern. Manche nennen sie die Hohepriesterin der Epigenetik, eine Bezeichnung, in der sowohl Respekt als auch Hohn, ja sogar Angst mitschwingen. Wenn man ihr etwas vorwerfen kann, dann vielleicht die unbeirrbare penetrante Hartnäckigkeit, mit der sie seit Jahren versucht, die heiligen Kühe der geltenden Evolutionslehre zu schlachten, und dabei mitunter über das Ziel hinausschießt. Sie gehört vielleicht zu den wenigen, die keine kosmetischen Veränderungen der alten, sondern eine neue Evolutionstheorie fordern.

Epigenetische Vererbung, von Eva Jablonka und ihren Koautoren seit fast 20 Jahren gegen alle Widerstände ins Feld geführt, ist heute eine unbezweifelbare Tatsache, nicht nur bei gelben Agouti-Inzuchtmäusen, dem schon von Linné beschriebenen pelorischen Leinkraut oder – möglicherweise – den hungernden oder schlemmenden Großvätern im schwedischen Överkalix.

Ich habe mich auf diese besonders gut untersuchten Fallbeispiele konzentriert, um auch die Geschichte dieser Forschungsarbeiten darstellen zu können, das Auf und Ab, die Erfolge und Irrtümer, die Kontroversen und ungelösten Probleme, die mit naturwissenschaftlicher Forschung untrennbar verbunden sind.

Aber es gibt viele weitere Beispiele. Ich hätte auch von den Ratten berichten können, bei denen sich die epigenetischen und gesundheitlichen Konsequenzen einer Hormongabe während der Schwangerschaft über mindestens vier Generationen nachweisen ließen.[26] Weibchen mieden Männchen, in deren Abstammungslinie es zu einem Kontakt mit hormonähnlichen Stoffen gekommen war, obwohl dieser Kontakt die embryonalen Urgroßväter betraf, also schon drei Generationen zurücklag.[27] Ein schönes Beispiel hätten auch die Fadenwürmer geliefert, bei denen eine Fütterung mit Bakterien, die doppelsträngige RNA produzieren, über mindestens zehn Generationen zu morphologischen und physiologischen Veränderungen führte.[28]

Eva Jablonka hat aus der Fachliteratur über 100 Beispiele für epigenetische Vererbung zusammengetragen, die das gesamte Organismenreich abdecken, von Bakterien und Pilzen bis hin zu Pflanzen und Tieren.[29] »Sie repräsentieren«, davon ist die israelische Forscherin überzeugt, »nur die Spitze eines sehr großen Eisbergs.«[30] Die meisten sind bei Weitem nicht so gut untersucht wie etwa die Inzuchtmäuse. In vielen Fällen ist nicht bekannt, welcher epigenetische Mechanismus beteiligt ist. Manchmal erscheint der epigenetisch veränderte Phänotyp wie bei Peloria spontan, meistens aber sind bestimmte Auslöser im Spiel, Chemikalien, Bakterien, Strahlung, hohe Temperaturen, Nahrung, der es an bestimmten essenziellen Bestandteilen mangelt – mit anderen Worten: Umweltreize.

Auch die Vererbung erworbener Eigenschaften ist also eine Realität, die Lamarck'sche Dimension existiert. Möglicherweise ist eine tief sitzende, auch politisch motivierte Abneigung gegen dieses Phänomen ein Grund dafür gewesen, warum Wissenschaftler und mit ihnen die ganze Gesellschaft über Jahrzehnte auf diesem Auge blind waren. Während in Westeuropa und den USA an der Synthetischen Theorie gefeilt wurde, versuchten Trofim Denissowitsch Lyssenko und seine Helfer, im Russland

Stalins über drei Jahrzehnte eine Art staatlich verordneten Lamarckismus zu praktizieren – aus westlicher Sicht ein unverzeihlicher ideologisch begründeter Sündenfall der Wissenschaft, mit dem man nichts zu tun haben wollte. Umgekehrt galten Gene und Genetik jenseits des Urals als kapitalistische Hirngespinste, was die einst blühende russische Forschung um Jahrzehnte zurückwarf. Auch in der Wissenschaft herrschte kalter Krieg.[31]

Der große französische Biologe Jean-Baptiste de Lamarck hatte mit dem umstrittenen Konzept, das wie Pech an seinem Namen zu kleben scheint, in Wirklichkeit nicht viel zu tun, jedenfalls nicht mehr und nicht weniger als viele seiner Zeitgenossen, bis hin zu Charles Darwin. Die Vorstellung von der Vererbung zu Lebzeiten erworbener Eigenschaften war damals quasi Allgemeingut, über die Folgen des Gebrauchs oder Nichtgebrauchs von Organen herrschte Übereinstimmung: Die einen, etwa die Grabfüße des Maulwurfs, wuchsen und gediehen von Generation zu Generation, andere, wie die Augen der Höhlenfische, schrumpften und verschwanden. Dass Lamarcks Lebenswerk bis heute auf das Giraffenhals-Beispiel (Kap. 1) verkürzt und damit der Lächerlichkeit preisgegeben wird, ist ein Zerrbild, das Ernst Mayr und den anderen Wegbereitern der *Modern Synthesis* zu verdanken ist. Sie waren dabei, die Evolutionsbiologie zu begründen, und wie jede neue Disziplin brauchte auch diese eine Art Gründungsmythos und eine Ahnengalerie, die man in »Schurken« und »Helden« einteilen konnte, solche, die schon früh verstanden hatten, worauf es ankam, und andere, die danebenlagen.[32] Lamarck bekam die Rolle des Erzschurken zugeteilt. Die Lichtgestalt unter den Helden war der deutsche Biologe August Weismann, denn die nach ihm benannte Barriere zwischen Keim- und Körperplasma hatte den Spuk des Lamarckismus endgültig aus dem Kreis ernst zu nehmender wissenschaftlicher Theorien verbannt. Die Weismann-Barriere machte es zu Lebzeiten erworbenen Eigenschaften schlicht unmöglich, einen Weg in die Keimzellen und damit in kommende Generationen zu finden.

Zumindest in den Beispielen, die Eva Jablonka zusammengetragen hat, müssen sich, wie auch immer, Lücken in der Weismann-Barriere aufgetan haben. Und es gibt noch andere Wege der epigenetischen Vererbung, unter Umgehung der Keimzellen, durch bloßen Körperkontakt: Umweltreize der besonderen Art, nämlich das Fürsorgeverhalten der Mütter, in dem sich eigene Prägungen und die Umwelt auswirken, führen dazu, dass in den weiblichen Nachkommen der eigene epigenetische Status reproduziert wird.

Im Jahr 2009 hätte die Welt nicht nur Anlass gehabt, Darwins 200. Geburtstag und 150 Jahre *Entstehung der Arten* zu feiern. Vor genau 200 Jahren erschien auch Lamarcks Hauptwerk, die *Philosophie Zoologique*, ein gutes Datum, um ein wenig Wiedergutmachung zu leisten. Man hat dem französischen Evolutionspionier gleich in doppelter Hinsicht lange genug Unrecht getan.

Pflanzen, die epigenetischen Meister

Trotzdem bleiben Fragen. Eva Jablonka ist davon überzeugt, dass epigenetische Vererbung bei allen Organismen vorkommt und prinzipiell jedes Gen betreffen kann.[33] »Sie könnte allgegenwärtig sein«, schrieb sie zu den von ihr zusammengetragenen Fallbeispielen epigenetischer Vererbung.[34] Emma Whitelaw und ihre Kollegen sind anderer Meinung. Sie halten die dokumentierten Beispiele bei Säugetieren für Unfälle, für Löschfehler bei der epigenetischen Umprogrammierung im frühen Embryo, obwohl es ihnen nicht gelang, diese Fehler nachzuweisen. Durch die Ergebnisse ihrer Arbeit[35] ist nach wie vor unklar, was bei der epigenetischen Vererbung eigentlich vererbt wird (s. Kap. 10).

Wer hat recht? Wie ist dieses Phänomen einzuschätzen? Tun sich in der künstlichen Laborumwelt Schlupflöcher auf, undichte Stellen, die im »wahren Leben« zu vernachlässigen sind, oder ist epigenetische Vererbung mehr: ein allgegenwärtiges zweites System der Vererbung, dessen Tragweite wir erst zu verstehen beginnen? Welchen Beitrag leisten epigenetische Unterschiede zwischen Individuen zum Variantenreichtum in natürlichen Populationen? Für Tiere und damit auch für den Menschen sind diese Fragen noch nicht endgültig zu beantworten. Sensationelle Erkenntnisse lieferte aber in jüngster Zeit das Studium der Pflanzenwelt.

»Pflanzen sind Meister der epigenetischen Regulation«, stellen Marjori Matzke und Ortrun Mittelsten Scheid fest, zwei Spezialistinnen, die am Gregor Mendel Institute of Molecular Plant Biology in Wien arbeiten, einem modernen funkelnden Glaspalast der Österreichischen Akademie der Wissenschaften. »Alle wichtigen epigenetischen Mechanismen werden von Pflanzen genutzt und oft in einem Maße verfeinert, das in anderen Reichen[36] keine Parallele findet.« Als die beiden Forscherinnen[37] diesen Satz schrieben, kannten sie die Arbeiten aus Frankreich noch nicht. Möglicherweise hätten sie sich ansonsten noch euphorischer geäußert. Für die an einer Erweiterten Synthetischen Theorie tüftelnde Forschergruppe der »Altenberg 16« dürften diese Ergebnisse zu spät gekommen sein.

Wenn man an einem Buch über eine hochdynamische Wissenschaft wie die Epigenetik arbeitet, wird man von dem Albtraum verfolgt, nur wenige Tage oder Wochen nach Drucklegung könnten Arbeiten erscheinen, die wesentliche Aspekte des mühsam erarbeiteten Fachgebiets in neuem Licht erscheinen lassen oder neue Details präsentieren, die unbedingt noch hätten berücksichtigt werden müssen. Ich habe mich bis zuletzt bemüht, neueste Literatur zu verwenden. Viele in diesem Buch präsentierte Forschungsergebnisse stammen aus den Jahren 2007 bis 2009. Aber irgendwann musste schweren Herzens Schluss sein, Redaktionsschluss.

Kurz bevor dieser irreversible Ernstfall eintrat, flatterte mir im Juni 2009 glücklicherweise die Koproduktion eines guten Dutzends französischer Forscher auf den Schreibtisch, die nicht gekannt zu haben mir im Nachhinein wohl einiges Kopfzerbrechen bereitet hätte (was nun zweifellos andere Arbeiten tun werden). Denn in den Labors von Frédéric Hospital und Vincent Colot hat man begonnen, Antworten auf die oben gestellten Fragen zu liefern. Sie sind derart eindrucksvoll, dass zukünftige populationsgenetische Studien an Pflanzen wohl kaum noch ohne eine gebührende Berücksichtigung der epigenetischen Ebene durchgeführt werden können.[38]

Objekt der französischen Forschungen ist die Taufliege der Botaniker, *Arabidopsis thaliana*, die Acker-Schmalwand (s. Kap. 11). In den letzten Jahren ist es gelungen, sehr detaillierte Karten der epigenetischen Markierungen im *Arabidopsis*-Genom zu erstellen.[39] Es zeigte sich, dass wie bei Tieren sowohl Transposons als auch codierende Gene charakteristische Methylierungsmuster tragen. Letztere sind erblich, erwiesen sich allerdings in den nachfolgenden Pflanzengenerationen als nicht besonders stabil. Erklärt wird dies damit, dass die in *Arabidopsis* gefundenen siRNAs, jene winzigen Teufelskerle, die aus doppelsträngiger RNA entstehen und in der Zelle zusammen mit dem RISC-Enzymkomplex auf die Jagd nach komplementären Sequenzen gehen, nur auf die Transposons zielen. Sollte sich also einer dieser Genomparasiten bemerkbar machen, weil sich in seiner Methylierung Lücken aufgetan haben, versucht die RNA-Interferenz für ein rasches Ende des Spuks zu sorgen. Um methylierte Gensequenzen kümmert sich kein vergleichbares Korrektiv.

Die Methylierung ist bei codierenden Genen deutlich schwächer ausgeprägt als bei Transposonsequenzen, ihre Muster weisen aber zwischen verschiedenen ökologischen Typen von *Arabidopsis* erhebliche Unterschiede auf.[40] Doch was bedeuten diese Unterschiede? Haben sie Konsequenzen für den Phänotyp der Pflanzen? Sind sie eine Ursache von Variation?

Bisher scheiterte die Beantwortung dieser Fragen an der Tatsache, dass zwischen verschiedenen *Arabidopsis*-Typen, die in unterschiedlichen Lebensräumen wachsen, wie bei allen anderen Organismen auch nicht nur epigenetische, sondern zahlreiche genetische Unterschiede bestehen, und es war unmöglich zu unterscheiden, welche Merkmalsausprägungen epigenetisch und welche genetisch begründet waren. Der Phänotyp der Pflanzen stellte sich stets als eine undurchschaubare Mischung von beidem dar.

Beim pelorischen Leinkraut ist nur ein einziges Gen für die veränderte Blütengestalt verantwortlich, sodass man nur nachsehen musste, ob Sequenzunterschiede oder epigenetische Faktoren für den veränderten Phänotyp verantwortlich sind. Die meisten Merkmale aber, die interessantesten, sind komplexer Natur. Sie werden von vielen Genen beeinflusst, ob bei Tieren oder Pflanzen, ob im gesunden oder im kranken Organismus. Eine Unterscheidung zwischen genetischen und epigenetischen Ursachen ist hier so schwierig, dass man bislang kaum den Versuch machte.

Den französischen Forschern um Frédéric Hospital und Vincent Colot ist es nun auf elegante Weise gelungen, dieses Problem zu umgehen.[41] Aus Kreuzungen und Rückkreuzungen von Wildtyp-*Arabidopsis*-Pflanzen mit einer genetisch nahezu identischen Mutante erhielten sie über 500 Pflanzenlinien, die sich nur in ihren Methylierungsmustern unterschieden.[42] Sie waren, wie ältere eineiige Zwillinge, genetisch identisch, aber epigenetisch verschieden, demzufolge hatte die bei ihnen auftretende Variation – untersucht wurden Blühzeitpunkt und Wuchshöhe der reifen Pflanzen – allein epigenetische Ursachen.[43] Zum ersten Mal bot sich den Forschern damit die Möglichkeit, deren Einfluss auf komplexe Merkmale zu quantifizieren. Und ihre sensationellen Ergebnisse zeigen: Der Einfluss auf den Phänotyp ist erheblich, ja die Variationsbreite liegt in ähnlicher Größenordnung wie bei genetisch unterschiedlichen Individuen. Mehr noch: Die epigenetischen Unterschiede der 500 Pflanzenlinien wurden bei Selbstbefruchtung über mindestens acht Generationen stabil vererbt.

Es ist wichtig, noch einmal darauf hinzuweisen, dass die epigenetischen Unterschiede der in Frankreich gezüchteten *Arabidopsis*-Linien nicht von der Umwelt induziert wurden, sondern zufällig entstanden sind, durch ein in der eingekreuzten Variante mutiertes Gen, das genomweit für eine erhebliche Reduzierung der DNA-Methylierung sorgte. Alle diese Pflanzen besitzen ein nahezu identisches Genom, aber unterschiedliche Epigenome, die man bislang nur punktuell analysiert hat. Für die grundsätzliche Frage nach der Bedeutung epigenetischer Variation, die zu beantworten war, ist das aber irrelevant.

Die Franzosen besitzen nun eine hervorragende Ausgangsbasis, um weitergehende Fragen zu beantworten. Die Forscherwelt dürfte sie darum beneiden. Nun kann im Einzelnen geklärt werden, welche epigenetischen Muster in welchen DNA-Sequenzen für die untersuchten Merkmale von Bedeutung sind und wie genau die biochemischen Wege aussehen, die zu dieser überraschenden Vielfalt an Phänotypen führen. Aus den Instituten unter anderem in Paris, Evry, Versailles und Orsay ist in den kommenden Jahren noch viel Interessantes zu erwarten.

Epigenetische Variation und Vererbung sind damit zu Hauptdarstellern der Evolution aufgestiegen. Natürlich wird man abwarten müssen, ob diese Ergebnisse bestätigt und auf andere Organismen übertragen werden können. Die Autoren lassen aber keinen Zweifel daran, dass »die Auffassung, nur die Sequenzvariation der DNA sei für die Erblichkeit komplexer Merkmale verantwortlich, wohl substanzieller Überarbeitung bedarf«. Für die Synthetische Theorie, die bislang nichts von der Existenz dieser epigenetischen Dimension wissen wollte, gilt das Gleiche. Wird der Darwin des 21. Jahrhunderts wie Lamarck einen französischen Namen tragen?

Auf den Kopf gestellt – genetische Assimilation

Die Zumutungen, die heute an die Vertreter der *Modern Synthesis* herangetragen werden, gehen aber noch weit über das bisher Gesagte hinaus. Nicht nur, dass jenseits des genetischen weitere Vererbungssysteme existieren und die Umwelt Variationen nicht nur selektiert, sondern entscheidend mitbestimmt, welcher von verschiedenen genetisch möglichen Phänotypen realisiert wird – einige Kritiker behaupten sogar, dass die Umwelt dabei hilft, neue Phänotypen zu konstruieren.

Die Harvard-Absolventin Mary Jane West-Eberhard, die heute in Costa Rica arbeitet, legte 2003 ein schwergewichtiges Werk vor, das von manchen gnadenlos verrissen, von anderen dagegen als das wichtigste Buch zum Thema Evolution seit Darwin gepriesen wurde. Es stellte die wohlgeordnet erscheinenden Verhältnisse auf den Kopf.[44] »Im Gegensatz zur allgemeinen Auffassung«, schrieb West-Eberhard einige Jahre später, »könnten umweltinduzierte Neuerungen ein größeres evolutionäres Potenzial besitzen als solche, die durch Mutationen entstehen. Somit sind Gene wahrscheinlich öfter Nachfolger als Führer im evolutionären Wandel.«[45] Wie bitte? Erst soll ein neuer Phänotyp erscheinen und danach die genetische Veränderung? Spätestens an dieser Stelle dürfte selbst toleranten Verfechtern der Synthetischen Theorie der Kragen geplatzt sein.

Was für Pflanzen gilt, muss nicht notwendigerweise auch für Tiere gelten. Pflanzen können nicht weglaufen, wenn es ihnen zu ungemütlich wird, wenn die Sommer zu heiß und die Winter zu kalt sind, wenn die Trockenheit unerträglich zu werden droht oder die Attacken von Viren oder Fressfeinden lebensbedrohliche Ausmaße annehmen. Sie sind mit ihrer Umwelt buchstäblich verwachsen, und auch die Verbreitung ihrer Samen deckt in den meisten Fällen nur ein begrenztes Areal ab. Unter diesen Umständen wäre es von Vorteil, in Stresssituationen über andere als nur genetische Reaktionsmöglichkeiten zu verfügen, über Mechanismen, die schneller und flexibler greifen als der Zufallstreffer einer genetischen Mutation. Über Erfolg oder Misserfolg richtet am Ende nur einer – die Selektion, der es egal ist, wie die Variationen, mit denen sie arbeitet, zustande gekommen sind.

Umweltinduzierte epigenetische Variation könnte genau in diese Bresche springen. Untersuchungen zeigen, dass extreme Umweltbedingungen und genomische Schocks zu einem Ausbruch an epigenetischer Variation und damit zu neuen Phänotypen führen können.[46] Die Pflanze erhöht dadurch ihre Überlebenschance, weil einige der entstandenen Varianten die widrigen Verhältnisse vielleicht besser überstehen als die ursprüngliche Variante. Die französischen Untersuchungen haben gezeigt, dass sich ein Großteil der epigenetischen Variationen bei *Arabidopsis* über mindestens acht Generationen stabil vererbte. Peloria – nach allem, was man weiß, eine spontane Epimutation – hat sich im schwedischen Roslagen über 250 Jahre gehalten. Vielleicht reicht der Arm der epigenetischen Vererbung also noch weiter in die Zukunft, über 20, 50 oder gar 100 Generationen, vor allem, wenn der auslösende Umweltreiz weiter fortwirkt. Möglicherweise haben sich die Turbulenzen dann gelegt, und die Pflanze kann, da epigenetische Markierungen labil und reversibel sind, zum *business as usual* zurückkehren.

Um unter dauerhaft veränderten Bedingungen über Hunderte, Tausende oder Zehntausende von Generationen zu überleben, müsste ein umweltinduzierter Phänotyp jedoch stabilisiert werden. Bei epigenetischen Veränderungen ist immer auch die Unberechenbarkeit des Zufalls mit im Spiel. Zweifellos erhöht es die Fitness, wenn ein vorteilhaftes Merkmal eine genetische Basis besitzt, weil es dann, verankert in der DNA-Sequenz des Genoms, in bewährter und konkurrenzlos zuverlässiger Weise erhalten, geschützt und weitergegeben werden kann. Der Organismus ist bereits in der Lage, diesen Phänotyp auf ein Signal der Umwelt hin zu produzieren, die Fähigkeit müsste »nur« noch genetisch fixiert und von dem auslösenden Umweltreiz unabhängig werden. Aber wie sollte das geschehen? Können erfolgreiche epigenetische Varianten gewissermaßen in die Sprache des Genoms umgeschrieben werden?

Einen möglichen Weg haben der britische Biologe Conrad Hal Waddington und der Russe Iwan Schmalhausen schon vor über 50 Jahren aufgezeigt; zwei interessante Forscherpersönlichkeiten, die von den Architekten der *Modern Synthesis* ignoriert wurden. Erste Hinweise lieferten Experimente, die noch länger zurückliegen. Damals hatte man Schmetterlingsraupen einem Temperaturschock ausgesetzt. Die Falter, die später aus ihren Puppen schlüpften, wiesen überraschenderweise veränderte Muster auf den Flügeln auf, Muster, wie man sie von Artgenossen kannte, die unter ganz anderen klimatischen Bedingungen lebten. Man bezeichnete diese durch Hitze- oder Kälteschocks entstandenen Varianten als Phänokopien, weil sie den Phänotyp anderer geografischer Rassen nachzuahmen schienen.

Conrad Waddington experimentierte mit *Drosophila melanogaster*, der berühmten Taufliege, die er unter anderem mit Äthergasen traktierte. Bei diesen Versuchen entstand ein kleines Taufliegenmonster, das anstelle des für Fliegen typischen einen

Flügelpaars plötzlich zwei besaß.[47] Er kreuzte die missgestalteten Fliegen untereinander und setzte die Embryonen jeder neuen Generation wieder Ätherdämpfen aus. Nach 20 Generationen wuchsen seinen Fliegen vier Flügel, auch ohne Äther – ein ursprünglich durch einen Umweltreiz ausgelöstes Merkmal wurde am Ende auch dann ausgeprägt, wenn der Reiz ausblieb. Damals konnte man weder Sequenzierungen durchführen noch das Epigenom analysieren, aber alles sah danach aus, als sei das umweltinduzierte Merkmal nach vielen Generationen genetisch fixiert worden. Die Forscher prägten für dieses Phänomen den Begriff genetische Angleichung oder Assimilation.

Iwan Schmalhausen lieferte für diese und ähnliche Ergebnisse eine Erklärung. Er ging davon aus, dass die massive Störung durch die Umwelt, der Ätherschock, genetische Anlagen sichtbar gemacht habe, die schon vorher in den Fliegen steckten, ohne sich jedoch auszuwirken. Waddington selbst vermutete, dass diese Gene einen Schwellenwert beeinflussten. Übertreffen die Umwelteinflüsse diesen Wert, kommt es zur Ausprägung des bisher verborgenen Potenzials. Durch seine wiederholten Kreuzungen und Ätherschocks hätte er demnach nichts anderes getan, als diesen Schwellenwert so weit abzusenken, dass auch normale Bedingungen ausreichten, um vierflügelige Fliegen hervorzubringen.

Kurz vor der Jahrtausendwende wurden Waddingtons Experimente von zwei amerikanischen Forschern wiederholt und bestätigt.[48] Tatsächlich gelang es ihnen zu zeigen, dass in ihrer *Drosophila*-Population vier verschiedene Allele eines Gens steckten, die mit unterschiedlicher Empfindlichkeit genau das beobachtete vierflügelige Erscheinungsbild hervorriefen. Iwan Schmalhausens Interpretation scheint zumindest für diesen Fall zuzutreffen. Und für andere?

»Wir haben, unseres Wissens nach, den ersten Nachweis eines molekularen Mechanismus erbracht, der den Prozess des evolutionären Wandels als Reaktion auf die Umwelt unterstützt.«

Dieser Satz stammt aus der Feder von Suzanne Rutherford und Susan Lindquist, zwei Wissenschaftlerinnen, die 1998, als ihre Arbeit[49] in *Nature* erschien, am Howard Hughes Medical Institute der University of Chicago arbeiteten. Sie lieferten eine weitere glänzende Bestätigung für Schmalhausens Vermutung. Im Genom schlummern so einige Möglichkeiten, von denen wir uns bislang keine Vorstellungen machten.

Auch Rutherford und Lindquist arbeiteten mit *Drosophila*, genauer gesagt mit einer speziellen Mutante, die das Hitzeschockprotein Hsp90 betraf. Dabei handelt es sich um eine ganz außergewöhnliche Verbindung, die zu den häufigsten Zellproteinen gehört und, von urtümlichen Bakterien abgesehen, in allen Lebewesen vorkommt. Hsp90 ist ein Chaperon, was auf Deutsch so viel wie Anstandsdame bedeutet, ein Protein, das andere Proteinmoleküle dabei unterstützt, ihre korrekte räumliche Gestalt anzunehmen und zu bewahren. Die Bezeichnung Hitzeschockproteine rührt daher, dass Zellen diese Verbindungen nach einem Hitzeschock vermehrt produzieren. Der Grund ist einfach und dürfte jedem einleuchten, der schon einmal ein Ei gekocht oder ein Steak gebraten hat: Proteine sind hitzeempfindlich. Bei höheren Temperaturen beginnen sie zu denaturieren, sie verlieren ihre charakteristische und für die biologischen Aufgaben, die sie wahrzunehmen haben, essenzielle räumliche Struktur. In einem solchen Notfall stehen die Hitzeschockhelfer bereit, um derangierten Proteinen wieder zu ihrem wahren molekularen Ich zu verhelfen. Nach einem Hitzeschock benötigen viele Zellproteine diese Hilfestellung, also wird die Produktion der Hitzeschockhelfer angekurbelt. Sind die Strukturveränderungen zu gravierend, als dass sie mithilfe der Chaperone wieder behoben werden könnten, werden die irreparabel geschädigten Proteinmoleküle an verdauende Enzyme überantwortet und entsorgt.

Hsp90 ist besonders auf Signalproteine spezialisiert, die die Kommunikation innerhalb einer Zelle und zwischen den Zellen eines Zellverbandes übernehmen. Als Regulatoren von Zellzyklus und Entwicklung sind sie von elementarer Bedeutung. Besitzt ein Organismus zwei mutierte Hsp90-Gene oder wird das Hitzeschockprotein an seiner Arbeit gehindert, ist er nicht lebensfähig. Mutierte Allele können daher nur in gemischterbigen *Drosophila*-Stämmen erhalten werden, die auch eine intakte Version des Gens enthalten. Als Suzanne Rutherford und Susan Lindquist solche Stämme einmal genauer unter die Lupe nahmen, fielen ihnen ungewöhnlich viele Fliegen mit anatomischen Abnormitäten auf, die praktisch alle Körperteile in Mitleidenschaft zogen. Sie waren auf Brust und Hinterleib zu finden, an Beinen, Flügeln und Augen, und sie betrafen die für die Bestimmung von Insekten so wichtigen Borsten, hinter denen sich häufig Sinnesorgane verbergen.

Die beiden Forscherinnen kreuzten diese Stämme mit verschiedenen anderen aus ihrem Labor und erhielten jedes Mal das gleiche Ergebnis. Fliegen, die Träger des mutierten Hsp90-Allels waren, neigten zu einem ungewöhnlich hohen Prozentsatz zu allerlei körperlichen Absonderlichkeiten, wobei es vom gewählten Stamm abhing, ob sich diese Veränderungen eher auf die Augen und den Kopfbereich konzentrierten oder in anderen Körperregionen auftraten. Zusätzlich schien die Umgebungstemperatur eine Rolle zu spielen, denn manche der abnormen Phänotypen traten besonders bei höheren Temperaturen, andere bei tieferen auf.

Die Forscherinnen zogen drei Erklärungen in Erwägung. Das mutierte Gen könnte dazu geführt haben, dass die Tiere während ihrer Entwicklung hypersensibel auf die Umwelt reagierten – in diesem Fall hätten die Effekte keine genetische Basis. Denkbar war auch, dass das mutierte Hsp90-Gen zu einer erhöhten Mutationsrate führte. Und schließlich konnte die abnorme phänotypische Variation auch die Folge einer genetischen Vielfalt sein, die immer schon vorhanden war, sich aber erst in der Mutante ausprägte. Weitere Untersuchungen zeigten, dass tatsächlich die dritte und interessanteste Möglichkeit zutraf. Bei der durch die Mutation verringerten Hsp90-Konzentration kamen in den Zellen der Fliegen plötzlich vielfältige verborgene Möglichkeiten zum Ausdruck, die bei normalem Gehalt an Hsp90 nie realisiert werden.

Wurden diese neuen Varianten jeweils untereinander gekreuzt, zum Beispiel die Deformierte-Augen-Linie, stieg die Zahl der Fliegen mit auffälligem Äußeren immer weiter an. In der sechsten und siebten Generation zeigten schon über 80 Prozent der Tiere den veränderten Phänotyp. Die Forscherinnen hatten die Fliegen für die Kreuzungen ausschließlich nach dem jeweils betroffenen Merkmal ausgewählt, sie prüften also nicht nach, ob die Fliegen auch Träger der Hsp90-Mutation waren. In den Generationen 16 bis 20 holten sie dies nach und fanden unter den Fliegen mit deformierten Augen keine einzige mehr, die das mutierte Gen noch in sich trug. Der veränderte Phänotyp war genetisch fixiert worden und unabhängig von der Mutation des Hsp90-Gens, die das seltsame Geschehen erst ausgelöst hatte. Durch die selektive Züchtung waren die deformierten Augen zum Standardphänotyp geworden.

Laborstämme, die seit Jahren unter künstlichen Bedingungen gehalten werden, unterscheiden sich in vielerlei Hinsicht von Wildtieren. Durch Inzucht und ohne den starken selektiven Druck der natürlichen Verhältnisse sind sie genetisch verarmt und weniger stabil. Um sich abzusichern, verließen die beiden Frauen ihr Chicagoer Labor und fingen wild lebende *Drosophila-*

Fliegen, die sie dann mit den mutierten Stämmen kreuzten. Wieder zeigten viele der so entstandenen Fliegen unterschiedlichste körperliche Auffälligkeiten. Das Phänomen der »stillen Polymorphismen« existiert also auch draußen im wirklichen Leben.

Wie ist dieser Dammbruch zu erklären? Das Hitzeschockprotein Hsp90 fungiert als ein molekularer Puffer. Es ist in der Lage, innerhalb seines Zuständigkeitsbereichs viele lebenswichtige Proteine, deren Gene mutiert sind und leicht veränderte Aminosäureketten produzieren, wieder derart in Form zu bringen, dass die Genfunktion trotz der Abweichungen gewährleistet bleibt. Das Gleiche gilt für Molekülveränderungen, die das Ergebnis zufälliger Schwankungen der Umwelt sind. Hsp90 kanalisiert all diese Einflüsse und gewährleistet, dass am Ende immer der in gewissen Grenzen variierende Wildtyp entsteht, bei dem von den Veränderungen nichts zu sehen ist. Unter dem Schutzmantel dieses Chaperons können sich daher über lange Zeiträume zahlreiche Mutationen ansammeln, ohne sich je auszuprägen und der Kontrolle durch die Selektion unterworfen zu werden.

In akuten Stresssituationen aber, im Labor in drastischer Form durch Temperaturschocks oder Ätherdämpfe simuliert, benötigen plötzlich viele weitere Proteine die Assistenz von Hsp90, so viele, dass trotz der Produktionssteigerung durch die Zelle nicht mehr genug Hsp90-Moleküle vorhanden sind, um sich auch um all die leicht veränderten Aminosäureketten zu kümmern, die von den mutierten Genen produziert werden. Was unter nomalen Bedingungen über viele Generationen verborgen blieb, kann sich plötzlich ungehindert auf den weiteren Entwicklungsweg auswirken und produziert innerhalb kurzer Zeit eine Fülle von neuen Erscheinungsformen. Sie betreffen die unterschiedlichsten anatomischen Strukturen und Körperfunktionen, interessanterweise aber nie das in allen Organismen hochkonservierte Hsp90-Gen selbst. Die meisten dieser neuen

Varianten dürften schon nach kurzer Zeit wieder verschwinden, einige aber könnten unter den veränderten Umweltbedingungen besser abschneiden als die Ausgangsform. Wie in den Experimenten von Suzanne Rutherford und Susan Lindquist würde die Selektion diese genetischen Varianten in der Population anreichern, und nach wenigen Generationen wären die neuen Phänotypen unabhängig vom Funktionieren oder Nichtfunktionieren des Hsp90-Schutzsystems – ein Prozess, der stark an die genetische Assimilation von Schmalhausen und Waddington erinnert. Es gibt viele Beispiele, in denen Paläobiologen in der Fossilüberlieferung mit scheinbar plötzlichen morphologischen Veränderungen konfrontiert werden. Hsp90 und seine Rolle als molekularer Puffer könnten eine Erklärung liefern.

Hsp90 kommt in fast allen Organismen vor, auch in Pflanzen. Zehn Jahre nach ihren Experimenten mit *Drosophila* erforschte Susan Lindquist mit einem Team aus Chicago, Cambridge und Harvard die Hsp90-Wirkung bei *Arabidopsis* und stieß auf noch dramatischere Effekte.[50] Die bei Störung der Hsp90-Produktion neu auftretenden Phänotypen der Acker-Schmalwand betrafen den Zeitpunkt der Blütenbildung, »eine der wichtigsten Entscheidungen im Lebenszyklus einer Pflanze«[51], sie brachten eine größere Resistenz gegen Pflanzenfresser mit sich, zeigten veränderte Blattzahlen und -formen und abweichende Pigmentierungen. Auch *Arabidopsis* verfügt demnach über ein beträchtliches Reservoir an verborgenen genetischen Varianten, ja es ist so groß, das praktisch jedes Merkmal der Pflanze potenziell davon betroffen sein kann. Schon relativ milde Formen von umweltinduziertem Stress sorgen für eine Reduzierung der Hsp90-Konzentration und damit für das Erscheinen neuer Phänotypen. Hsp90, »ein zentrales Interface zwischen Organismus, Entwicklung und Umwelt«[52], ist daher in der Lage, den evolutionären Wandel erheblich zu beschleunigen.

Noch schnellere Reaktionen ermöglicht ein Phänomen, auf das amerikanische Wissenschaftler 2003 wiederum bei *Drosophila* stießen.[53] Es verbindet die erstaunlichen Fähigkeiten des Hitzeschockproteins mit den Mechanismen der epigenetischen Vererbung. Die Forscher konnten zeigen, dass eine durch Umweltstress reduzierte Aktivität von Hsp90 nicht nur zur Ausprägung verborgener Variation führte, sondern auch zu einer sofortigen epigenetischen Veränderung der Chromatinstruktur, die dieselben Phänotypen hervorbrachte, sich über mehrere Generationen vererbte und schließlich auch bei normaler Hsp90-Aktivität erhalten blieb. Ein vorteilhaftes Merkmal müsste demnach nicht erst genetisch verankert werden, sondern könnte zunächst genauso gut epigenetisch kontrolliert werden. Da das die Organismen der Notwendigkeit enthebt, auf die Selektion der bereits existierenden genetischen Variation zu warten, ergibt sich daraus ein erheblicher Zeitgewinn.

Ähnlich argumentiert auch das Team von Frédérick Hospital und Vincent Colot. Die Franzosen betonen, dass die von ihnen bei der Acker-Schmalwand nachgewiesene epigenetische Steuerung des Phänotyps »Populationen genügend Zeit lässt, um die adaptive Landschaft zu erforschen und neutrale Mutationen anzusammeln (...) in einem Prozess, der schließlich zu genetischer Assimilation führen könnte«.[54] Garantiert ist die erfolgreiche genetische Fixierung nicht. Geeignete Mutationen lassen sich auch unter dem Schutzschild von Hsp90 nicht herbeizaubern.

Organismen böten sich durch diese epigenetisch gemanagten Zwischenlösungen beträchtliche Vorteile, und man könnte erklären, warum die Anpassung an veränderte Umweltbedingungen in natürlichen Populationen oft schneller erfolgt als erwartet.[55] Die Antwort der Organismen wäre dann nämlich kein Produkt des Zufalls, wie es die gängige Theorie fordert, sondern ein Resultat der Formbarkeit und Flexibilität, die den Entwicklungsprozessen von der befruchteten Eizelle bis zum fertigen

Organismus innewohnt. Der neue, epigenetisch gesteuerte Phänotyp hätte die strenge Begutachtung durch die natürliche Selektion bereits über mehrere Generationen erfolgreich überstanden; und anders als bei Mutationen, die nur einzelne Individuen und vielleicht deren unmittelbare Verwandtschaft betreffen und die deshalb noch einen weiten Weg vor sich haben, bis sie zur genetischen Standardausstattung einer Population gehören, würde sich dieser Phänotyp bei vielen Angehörigen einer Population gleichzeitig ausbilden, was die Ausbreitung dieses Merkmals und damit den Evolutionsprozess erheblich beschleunigen würde.

Genom, Epigenom und Umwelt arbeiten Hand in Hand, in der Entwicklung einzelner Individuen genauso wie in der Evolution. Noch liegt viel Arbeit vor den Forschern, um die genauen Modalitäten dieses Zusammenwirkens zu entschlüsseln. Doch schon jetzt liegt eine erdrückende Beweislast vor, die den Hütern der *Modern Synthesis* zu denken geben sollte. Nicht, ob das neue Jahrtausend eine neue erweiterte Evolutionstheorie braucht, kann mehr die Frage sein, sondern wann diese Theorie formuliert und allgemein akzeptiert wird. Es wird eine Theorie sein, in der Gene eine weit geringere Rolle spielen werden als früher. Jack Cohens Satz »Du bist deine fleischgewordene DNA«, der vor einem guten Jahrzehnt fiel und damals vermutlich als provokant, aber weitgehend zutreffend gewertet wurde, steht im Licht des heutigen Kenntnisstands als blanker Unsinn da.[56]

Die alte genzentrische Sicht, die mit dem Humangenomprojekt ihren Höhepunkt erreichte, ist überholt, und auch wenn noch Unsicherheit herrscht, was genau an ihre Stelle treten wird, ein Grund für Traurigkeit besteht nicht. Im Gegenteil! Ihre vielfach belegte Fähigkeit, flexibel und plastisch auf Umwelteinflüsse zu reagieren, wird Organismen zukünftig eine viel aktivere Rolle im Evolutionsgeschehen zuteilen, vor allem, wenn sich die Hinweise weiter verdichten, dass durch diese Einflüsse gewonnene neue Eigenschaften sogar vererbt werden können. Wie die menschliche Gesellschaft mit diesen Veränderungen umgehen wird, muss sich erst noch zeigen. Zweifellos würde dem Individuum eine weit größere Verantwortung aufgebürdet als früher, als man sich noch, in Krankheit und Gesundheit, auf die unbezwingbare Macht der ererbten Gene berufen konnte.

Die Beweise für epigenetische Vererbung beim Menschen sind dünn.[57] Doch dass die Umwelt – vom Fötus über die Kindheit bis ins Alter – über den Umweg der Epigenetik auch auf uns prägenden Einfluss hat, kann kaum noch bezweifelt werden. Der Wissenschaftsphilosoph Lenny Moss geht noch einen Schritt weiter. Er prophezeit, dass sich epigenetische Mechanismen gerade beim *Homo sapiens*, dessen herausragendstes Merkmal seine immense Anpassungsfähigkeit und Flexibilität ist, als überaus bedeutsam herausstellen werden.[58]

16. Schlussbemerkung

Ich hoffe, ich habe Sie überzeugt, dass die noch junge Wissenschaft der Epigenetik faszinierende neue Einblicke in verschiedenste Aspekte der Biologie bietet. Trotzdem möchte ich dieses Buch nicht ausschließlich mit Jubel über die fantastischen Möglichkeiten beenden, die sich nach Auffassung des einen oder anderen Epigenetikers für die Zukunft abzeichnen, sondern mit einer Warnung, einem behutsamen, aber spürbaren Tritt auf die Euphoriebremse. Denn schon zeichnet sich ab, dass dem Hype um Gene und Genome nun in abgemilderter Form ein Epigenetik-Hype folgt, auch wenn die Zusammenhänge für eine massenmediale Verbreitung viel zu kompliziert sind. Vieles, was die Genetik besonders im medizinischen Bereich schuldig blieb, wird nun der Epigenetik als neuem Hoffnungsträger aufgebürdet. Doch ob die epigenetischen Wundermittel, von denen manche träumen, jemals gefunden werden, steht in den Sternen. Und dass eine gesunde, maßhaltende Ernährung unserer Gesundheit und liebevolle Zuwendung unseren Kindern zugute kommt, ist nun wirklich keine neue Erkenntnis, auch wenn die Epigenetik wichtige Argumente auf einer Ebene hinzufügt, die in unserer Vorstellungswelt bislang nicht vorkam.

Ich bin überzeugt, dass diese Entwicklung, bei aller Brisanz der neuen Erkenntnisse, auch mit der übertrieben »genzentrischen Stimmung« zu tun hat, die vor zehn bis zwanzig Jahren herrschte. In der Debatte, ob Gene oder Umwelt unseren Phänotyp prägen, schwingt das Pendel hin und her, und nach einem extremen Ausschlag in Richtung Genom, von dem es gar nicht wieder zurückzukehren schien, wagt es nun einen weiten Vorstoß zur anderen Seite. Statt jedoch wie gebannt auf die Bewegung des Pendels zu starren, die nicht nur von gesichertem Wissen, sondern auch von gesellschaftlichen und wissenschaftlichen Moden beeinflusst wird, sollten wir uns endlich zu der Erkenntnis durchringen, dass der von uns aufgebaute Gegensatz zwische *nature* und *nurture* ein durch und durch künstlicher ist. Genome sind ohne eine Umwelt, in der sie sich zu bestimmten Phänotypen ausprägen und beweisen müssen, schlicht undenkbar.[1]

Wenn wir aus den hier geschilderten Entwicklungen der letzten Jahre eines gelernt haben sollten, dann, dass Wissenschaft auf ihrem weiten, verschlungenen und unübersichtlichen Weg in Richtung Wahrheit (fast) immer nur Etappenziele erreicht, nie das Ziel selbst, zumal wenn es sich um so komplexe Phänomene wie lebende Organismen handelt. Diese Etappenziele mögen – wie Darwins Evolutionslehre, die *Modern Synthesis* oder auch Einsteins Relativitätstheorie – für lange Zeit Bestand haben und Menschen, die mit diesen Theorien aufwuchsen und nichts anderes kennen, als unumstößliche Wahrheiten erscheinen. Irgendwann aber, wenn technische Errungenschaften, theoretische Überlegungen oder eine überraschende Entdeckung Schritte möglich machen, die zuvor unmöglich schienen, setzt sich die Forschungskarawane wieder in Bewegung und strebt zu neuen Ufern.

Wissenschaft ist ein Krimi, der für die, die ihn lesen können, nie endet und der immer wieder mit überraschenden Wendungen aufwartet. Leider nehmen ihn viel zu wenig Menschen zur Hand, ja es werden anscheinend immer weniger, obwohl es noch nie eine Zeit gegeben hat, in der die Naturwissenschaften von größerem Einfluss auf unser Leben waren als heute. Es wäre meine große Hoffnung, dass sich nach der Lektüre dieses Buches mehr Menschen als zuvor dazu in der Lage sehen, der spannenden Handlung des speziellen Forschungskrimis namens »Epigenetik« zu folgen, aufmerksam, neugierig und kritisch. Die darin geschilderten Ereignisse werden Konsequenzen für uns alle haben – ob als Patient, als Konsument, als Eltern oder nur als Mitglieder einer Gesellschaft, die den genetisch determinierten Konkurrenzkampf aller gegen alle als konstitutives Merkmal ihrer Welt verinnerlicht hat. Die unbestreitbare Tatsache der Evolution wird von einer erschreckend großen, möglicherweise sogar wachsenden Zahl von Menschen nicht akzeptiert. Vielleicht hätten sie weniger Schwierigkeiten damit, wenn sich herumspräche, dass immer mehr Wissenschaftler im Begriff sind, sich vom kalten Zufall als alleiniger gestaltbildender Kraft im Evolutionsprozess zu verabschieden. Die Epigenetik leistet dazu einen wichtigen Beitrag.

Wer den Wissenschaftskrimi aufschlägt, sollte sich angewöhnen, Forscher und Forscherinnen nach ihren Ergebnissen zu beurteilen, nicht nach ihren Ankündigungen. Wir sollten uns darüber im Klaren sein, dass Wissenschaftler, die in der Öffentlichkeit auftreten, jenseits der verständlichen Begeistcrung für das jeweilige Fachgebiet immer auch Werbung und (Forschungs-)Politik in eigener Sache machen. Sie sind nicht nur der Wahrheit verpflichtet, sondern auch ihren Institutionen, ihren Vorgesetzten, ihren Mitarbeitern und vor allem ihren Geldgebern. Wer das beherzigt, wird den Wissenschaftswälzer nur ungern wieder aus der Hand legen. Gerade die nächsten Kapitel versprechen, überaus spannend zu werden.

Anmerkungen

Motti

1 VAN SPEYBROECK et al. 2002, S. viii.

2 Zitiert nach PEARSON 2006.

3 Zitiert nach PEARSON 2006.

1. Die Menschen aus Överkalix

1 BYGREN, KAATI & EDVINSSON 2001.

2 Das Gleiche ergab sich für das andere Eltern-Kind-Paar, für die Großeltern und Eltern des 1905er-Jahrgangs.

3 Eingereicht wurde die Arbeit bereits 1999. Die Veröffentlichung erfolgte aber erst 2001, vielleicht ein Hinweis, dass man ihr zunächst keine große Bedeutung zumaß.

4 KAATI, BYGREN & EDVINSSON 2002.

5 Urs Willmann in *Die Zeit* 45/2002, S. 29.

6 *Der Spiegel* 45/2002, S. 204.

7 Zitiert nach Harro Albrecht: »Großvaters Erblast« in *Die Zeit* 37/2003, S. 37.

8 *Der Spiegel* 45/2002, S. 204.

9 PEMBREY 2002, S. 671.

10 PEMBREY et al. 2006.

11 PEMBREY & THE ALSPAC STUDY TEAM 2004.

12 Body-Mass-Index = Körpergewicht/Größe^2.

13 KAATI et al. 2007.

14 PEMBREY et al. 2006, S. 165.

2. Das Monster

1 GUSTAFSSON 1979.

2 Zitiert nach Mathias GLAUBRECHT: »Von Bienen und Blumen. 300 Jahre Carl von Linné« in: *Der Tagesspiegel,* 21.9.2007, S. 28.

3 Die Bezeichnung Apostel bezieht sich auf 17 seiner Lieblingsstudenten. Linné persönlich wählte aus, wer von ihnen ins Ausland reiste. Er selbst hat Schweden nach Antritt seiner Professur in Uppsala nie wieder verlassen. Vgl. www.linnaeus2007.se

4 Man spricht von einem hierarchisch-enkaptischen System.

5 Es gibt allerdings auch Bestrebungen und gute Gründe, das Linné'sche System aufzugeben.

6 Eine freie Übersetzung des lateinischen Originalzitats: *Deus creavit, Linnaeus disposuit.*

7 LINNAEUS 1744 zitiert nach GUSTAFSSON 1979.

8 LINNAEUS 1736 zitiert nach GUSTAFSSON 1979.

9 LINNAEUS 1744 zitiert nach GUSTAFSSON 1979.

10 LINNAEUS 1745 zitiert nach GUSTAFSSON 1979.

11 Zitiert nach VOSS 2007.

12 Zitiert nach ALLAN 1980.

13 GUSTAFSSON 1979.

14 MENDEL 1866, zit. nach JAHN 2000.

15 De VRIES 1901/03, Bd. I, S. 3.

16 JABLONKA & LAMB 2005.

17 SAPP 2003, S. 320.

18 BROWN 2007, S. 10.

19 GUSTAFSSON 1979.

20 LUO et al. 1996.

21 CUBAS, VINCENT & COEN 1999.

22 Alle Zitate aus CUBAS et al. 1999.

23 Wild wachsendes pelorisches Leinkraut verbreitet sich vor allem über Wurzelausläufer, also ungeschlechtlich. Die Vermehrung über Samen spielt in natürlichen Populationen nur eine untergeordnete Rolle, ist aber möglich.

3. HUGO und das große Schweigen

1 Das Deutsche Humangenomprojekt wurde erst 1995 gegründet.

2 GERHARDS & SCHÄFER 2006.

3 LANGE & WINKELHEIDE 2008.

4 »You are your DNA made flesh.« COHEN 1998.

5 Aus *The Evolving Self*, zitiert nach SAPP 2003, S. 205.

6 SAPP 2003, HUCHO et al. 2005.

7 GERHARDS & SCHÄFER 2006, S. 136.

8 Ebenda, S. 99.

9 Ebenda, S. 101.

10 Ebenda, S. 132.

11 Ebenda, S. 182.

12 Ebenda, S. 48.

13 POST 2008.

14 *Die Zeit,* 14.2.2008, S. 31.

15 Präsentiert wurde allerdings erst eine Arbeitsversion *(draft version)* des menschlichen Genoms, die noch Lücken und Fehler enthielt.

16 Alle Zitate nach GERHARDS & SCHÄFER 2006, S. 9/10.

17 Seit 2008 wird daran gearbeitet, alle verfügbaren Informationen über menschliche Gene auch über Wikipedia zugänglich zu machen.

18 CHECK 2007.

19 *Der Spiegel* 5/2008, S.126/7.

20 Zitate aus CHECK 2007.

21 Das in Berlin ansässige wissenschaftskritische Gen-ethische Netzwerk hat auf seiner Internetseite unter der Überschrift »Gen für ...« eine Liste der nicht abreißenden obskuren und weniger obskuren Gen-Neuentdeckungen zusammengestellt; von A wie *Alkoholismus* und *Aggression*, über H wie *Homosexualität* und *Heimat verlassen* bis U wie *Unfruchtbarkeit*: http://gen.iskra.net/gen-fuer.

22 Natürlich gab es Ausnahmen, etwa eine Serie von Artikeln im Berliner *Tagesspiegel* und vor allem Ulrich Bahnsens Aufsatz in der *Zeit* vom 12.6.2008, »Erbgut in Auflösung«, S. 33. Er erschien allerdings schon einen Monat vor der Berliner Genetik-Tagung.

23 Sie wurde mit etwa 35.000 angegeben.

24 CLAMP et al. 2007.

25 CHURCH et al. 2009.

26 SAPP 2003, S. 2003.

27 *Der Tagesspiegel*, 23.11.2006, S. 4.

28 VAN SPEYBROECK et al. 2002, S. viii.

29 Zitiert nach GIBBS 2004a,b.

30 Zitiert nach BAHNSEN 2008 in *Die Zeit*, 12.6.2008, S. 33.

31 ERREN, CULLEN & ERREN 2008.

32 Zitiert nach GIBBS 2004b.

4. Gen und Genom – an elegant but cryptic store

1 CHURCH et al. 2009.

2 GERSTEIN et al. 2007.

3 STOTZ & GRIFFITHS 2004, PEARSON 2006.

4 Zitiert nach GERSTEIN et al. 2007.

5 Der britische Arzt Archibald Garrod hatte diesen Zusammenhang schon 1908 hergestellt, aber seine Arbeit geriet in Vergessenheit. In seiner Nobelpreisrede im Jahr 1958 bezog sich George Beadle ausdrücklich auf Garrod. Er habe nur »wiederentdeckt, was Garrod so klar und schon so viele Jahre früher gesehen hatte.« SAPP 2003, S. 158

6 Aus *The Logic of Living Systems: A History of Heredity*, zitiert nach SAPP 2003, S. 205.

7 Die Größenangaben gelten für mittlere Exons und Introns. Vor allem die ersten, aber auch die letzten eines Gens weichen deutlich von diesen Werten ab. Siehe SCHERER 2008.

8 LYNCH 2007.

9 JABLONKA & LAMB 2005.

10 BROWN 2007.

11 Nach GERSTEIN et al. 2007.

12 GERSTEIN et al. 2007, S. 673.

13 Zitate nach PEARSON 2006.

14 The ENCODE Project Consortium 2007.

15 The ENCODE Project Consortium 2007, S. 799.

16 GINGERAS 2008.

17 CHENG et al. 2005.

18 PEARSON 2006.

19 http://sandwalk.blogspot.com/2007/06/what-is-gene-post-encode.html.

20 Ebenda.

21 Das Zitat lautet im Original: »It's possible some of these transcripts are just the polymerase chugging along like an Energizer bunny.« PENNISI 2007, S. 1556.

22 OVCHARENKO 2008.

23 GERSTEIN et al. 2007.

24 The ENCODE Project Consortium 2007.

25 BEJERANO et al. 2004.

26 Zitiert nach OVCHARENKO 2008, S. 1668.

27 WOOLFE et al. 2005.

28 KATZMAN et al. 2007.

29 AHITUV et al. 2007.

30 Man sollte im Kopf behalten, dass es auch hier nur um einen kleinen Teil des Genoms geht. 5 % des Genoms sind konserviert, 40 % dieser Sequenzen liegen in nichtcodierenden Regionen. Konservierte nichtcodierende Sequenzen machen also nur 2 % unseres Genoms aus.

31 Ryan Gregory gibt in seinem Blog einen aufschlussreichen Überblick über die Geschichte und Karriere der Junk-DNA: http://genomicron.blogspot.com.

32 Es gibt allerdings auch gute Gründe, weiter an diesem oder einem ähnlichen, weniger wertenden Begriff festzuhalten, denn es gibt zweifellos Schrott im Genom, siehe Kap. 9 und http://sandwalk.blogspot.com.

33 The ENCODE Project Consortium 2007, S. 799.

34 International Human Genome Sequencing Consortium 2001.

35 ALBERTS et al. 2008, S. 207.

5. DNA-Methylierung – kleine Ursache, große Wirkung

1 Einen Überblick über die Begriffsgeschichte geben VAN SPEYBROECK et al. 2002.

2 FELSENFELD 2007. Diese Definition hat Gary Felsenfeld von RIGGS et al. 1996 übernommen.

3 CUBAS et al. 1999.

4 THEISSEN 2000.

5 Um eine voll ausgebildete pelorische Blüte zu erhalten, muss beim Löwenmaul noch ein zweites Gen, DICHOTOMA, mutiert sein. THEISSEN 2000, CUBAS 2004.

6 ALLIS et al. 2007.

7 Arber, Smith und Nathans erhielten dafür 1978 den Nobelpreis für Medizin.

8 Die Zahl 3.500 bezieht sich auf Restriktionsenzyme des Typs II, Internetdatenbank REBASE, http://rebase.neb.com.

9 CUBAS et al. 1999, S. 157.

10 ZILBERMAN & HENIKOFF 2007, LI & BIRD 2007.

11 BROWN 2007.

12 ROLLINS et al. 2006.

13 KIDWELL 2005 in GREGORY 2005.

14 YODER et al. 1997, GOLL & BESTOR 2005.

15 Gemeint sind die sogenannten MBDs, Methyl-CpG-bindende Proteine, siehe LI & BIRD 2007.

16 LI & BIRD 2007.

17 JABLONKA & LAMB 2005.

18 MORGAN et al. 2005, LI & BIRD 2007.

19 MIGEON 2007.

20 OKANO et al. 1999.

21 Gemeint sind die De-Novo-Methyltransferasen Dnmt3a und Dnmt3b. OKANO, BELL, HABER & LI 1999.

22 LI et al. 1992, OKANO et al. 1999, XU et al. 1999, BOURC'HIS & BESTOR 2004, DODGE et al. 2005.

23 LI & BIRD 2007.

6. Die Frau, ein Mosaik – die X-Inaktivierung

1 Das kleine p zwischen den Basen Cytosin (C) und Guanin (G) steht für einen Phosphatrest, da die mit einem Zuckermolekül, der Desoxyribose,

verbundenen Basen in den beiden DNA-Strängen jeweils über eine Phosphatbrücke miteinander verbunden sind.

2 Zum Beispiel führt der Besitz nur eines X-Chromosoms (Xo) bei Frauen oder Mädchen zur Ausbildung des Turner-Syndroms. Männer mit zwei oder mehr X-Chromosomen (XXY, XXXY oder sogar XXXXY) erkranken am Klinefelter-Syndrom, siehe MIGEON 2007.

3 ROSS et al. 2005.

4 MIGEON 2007. S. 24.

5 MIGEON 2007, S. 26.

6 Diese geschlechtsspezifischen Krankheiten bilden einen Schwerpunkt von Barbara Migeons Buch, siehe MIGEON 2007.

7 BROCKDORFF & TURNER 2007.

8 MIGEON 2007.

9 MIGEON 2007, S. 56.

10 NGUYEN & DISTECHE 2006, LIN et al. 2007.

11 NGUYEN & DISTECHE 2006.

12 SMITH et al. 2005.

13 Menschen mit Turner-Syndrom, die nur ein X-Chromosom besitzen (Xo), werden phänotypisch zwar zu Frauen, besitzen aber keine Eizellen, vgl. MIGEON 2007, Kap. 7.4.

14 Siehe BROCKDORFF & TURNER 2007 und darin zitierte Arbeiten.

15 BROCKDORFF & TURNER 2007, S. 338.

16 CLERC & AVNER 1998.

17 MIGEON 2007. S. 4, 5.

18 *Der Spiegel* 13/2003, S. 192.

7. Aufgespult – Histone und Nukleosomen

1 SCHULTZE 1861, zitiert nach JAHN 2000.

2 FLEMMING 1882, S. 94.

3 RABL 1885, S. 321.

4 FLEMMING 1882, S. 114.

5 FLEMMING 1882, S. 129.

6 Die vermeintliche Ruhezeit wird Interphase genannt. Ein Zellzyklus umfasst die Interphase und die darauf folgende Zellteilung.

7 BROWN 2007.

8 Zum Vergleich: Ein Protein durchschnittlicher Größe enthält beim Menschen etwa 430 Aminosäuren. ALBERTS et al. 2008.

9 FLAUS & OWEN-HUGHES 2004.

10 Streng genommen versteht man unter einem Nukleosom das umwickelte

Kernpartikel plus einer Verbinder-DNA. Der Begriff wird aber auch nur für den Histonkern mit DNA-Umwicklung verwendet.

11 In der sogenannten S-Phase des Zellzyklus. S steht für Synthese.

12 KAPLAN et al. 2008, FIELD et al 2008.

13 FIELD et al 2008, S. 1.

14 Sogenannte *nucleosome positioning signals.* Die exakte Positionierung der Nukleosomenkerne wird auch durch andere fest an die DNA gebundene Proteine beeinflusst. Sie zwingen den Histonkomplexen mitunter bestimmte Positionen auf.

15 Siehe HARVEY & DOWNS 2004.

16 LUGER et al. 1997.

17 DORIGO et al. 2004.

18 KÖSSLER 2003.

19 Konstitutives Heterochromatin, siehe LEIN & REUTER 2005.

20 ALBERTS et al. 2008.

21 DINANT et al. 2008.

22 FIELD et al. 2008.

23 LI et al. 2004.

24 SAHA et al. 2006.

25 Gemeint ist die Hydrolyse von ATP.

26 Vor allem durch Wasserstoffbrückenbindungen und elektrostatische Kräfte.

27 GANGARAJU & BARTHOLOMEW 2007.

28 Die ordnenden Remodeling-Komplexe heißen ISWI, siehe SAHA et al. 2006.

29 SAHA et al. 2006.

30 LAVELLE & PRUNELL 2007, S. 2116.

31 Ebenda, S. 2117.

32 DALAL et al. 2007

33 Es gibt Forscher, die die In-vivo-Existenz dieser Hemisomen in Zweifel ziehen. Sie könnten ein Zerfallsprodukt der verhältnismäßig labilen CenH3-Oktamere sein. Es wäre auch denkbar, dass sich die Zusammensetzung und Struktur der Nukleosomen im Verlauf des Zellzyklus verändert. Vgl. ALLSHIRE & KARPEN 2008.

34 ALLSHIRE & KARPEN 2008.

35 HENIKOFF et al. 2001.

36 Eine ausführliche Zusammenfassung des aktuellen Kenntnisstands bieten ALLSHIRE & KARPEN 2008.

37 Genauer gesagt: an einer proteinösen Struktur, die sich während der Zell-

teilung an den Zentromeren herausbildet, dem Kinetochor.

38 Beim Menschen heißt das entsprechende Histon CENP-A, bei *Drosophila* CID.

39 Forscher der Australian National University in Canberra haben kürzlich gezeigt, dass mit H2A.Z (anstelle von H2) sogar noch eine weitere Histon-variante beteiligt ist. Nukleosomen, die H2A.Z (aber kein CenH3) enthalten, bilden die innerste Schicht der Zentromere, mit der sich die beiden Tochter-chromosomen berühren, siehe GREAVES et al. 2007.

40 HEUN et al. 2006.

41 AMOR & CHOO 2002.

42 AMOR et al. 2004.

43 WHITELAW & WHITELAW 2006.

44 HENIKOFF et al. 2001.

45 ZHANG et al. 2005.

46 MITO et al. 2005.

47 WHITELAW & WHITELAW 2006.

48 MITO et al. 2005.

49 Neben der Methylierung der Histonschwänze ist die Acetylierung, Phosphorylierung und Ubiquitylierung von Bedeutung.

50 Die Acetylgruppe mit der Formel -CO-CH3 ist ein Abkömmling der ordinären Essigsäure.

51 STRAHL & ALLIS 2000.

52 STRAHL & ALLIS 2000, S. 44/45.

53 Lysin kann nur entweder methyliert oder acetyliert werden.

54 Vgl. KOUZARIDES & BERGER 2007.

55 SHAHBAZIAN & GRUNSTEIN 2007.

56 Weiterführende Informationen über den Stand der Dinge finden vor-gebildete Leser bei SHAHBAZIAN & GRUNSTEIN 2007 (Acetylierung), SHILATIFARD 2006 (Methylierung), KOUZARIDES & BERGER 2007, SCHNEIDER & GROSSCHEDL 2008.

57 SCHNEIDER & GROSSCHEDL 2008.

58 HEINTZMAN et al. 2007.

59 GOLL & BESTOR 2005.

60 GILBERT & EPEL 2009, S. 433.

61 PROBST, DUNLEAVY & ALMOUZNI 2009.

8. Im Kern

1 CREMER et al. 1982.

2 BOLZER et al. 2005.

3 MEABURN & MISTELI 2007.

4 VAN DRIEL et al. 2003.

5 MEABURN & MISTELI 2007.

6 Kürzlich ist dies einem Forscherteam mithilfe eines komplizierten gentechnischen Tricks doch gelungen. FINLAN et al. 2008, PLoS Genetics 4:e1000039.

7 Van DRIEL et al. 2003, S. 4073.

8 MEABURN & MISTELI 2007, BOLZER et al. 2005.

9 BOLZER et al. 2005.

10 MADAN BABU et al. 2008.

11 MISTELI 2007, S. 795.

12 Einige Forscher postulieren eine sogenannte Kernmatrix, die diese Aufgaben übernehmen könnte. Die Existenz einer Kernmatrix ist aber umstritten.

13 PARADA et al. 2004.

14 MISTELI 2005, S. 481.

15 ALBERTS et al 2008.

16 RIPPE 2007, WACHSMUTH et al. 2008.

17 MISTELI 2005, S. 482.

18 PHAIR et al. 2004, RIPPE 2007.

19 MISTELI 2005.

20 MISTELI 2005, S. 482, PHAIR et al. 2004.

21 MISTELI 2005, S. 482. Im Kern der Bierhefe gibt es keine Chromosomenterritorien.

22 BEKKER-JENSEN et al. 2006.

23 MEABURN & MISTELI 2007.

24 MISTELI 2005 enthält instruktive Abbildungen.

25 MADAN BABU et al. 2008.

26 KADAUKE & BLOBEL 2009.

27 BRANCO & POMBO 2006.

28 BRANCO & POMBO 2006, S. 0781.

29 MEABURN et al. 2007.

30 MISTELI 2007.

31 PARADA et al. 2004.

32 MADAN BABU et al. 2008.

33 FINLAN et al. 2008.

34 Zitate nach MISTELI 2005, S. 480.

35 Gemeint ist die RNA Polymerase II, MISTELI 2007.

36 AUGUI et al. 2007. *Science* 318, S. 1632–1636.

37 BRANCO & POMBO 2006, S. 0786, MIELE & DEKKER 2008.

9. Zwischenresümee

1 BERNSTEIN & HAKE 2006.

2 GILBERT & EPEL 2009.

3 GILBERT & EPEL 2009, S. 8.

4 BOSSDORF et al. 2008.

10. Von Mäusen, Menschen und springenden Genen

1 MOUSE GENOME SEQUENCING CONSORTIUM 2002.

2 CHURCH et al. 2009.

3 CHURCH et al. 2009.

4 MORGAN et al. 1999.

5 Die gescheckten Tiere nehmen eine Zwischenstellung ein.

6 Das Genprodukt heißt korrekt *agouti signaling protein*, ASP.

7 MORGAN et al. 1999.

8 JABLONKA & LAMB 2005, RAKYAN et al. 2003.

9 MAESTRIPIERI & MATEO 2009.

10 RAKYAN et al. 2003.

11 MORGAN et al. 1999.

12 RAKYAN et al. 2003.

13 MIKKELSEN et al. 2007.

14 LYNCH 2007.

15 LYNCH 2007, 151.

16 MIKKELSEN et al. 2007.

17 LYNCH 2007.

18 ALBERTS et al. 2008.

19 ALBERTS et al. 2008, S. 317.

20 MIKKELSEN et al. 2007.

21 Sie werden auch Plazentatiere oder Eutheria genannt.

22 GENTLES et al. 2007.

23 MIKKELSEN et al. 2007, S. 174.

24 Die deutsche Übersetzung erschien 2001 unter dem Titel *Das Darwin-Virus*, übrigens in einem Wissenschaftsverlag, der sonst nie Romane herausbringt. Einige Jahre später erschien der Fortsetzungsband *Die Darwin-Kinder*, der kein vergleichbares Echo mehr fand. Die vollständige *Nature*-Rezension ist in der Ausgabe vom 2. März 2000 nachzulesen, *Nature* 404, S. 15–16.

25 ALBERTS et al. 2008, S. 323.

26 Wie aber entsteht das Farbmuster der gescheckten Tiere? Es handelt sich, ähnlich wie in Kap. 6 im Zusammenhang mit der X-Inaktivierung besprochen, um Mosaike, die in der frühen Embryonalentwicklung entstanden sein

müssen. Einige Zellen verloren die Methylgruppen, sodass das Transposon in ihnen und in allen aus ihnen hervorgehenden Zellen aktiv wurde. Das Resultat sind unter anderem mehr oder weniger ausgedehnte gelbe Flecke auf graubraunem Grund.

27 XIAO et al. 2008.

28 WHITELAW & MARTIN 2001.

29 WHITELAW & MARTIN 2001, S. 364.

11. Vererbt oder nicht – der australisch-amerikanische Mäusestreit

1 WOLFF et al. 1998.

2 COONEY et al. 2002.

3 WOLFF et al. 1998, COONEY et al. 2002.

4 CROPLEY et al. 2006.

5 MOONESINGHE et al. 2007.

6 COONEY et al. 2002, S. 2395S.

7 CROPLEY et al. 2006.

8 *Der Tagesspiegel,* 8.1.2007, S. 25.

9 CROPLEY et al. 2006, S. 17311.

10 *Der Spiegel* 45/2002, S. 204.

11 JABLONKA & LAMB 1995.

12 CROPLEY et al. 2006, S. 17310.

13 WATERLAND & JIRTLE 2003.

14 WATERLAND et al. 2006.

15 DOLINOY et al. 2006.

16 WATERLAND et al. 2007.

17 Die Briefe erschienen 2007 in *The FASEB Journal* Band 21, S. 3021/22.

18 BLEWITT et al. 2006.

19 MORGAN et al. 2005.

20 BLEWITT et al. 2006.

21 LANE et al. 2003.

22 BLEWITT et al. 2006, S. 0399.

23 BLEWITT et al. 2006, WATERLAND et al. 2007, DOLINOY et al. 2006.

12. Das Fenster zur Welt

1 HEALEY et al. 2001, WONG et al. 2005.

2 MARTIN 2005.

3 PETRONIS et al. 2003, S. 169.

4 WONG et al. 2005.

5 WONG et al. 2005.

6 BOUCHARD et al. 1990.

7 WONG et al. 2005, Zitat S. R13.

8 GÄRTNER 1990.

9 GÄRTNER 1990.

10 OATES et al. 2006.

11 WHITELAW & WHITELAW 2006, S. R134.

12 FRAGA et al. 2005.

13 Ebenda, S. 10607.

14 ECKHARDT et al. 2006.

15 BJORNSSON et al. 2008.

16 GOYAL et al. 2006.

17 Man nennt diese zufällige Veränderung epigenetische Drift.

18 WHITELAW & WHITELAW 2006.

19 WONG et al. 2005.

20 BENNETT-BAKER et al. 2003.

21 Ebenda, S. 2060/61.

22 BENNETT-BAKER et al. 2003.

23 WHITELAW & WHITELAW 2006.

24 BROWN et al. 2007.

25 BROWN et al. 2007, S. 63.

26 RIPPERGER & SCHIBLER 2006.

27 Die Acetylierung von Lysin 9 und die Dreifachmethylierung von Lysin 4 des Histons H3, die charakteristisch für aktives Euchromatin sind, sowie die Zweifachmethylierung von Lysin 9 des Histons H3 und die Bindung des Proteins Hp1, die typisch für Heterochromatin sind, siehe RIPPERGER & SCHIBLER 2006.

28 Einer aktuellen Untersuchung zufolge sind 2–10 % des gesamten Lebertranskriptoms einer circadianen Rhythmik unterworfen, siehe GATFIELD et al. 2009, *Genes Dev.* 23: 1313.

29 NARUSE et al. 2004.

30 Selbstverständlich wurden die Tiere ansonsten »gemäß der Richtlinien des National Institutes of Health für die Pflege und Verwendung von Labortieren benutzt«. NARUSE et al. 2004.

31 »The Arabidopsis Genome Initiative 2000: Analysis of the genome sequence of the flowering plant *Arabidopsis thaliana*«. *Nature* 408, pp 796–815.

32 Es gibt auch *Arabidopsis*-Varietäten, die ohne längere Kälteeinwirkung blühen können.

33 In Russland sprach man von Jarowisation. Ihre Anwendung in der russi-

schen Landwirtschaft ist mit dem Namen Trofim Denissowitsch Lyssenko verbunden, einem Günstling Stalins. Einige Hinweise zu dieser interessanten und fatalen Verquickung von Wissenschaft und politischer Ideologie geben AMASINO 2004 und GILBERT & EPEL 2009.

34 SUNG & AMASINO 2005.

35 Diese Versuche wurden mit einem anderen Kreuzblütler durchgeführt, dem Silberblatt *Lunaria biennis.*

36 GREENUP et al. 2009

37 Ein gekürztes Linné-Zitat aus Kap. 2.

38 Siehe HENDERSON & DEAN 2004 und die darin zitierten Arbeiten.

39 WEST-EBERHARD 2003.

40 GILBERT & EPEL 2009, S. 8.

41 Gelée Royale enthält zusätzlich Aminosäuren und Proteine und diverse Zusatzstoffe.

42 KUCHARSKI et al. 2008.

43 PEMBREY et al. 2006.

44 Zitat nach BLECH, JÖRG: »Bruch des bösen Zaubers«. *Der Spiegel* 32/2008.

45 LIU et al. 1997.

46 Zitat nach BLECH, JÖRG: »Bruch des bösen Zaubers«. *Der Spiegel* 32/2008.

47 WEAVER et al. 2004.

48 FRANCIS et al. 1999.

49 LIU et al. 1997, WEAVER et al. 2004.

50 Es handelt sich um einen Glukocorticoid-Rezeptor.

51 LIU et al. 1997.

52 WEAVER et al. 2004.

53 Das *nerve growth factor-inducible protein A*, kurz NGFI-A oder Egr I.

54 Welche Bedeutung die anderen Methylierungsstellen des Promotors haben, ist bislang ungeklärt.

55 WEAVER et al. 2005.

56 WEAVER, MEANEY & SZYF 2005.

57 CHAMPAGNE et al. 2006.

58 MEANEY 2001, S. 1176.

59 FRANCIS et al. 1999, S. 1158.

60 McGOWAN et al. 2009.

61 Eine ein Jahr zuvor publizierte Studie der McGill University fand allerdings bei der gleichen Gruppe von Selbstmordopfern auch charakteristische epigenetische Veränderungen, die den Proteinsyntheseapparat in den Zellen

des Hippocampus betrafen, siehe McGOWAN et al. 2008.

62 OBERLANDER et al. 2008.

63 MEANEY 2001, S. 1176.

64 Aus einem Interview, das der deutsche Psychologe Dirk Hellhammer mit Michael Meaney führte. In: *Verhaltenstherapie* 2005;15:110–112.

65 Ebenda, S. 111/112.

66 Die folgende Darstellung stützt sich im Wesentlichen auf Michael Meaneys großen Übersichtsartikel in den *Annual Reviews* (MEANEY 2001) und die zahlreichen darin zitierten Publikationen. Die Arbeiten an Makaken stammen von Coplan und Rosenblum, u. a. COPLAN et al 1996: *Proc. Nat. Acad. Sci. USA* 93 und ROSENBLUM & ANDREWS 1994: *Acta Paediatr. Suppl.* 397.

67 Cambridge Study of Delinquent Development, siehe FARRINGTON et al. 1988: *Psychiatry* 52.

68 Siehe u. a. GLUCKMAN, HANSON & SPENCER 2005 und ihr sehr empfehlenswertes populärwissenschaftliches Buch *Mismatch. Why our World No Longer Fits our Bodys*, das in deutscher Übersetzung unter dem Titel *Aus dem Tritt geraten* (GLUCKMAN & HANSON 2007) erschienen ist.

69 GILBERT & EPEL 2009.

70 SIMPSON et al. 2001: *Proc. Nat. Acad. Sci. USA* 98; S. 3895–3897.

71 GLUCKMAN, HANSON & SPENCER 2005, S. 530.

72 BOGIN & KEEP 1999.

73 GLUCKMAN, HANSON & SPENCER 2005, S. 530.

74 Die Niederlande liefern ein Beispiel dafür, was geschieht, wenn die ohnehin pessimistischen Vorhersagen der Mutter von der Realität noch unterboten werden. Als Strafmaßnahme für Aktionen der Widerstandsbewegung hatten die deutschen Besatzungstruppen sämtliche Bahntransporte in den Westen des Landes unterbunden, was im Kriegswinter 1944/45 zu einer mehrwöchigen Hungersnot führte. Menschen, die diese Zeit als Fötus im Uterus ihrer Mutter erlebten, zeigten später diverse medizinische Auffälligkeiten, erkrankten mit fünfzig häufiger an Diabetes und koronaren Herzkrankheiten (de ROOIJ et al. 2007: *Am. J. Clin. Nutr.* 86; 1219–1224) und brachten kleinere Babys zur Welt. Hatten diese Frauen mehrere Kinder, sank deren Gewicht von Geburt zu Geburt, was eine Umkehrung der normalen Verhältnisse bedeutet. (LUMEY& STEIN 1997: *Am. J. Epidemiology* 147; 810–819).

75 COLMAN et al. 2009: *Science* 325; S. 201–204.

76 GLUCKMAN, HANSON & SPENCER 2005.

13. Außer Kontrolle – Krebs

1 GLUCKMAN & HANSON 2007, S. 68.

2 Dieses und alle folgenden Zitate stammen aus einem Interview mit dem Autor, 13.7.2009.

3 BAYLIN & JONES 2007 in ALLIS et al. 2007.

4 BRENA & COSTELLO 2007.

5 BAYLIN & JONES 2007 in ALLIS et al. 2007.

6 ESTELLER 2008.

7 EDEN et al. 2003, GAUDET et al. 2003.

8 ESTELLER 2008, S. 1151, siehe auch ESTELLER 2007.

9 ECKHARDT et al. 2006, S. 1378.

10 ECKHARDT et al. 2006.

11 HOCHEDLINGER et al. 2004.

12 YOO & JONES 2006.

13 YOO & JONES 2006.

14 EDEN, GAUDET & JAENISCH 2003.

15 WHITELAW & WHITELAW 2006, S. R134.

14. Ein schöner Hintern – die RNA-Welt

1 Eine schematische Darstellung des Erbgangs findet sich in GIBBS 2004b.

2 Zitiert nach GIBBS 2004b.

3 CRICK 1993 in GESTELAND, CECH & ATKINS 2006, S. xi.

4 Ebenda, S. xi.

5 Diese Verbindungen werden als Ribonukleoproteine bezeichnet.

6 GESTELAND, CECH & ATKINS 2006, S. ix/x.

7 Dieses Thema hat mich damals sehr beschäftigt. Bald darauf begann ich meinen ersten Roman zu schreiben, *Wenzels Pilz,* eine satirische Geschichte um die Freisetzung eines transgenen Pilzes.

8 KUHLMANN & NELLEN 2004.

9 Die Flavr-Savr-Tomate konnte länger gelagert werden, ohne matschig zu werden. 1994 gelangte sie erstmals in die Auslagen der Supermärkte, wurde aber von den Verbrauchern weitgehend ignoriert und schon 1997 nach nur drei Jahren wieder vom Markt genommen. Noch im selben Jahr wurde die Herstellerfirma Calgene von dem Saatgutriesen Monsanto geschluckt.

10 KUHLMANN & NELLEN 2004.

11 *RNA-induced silencing complex.*

12 ALBERTS et al. 2008.

13 LI et al. 2004.

14 Siehe MATZKE & MATZKE 2004.

15 Siehe QUELLET et al. 2006.

16 Diese komplementären Erkennungsequenzen der mRNA sind in der Regel nur sieben Basen lang. Sie befinden sich nicht in den codierenden Abschnitten, sondern in der 3'UTR, einem nicht-codierenden Anhang.

17 ESTELLER 2008.

18 Siehe QUELLET et al. 2006.

19 PFEFFER et al. 2004.

20 DAVIS et al. 2005, LEWIS & REDRUP 2005.

21 Siehe MATZKE & MATZKE 2004.

22 LIPPMAN & MARTIENSSEN 2004.

23 MATZKE & MITTELSTEN SCHEID 2007 in ALLIS et al. 2007.

24 Siehe BROCKDORFF & TURNER 2007 in ALLIS et al. 2007.

25 Sie wird Xist genannt, *X inactive specific transcript.*

15. Eine Theorie für das neue Jahrhundert

1 Julian Huxley, der neben seinen vielen anderen Aktivitäten erster Generaldirektor der UNESCO wurde, war der Bruder des berühmten englischen Schriftstellers Aldous Huxley *(Schöne neue Welt)* und Enkel von Thomas Henry Huxley, einem enorm einflussreichen Biologen, der sich intensiv für Darwin und seine Theorie einsetzte und deshalb den wenig schmeichelhaften Beinamen »Darwin's Bulldogge« bekam.

2 Nach Julian Huxleys 1942 erschienenem Buch *Evolution: The modern synthesis.*

3 Siehe u. a. JABLONKA & LAMB 2005, PENNISI 2008, PIGLIUCCI 2007, GILBERT & EPEL 2009.

4 GILBERT & EPEL 2009, S. 318.

5 PIGLIUCCI 2007.

6 PENNISI 2008.

7 Suzan Mazur hat ihre Recherchen in einem umfangreichen E-Book (MAZUR 2008) zusammengefasst, das neben vielen anderen interessanten Texten und Interviews, die sie geführt hat, von der Internetseite des unabhängigen neuseeländischen News-Portals SCOOP heruntergeladen werden kann: http://www.scoop.co.nz/stories/HL0807/S00053-htm.

8 Für derartige Arbeitstreffen einer begrenzten Anzahl von Wissenschaftlern ist das nicht ungewöhnlich und vermutlich auch sinnvoll.

9 Auch das ist keineswegs ungewöhnlich, denn viele der im Konrad-Lorenz-Institut abgehaltenen Workshops werden anschließend innerhalb der »Vienna Series in Theoretical Biology« bei MIT Press veröffentlicht.

10 PENNISI 2008.

11 http://sandwalk.blogspot.com/2008/09/altenberg-16-make-it-into-nature.html

12 Siehe oben, MAZUR 2008.

13 LYNCH 2007.

14 Siehe oben, MAZUR 2008.

15 PENNISI 2008.

16 PIGLIUCCI 2007, S. 2746.

17 Repräsentanten des Intelligent Designs wären zu dieser Versammlung nicht zugelassen, da es sich bei den von ihnen vertretenen Ansichten nicht um Wissenschaft handelt.

18 GILBERT & EPEL 2009.

19 WEST-EBERHARD 2003.

20 Das Originalzitat lautet: »Phenotype is not merely the unrolling of genotype.« GILBERT & EPEL 2009, S. 395.

21 WHITELAW & MARTIN 2001, S. 364.

22 Zitiert nach GILBERT & EPEL 2009.

23 MAYR 1980, zitiert nach GILBERT & EPEL 2009.

24 GILBERT & EPEL 2009, S. 397.

25 JABLONKA & LAMB 1995.

26 ANWAY et al. 2005.

27 CREWS et al. 2007.

28 VASTENHOUW et al. 2006.

29 JABLONKA & RAZ 2009, ein Teil davon wird auch in GILBERT & EPEL 2009 aufgelistet.

30 JABLONKA & RAZ 2009, S. 391.

31 Dazu GILBERT & EPEL 2009.

32 Die Berner Wissenschaftshistorikerin Kärin Nickelsen auf einer Tagung der Jungen Akademie im Frühjahr 2009, siehe KEGEL 2009: »Lacht Lamarck zuletzt?« *Junge Akademie Magazin* 2009(10), S. 12/13.

33 JABLONKA & RAZ 2009.

34 JABLONKA & RAZ 2009, S. 138.

35 BLEWITT et al. 2006.

36 Gemeint sind Tiere, Pilze oder Bakterien.

37 MATZKE & SCHEID 2007, S. 166.

38 JOHANNES et al. 2009.

39 Z. B. VAUGHN et al. 2007, JOHANNES et al. 2008.

40 Solche Unterschiede hat man auch bei vielen anderen Pflanzen gefunden, siehe RAPP & WENDEL 2005.

41 JOHANNES et al. 2009.

42 Die Forscher nennen sie »*epigenetic recombinant inbred lines*«, oder, in der offenbar nicht zu bremsenden Abkürzungswut der Genetiker, epiRIL.

43 Da die eingekreuzte Mutante dafür sorgt, dass die vorhandene DNA-Methylierung um bis zu 70 % reduziert wird, könnten Transposons aktiv geworden sein und zu veränderten Sequenzen geführt haben. Zukünftige Untersuchungen werden zeigen, in welchem Maß dies zu berücksichtigen ist, siehe JOHANNES et al. 2009.

44 WEST-EBERHARD 2003.

45 WEST-EBERHARD 2005, S. 6543.

46 RAPP & WENDEL 2005, JOHANNES et al. 2009.

47 Insekten besitzen ursprünglich zwei Flügelpaare, bei Fliegen ist das hintere aber zu Halteren oder Schwingkölbchen umgewandelt, einem Gleichgewichtsorgan. In Waddingtons Experimenten waren diese Halteren wieder zu Flügeln geworden.

48 GIBSON & HOGNESS 1996.

49 RUTHERFORD & LINDQUIST 1998, S. 341.

50 SANGSTER et al. 2007, 2008a, b.

51 SANGSTER et al. 2007, S. 11.

52 SANGSTER et al. 2007, S. 11.

53 SOLLARS et al. 2003.

54 JOHANNES et al. 2009, S. 8.

55 JOHANNES et al. 2009.

56 COHEN 1998.

57 MORGAN & WHITELAW 2008.

58 Persönliche Mitteilung, Frühjahr 2009, siehe MOSS 2003 und 2006.

16. Schlussbemerkung

1 GLUCKMAN & HANSON 2007, GILBERT & EPEL 2009.

Literatur

Agrawal, Anurag A. 2001: Phenotypic Plasticity in the Interactions and Evolution of Species. *Science* 294, 321–326

Ahituv, Nadav et al. 2007: Deletion of Ultraconserved Elements Yields Viable Mice. *PLoS ONE* 2(9), e903

Alberts, Bruce et al. 2008: Molecular Biology of the Cell. Fifth Edition, Garland Science, New York

Allan, Mea 1980: Darwins Leben für die Pflanzen. Econ, Wien und Düsseldorf

Allis, C. David, Jenuwein, Thomas & Reinberg, Danny (Eds.) 2007: Epigenetics. Cold Spring Harbor Laboratory Press, Cold Spring Harbor

Allshire, Robin C. & Karpen, Gary H. 2008: Epigenetic regulation of centromeric chromatin: old dogs, new tricks? *Nature Rev. Genet.* 9, 923–937

Amasino, Richard 2004: Vernalisation, Competence, and the Epigenetic Memory of Winter. *Plant Cell* 16, 2553–2559

Amor, David J. & Choo, K. H. Andy 2002: Neocentromeres: Role in Human Disease, Evolution, and Centromere Study. *Am. J. Human Genetics* 71, 695–714

Amor, David J. et al. 2004: Human centromere repositioning in progress. *PNAS* 101, 6542–6547

Anway, Matthew D., Cupp, Andrea S., Uzumcu, Mehmet & Skinner, Michael K. 2005: Epigenetic Transgenerational Actions of Endocrine Disruptors and Male Fertility. *Science* 308, 1466–1469

Bastow, Ruth et al. 2004: Vernalization requires epigenetic silencing of FLC by histone methylation. *Nature* 427, 164–167

Baylin, Stephen B. & Jones, Peter A. 2007: Epigenetic Determinants of Cancer. In: Allis, C. David, Jenuwein, Thomas & Reinberg, Danny (Eds.) 2007: Epigenetics. Cold Spring Harbor Laboratory Press, Cold Spring Harbor

Bejerano, et al. 2004: Ultraconserved elements in the human genome. *Science* 304, 1321–1325

Bekker-Jensen, Simon et al. 2006: Spatial organization of the mammalian genome surveillance machinery in response to DNA strand breaks. *J. Cell Biology* 173, 195–206

Bennett-Baker, Pamela E., Wilkowski, Jodi & Burke, David. T. 2003: Age-Assoziated Activation of Epigenetically Repressed Genes in the Mouse. *Genetics* 165, 2055–2062

Bjornsson, Hans T. et al. 2008: Intra-individual Change Over Time in DNA Methylation With Familial Clustering. *JAMA* 299, 2877–2883

Blech, Jörg 2008: Bruch des bösen Zaubers. *Der Spiegel* 32, 110–112

Blewitt, Marnie E. et al. 2006: Dynamic Reprogramming of DNA Methylation at an Epigenetically Sensitive Allele in Mice. *PLoS Genetics* 2, e49

Bolzer, Andreas et al. 2005: Three-Dimensional Maps of All Chromosomes in Human Male Fibroblast Nuclei and Prometaphase Rosettes. *PLoS Biology* 3(5): e157

Boomsma, Dorret, Busjahn, Andreas & Peltonen, Leena 2002: Classical Twin Studies and Beyond. *Nature Reviews Genetics* 3, 872–882

Bossdorf, Oliver et al. 2008: Epigenetics for ecologists. *Ecological Letters* 11, 106–115

Bouchard, T. J. et al. 1990: Sources of human psychological differences: the Minnesota Study of Twins Reared Apart. *Science* 250, 223–228

Bourc'his, Deborah & Bestor, Timothy H. 2004: Meiotic catastrophe and retrotransposon reactivation in male germ cells lacking Dnmt3L. *Nature* 431, 96–99

Branco, Miguel R. & Pombo, Ana 2006: Intermingling of Chromosome Territories in Interphase Suggests Role in Translocations and Transcription-Dependent Associations. *PLoS Biology* 4, e138

Brena, Romulo M. & Costello, Joseph F. 2007: Genome-epigenome interactions in cancer. *Hum. Mol. Genet.* 16, 96–105

Brockdorff, Neil & Turner, Bryan M. 2007: Dosage Compensation in Mammals. In: Allis, C. David, Jenuwein, Thomas & Reinberg, Danny (Eds.) 2007: Epigenetics. Cold Spring Harbor Laboratory Press, Cold Spring Harbor

Brown, Shelley E. et al. 2007: Variation in DNA Methylation Patterns During the Cell Cycle of HeLa Cells. *Epigenetics* 2, 54–65

Brown, T. A. 2007: Genomes 3. Garland Science, New York

Bruder, Carl E. G. et al. 2008: Phenotypically Concordant and Discordant Monozygotic Twins Display Different DNA Copy-Number Profiles. *Am. J. Hum. Genetics* 82, 763–771

Burdge, Graham C., Lillycrop, Karen A. & Jackson, Alan A. 2009: Nutrition in early life, and risk of cancer and metabolic disease: alternative endings in an epigenetic tale? *Br. J. Nutr.* 101, 619–630

Bygren, Lars Olov, Kaati, Gunnar & Edvinsson 2001: Longevity Determined by Parental Ancestors' Nutrition During Their Slow Growth Period. *Acta Biotheoretica* 49, 53–59

Champagne, Frances A. et al. 2006: Maternal Care Associated with Methylation of the Estrogen Receptor-alpha1b Promotor and Estrogen Receptor alpha Expression in the Medial Preoptic Area of Female Offspring. *Endocrinology* 147, 2909–2915

Check, Erika 2007: Celebrity genomes alarm researchers. *Nature* 447, 358–359

Cheng, Ze et al. 2005: A genome-wide comparison of recent chimpanzee and human segmental duplications. *Nature* 437, 88–93

Church, Deanna M. et al. 2009: Lineage-specific Biology Revealed by a Finished Genome Assembly of the Mouse. *PLoS Biology* 7, e1000112

Clamp, Michele et al. 2007: Distinguishing protein-coding and noncoding genes in the human genome. *PNAS* 104, 19428–19433

Clerc, P. & Avner, P. 1998: Role of the region 3' to Xist exon 6 in the counting process of X-chromosome inactivation. *Nature Genetics* 19, 249–253

Colman, Ricki J. et al. 2009: Caloric Restriction Delays Disease Onset and Mortality in Rhesus Monkeys. *Science* 325, 201–204

Cooney, Craig A., Dave, Apurva A. & Wolff, George L. 2002: Maternal Methyl Supplements in Mice Affect Epigenetik Variation and DNA Methylation of Offspring. *J. Nutrition* 132, 2393S–2400S

Crews, David et al. 2007: Transgenerational epigenetic imprints on mate preference. *PNAS* 104, 5942–5946

Cropley, Jennifer, Suter, Catherine, Beckman, Kenneth & Martin, David 2006: Germ-line epigenetic modification of the murine A^{vy} allele by nutritional supplementation. *PNAS* 103(46), 17308–17312

Cropley, Jennifer E., Martin, David I. K. 2007: Controlling elements are wild cards in the epigenomic deck. *PNAS* 104, 18879–18880

Cubas, Pilar 2004: Floral zygomorphy, the recurring evolution of a successful trait. *BioEssays* 26, 1175–1184

Cubas, Pilar, Vincent, Coral & Coen, Enrico 1999: An epigenetic mutation responsible for natural variation in floral symmetry. *Nature* 401, 157–161

Dalal, Yamini, Furuyama, Takehito, Vermaak, Danielle & Henikoff, Steven 2007: Structure, dynamics, and evolution of centromeric nucleosomes. *PNAS* 104, 15974–15981

Davis, Erica et al. 2005: RNAi-Mediated Allelic trans-Interaction at the Imprinted Rtl1/Peg11 Locus. *Current Biology* 15, 743–749

de Rooij, Susanne R. et al. 2007: The metabolic syndrome in adults prenatally exposed to the Dutch famine. *Am. J. Clin. Nutr.* 86,1219–1224

de Vries, H. 1901–03: Die Mutationstheorie I–II. Veit & Co., Leipzig

Dinant, Christoffel, Houtsmuller, Adriaan B. & Vermeulen, Wim 2008: Chromatin structure and DNA damage repair. *Epigenetics and Chromatin* I: 9

Dodge, Jonathan E. et al. 2005: Inactivation of Dnmt3b in Mouse Embryonic Fibroblasts Results in DNA Hypomethylation, Chromosomal Instability, and Spontaneous Immortalization. *J. Biol. Chem.* 280, 17986–17991

Dolinoy, Dana C., Weidman, Jennifer, Waterland, Robert A. & Jirtle, Randy L. 2006: Maternal Genistein Alters Coat Color and Protects A^{vy} Mouse Offspring from Obesity by Modifying the Fetal Epigenome. *Environmental Health Perspectives* 114, 567–572

Dorigo, Benedetta et al. 2004: Nucleosome Arrays Reveal the Two-Start Organization of the Chromatin Fibre. *Science* 306, 1571–1573

Eckhardt, Florian et al. 2006: DNA methylation profiling of human chromosomes 6, 20 and 22. *Nature Genetics* 38, 1378–1385

Eden, Amir, Gaudet, Francois & Jaenisch, Rudolf 2003: Response to Comment on Chromosomal Instability and Tumors Promoted by DNA Hypomethylation. *Science* 302, 1153c

Eden, Amir et al. 2003: Chromosomal Instability and Tumors Promoted by DNA Hypomethylation. *Science* 300, 455

Erren, Thomas C., Cullen, Paul & Erren, Michael 2008: Results of rush to sequence genomes may be nonsense. *Nature* 452, 151

Esteller, Manel 2007: Epigenetic gene silencing in cancer: the DNA hypermethylome. *Human Molecular Genetics* 16, R50-R59

Esteller, Manel 2008: Epigenetics in cancer. *New Engl. J. Med.* 358, 1148–1159

Field, Yair et al. 2008: Distinct Modes of Regulation by Chromatin Encoded through Nucleosome Positioning Signals. *PLoS Comput. Biol.* 4(11): e1000216

Finlan, Lee E., Bickmore, Wendy A. 2008: Porin new light onto chromatin and nuclear organization. *Genome Biology* 9, 222

Flaus, Andrew & Owen-Hughes, Tom 2004: Mechanisms for ATP-dependent chromatin remodeling: farewell to the tuna-can octamer? *Curr. Opin. Genet. Dev.* 14, 165–173

Flemming, Walther 1882: Zellsubstanz, Kern und Zelltheilung. Verlag F.C.W. Vogel, Leipzig

Fraga, Mario F. et al. 2005: Epigenetik differences arise during the lifetime of monocygotic twins. *PNAS* 102, 10604–10609

Francis, Darlene et al. 1999: Nongenomic Transmission Across Generations of Maternal Behavior and Stress Responses in the Rat. *Science* 286, 1155–1158

Felsenfeld, Gary 2007: A Brief History of Epigenetics. In: Allis, C. David, Jenuwein, Thomas & Reinberg, Danny (Eds.) 2007: Epigenetics. Cold Spring Harbor Laboratory Press, Cold Spring Harbor

Gärtner, Klaus 1990: A third component causing random variability beside environment and genotyp. A reason for the limited success of a 30 year long efford to standardize laboratory animals? *Laboratory Animals* 24, 71–77

Gangaraju, Vamsi K. & Bartholomew, Blaine 2007: Mechanisms of ATP Dependent Chromatin Remodeling. *Mutation Research* 618, 3–17

Gaudet, Francois et al. 2003: Induction of Tumors in Mice by Genomic Hypomethylation. *Science* 300, 489–492

Gentles, Andrew J. et al. 2007: Evolutionary dynamics of transposable elements in the short-tailed opossum Monodelphis domestica. *Genome Research* 17, 992–1004

Georges, Michel, Charlier, Carole & Cockett, Noelle 2003: The callipyge-locus: evidence for the trans interaction of reciprocally imprinted genes. *Trends in Genetics* 19, 248–252

Gerhards, Jürgen & Schäfer, Mike Steffen 2006: Die Herstellung einer öffentlichen Hegemonie. Humangenomforschung in der deutschen und US-amerikanischen Presse. VS Verlag für Sozialwissenschaften, Wiesbaden

Gerstein, Mark B. et al. 2007: What is a gene, post-ENCODE? History and updated definition. *Genome Research* 17,669–681

Gesteland, Raymond F., Cech, Thomas R. & Atkins, John F. (Eds.) 2006: The RNA World. Third Edition. Cold Spring Harbor Laboratory Press, Cold Spring Harbor, New York

Gibbs, W. Wayt 2004a: Preziosen im DNA-Schrott. Spektrum der Wissenschaft 02/04, 68–75

Gibbs, W. Wayt 2004b: DNA ist nicht alles. Spektrum der Wissenschaft 03/04, 68–75

Gibson, Greg & Hogness, David S. 1996: Effects of Polymorphism in the *Drosophila* Regulatory Gene *Ultrabithorax* on Homeotic Stability. *Science* 271, 200–203

Gilbert, Nick et al. 2007: DNA methylation affects nuclear organization, histone modification, and linker histone binding but not chromatin compaction. *The Journal of Cell Biology* 177, 401–411

Gilbert, Scott F. & Epel, David 2009: Ecological Developmental Biology. Integrating Epigenetics, Medicine, and Evolution. Sinauer Associates, Sinderland

Gingeras, Thomas R. 2007: Origin of phenotyps: Genes and transcripts. *Genome Research* 17, 682–690

Gluckman, Peter D., Hanson, Mark A. & Spencer, Hamish G. 2005: Predictive adaptive responses and human evolution. *Trend in Ecology and Evolution* 20, 527–533

Gluckmann, Peter & Hanson, Mark 2007: Aus dem Tritt geraten. Warum unsere Welt nicht mehr zu unseren Körpern passt. Springer, Spektrum Akademischer Verlag, Berlin, Heidelberg

Goll, Mary Grace & Bestor, Timothy H. 2005: Eukaryotic Cytosine Methyltransferases. *Ann. Rev. Biochem.* 74, 481–514

Goyal, Rachna, Reinhardt, Richard & Jeltsch, Albert 2006: Accuracy of DNA methylation pattern preservation by Dnmt1 methyltransferase. *Nucleic Acids Research* 34, 1182–1188

Greaves, Ian K., Rangasamy, Danny, Ridgway, Patricia & Tremethick, David 2007: H2A.Z contributes to the unique 3D structure of the centromere. *PNAS* 104, 525–530

Greenup, Aaron et al. 2009: The molecular biology of seasonal flowering-responses in Arabidopsis and the cereals. *Annals of Botany* 103, 1165–1172

Gregory, T. Ryan (Ed.) 2005: The Evolution of the Genome. Elsevier Academic Press, Amsterdam

Gustafsson, A. 1979: Linnaeus' Peloria: The History of a Monster. *Theoretical and Applied Genetics* 54, 241–248

Han, Leng et al. 2008: CpG islands density and its correlations with genomic features in mammalian genomes. *Genome Biology* 9, R79

Harvey, Anne C. & Downs, Jessica A. 2004: What functions do linker histones provide? *Molecular Microbiology* 53, 771–775

Healey, S. C. et al. 2001: Height Discordance in Monozygotic Females is not Attriutable to Discordant Inactivation of X-liked Stature Determining Genes. *Twin Res.* 4, 19–24

Heintzman, Nathaniel D. et al. 2007: Distinct and predictive chromatin signatures of transcriptional promotors and enhancers in the human genome. *Nature Genetics* 39, 311–318

Henderson, Ian R. & Dean, Caroline 2004: Control of *Arabidopsis* flowering: the chill before the bloom. *Development* 131, 3829–3838

Henderson, Ian R. & Jacobsen, Steven E. 2007: Epigenetic inheritance in plants. *Nature* 447, 418–424

Henikoff, Steven et al. 2001: The Centromere Paradox: Stable Inheritance with Rapidly Evolving DNA. *Science* 293, 1098–1102

Henikoff, Steven, Furuyama, Takehito & Ahmad, Kami 2004: Histone variants, nucleosom assembly and epigenetic inheritance. *Trends in Genetics* 20, 320–326

Heun, Patrick et al. 2006: Mislocation of the Drosophila Centromere-Specific Histone CID Promotes Formation of Functional Kinetochores. *Developmental Cell* 10, 303–315

Hinds, David A. et al. 2005: Whole-Genome Patterns of Common DNA Variation in Three Human Populations. *Science* 307, 1072–1079

Hochedlinger, Konrad et al. 2004: Reprogramming of a melanoma genome by nuclear transplantation. *Genes Dev.* 18, 1875–1885

Hucho, Ferdinand et al. (Hgb.) 2005: Gentechnologiebericht. Analyse einer Hochtechnologie in Deutschland. Forschungsberichte, Berlin-Brandenburgische Akademie der Wissenschaften Band 14, Elsevier, Spektrum Akademischer Verlag, München

International Human Genome Consortium 2001: Initial sequencing and analysis of the human genoms. *Nature* 409, 813–964

International Mouse Genome Consortium 2002: Initial sequencing and comparative analysis of the mouse genome. *Nature* 420, 520–562

Ioshikhes, Ilya P., Albert, Istvan, Zanton, Sara & Pugh, Franklin 2006: Nucleosome positions predicted through comparative genomics. *Nature Genetics* 38, 1210–1215

Jablonka, Eva & Lamb, Marion J. 1995: Epigenetic Inheritance and Evolution. The Lamarckian Dimension. Oxford University Press, Oxford

Jablonka, Eva & Lamb, Marion J. 2005: Evolution in Four Dimensions. Genetic, Epigenetic, Behavioural and Symbolic Variation in the History of Life. MIT Press, Cambridge

Jablonka, Eva & Lamb, Marion J. 2008a: Soft inheritance: Challenging the Modern Synthesis. *Genetics and Molecular Biology* 31, 389–395

Jablonka, Eva & Lamb, Marion J. 2008b: The Epigenome in Evolution: Beyond the Modern Synthesis. *VOGis Herald* 12, 242–254

Jablonka, Eva & Raz, Gal 2009: Transgenerational epigenetic inheritance: prevalence, mechanisms, and implications for the study of heredity and evolution. *The Quaterly Review Biology* 84, 131–176

Jahn, Ilse (Hrg.) 2000: Geschichte der Biologie. 3. Aufl., Spektrum Akademischer Verlag, Heidelberg, Berlin

Jirtle, Randy L. & Skinner, Michael K. 2007: Environmental epigenomics and disease susceptibility. *Nature Reviews Genetics* 8, 253–262

Johannes, Frank et al. 2008: Epigenome dynamics: a quantitative genetics perspective. *Nature Reviews Genetics* 9, 883–890

Johannes, Frank et al. 2009: Assessing the Impact of Transgenerational Epigenetic Variation on Complex Traits. *PLoS Genetics* 5(6), e10000530

Kaati, Gunnar, Bygren, Lars Olov, Pembrey, Marcus & Sjöström, Michael

2007: Transgenerational response to nutrition, early life circumstances and longevity. *Europ. J. Hum. Gen.* 15, 784–790

Kaati, Gunnar, Bygren, L.O. & Edvinson, S. 2002: Cardiovascular and diabetes mortality determined by nutrition during parents' and grandparents' slow growth period. *Europ. J. of Human Genetics* 10, 682–688

Kadauke, Stephan & Blobel, Gerd A. 2009: Chromatin loops in gene regulation. *Biochimica et Biophysica Acta* 1789, 17–25

Kaplan, Noam et al. 2008: The DNA-encoded nucleosome organization of a eukaryotic genome. *Nature* 458, 362–366

Katzman, Sol et al. 2007: Human Genome Ultraconserved Elements Are Ultraselected. *Science* 317, 9

Khorasanizadeh, Sepideh 2004: The Nucleosome: From Genomic Organisation to Genomic Regulation. *Cell* 116, 259–272

Kössler, Heiner 2003: Die Regulation der humanen H3-Histon-Gene. Diss. Georg-August-Universität Göttingen

Kornberg, Roger D. 1974: Chromatin Structur: A Repeating Unit of Histones and DNA. *Science* 184, 868–871

Kouzarides, Tony & Berger, Shelley L. 2007: Chromatin Modifications and Their Mechanism of Action. In: Allis, C. David, Jenuwein, Thomas & Reinberg, Danny (Eds.) 2007: Epigenetics. Cold Spring Harbor Laboratory Press, Cold Spring Harbor

Kucharski, R., Maleszka, J., Foret, S. & Maleszka, R. 2008: Nutrional Control of Reproductive Status in Honeybees via DNA Methylation. *Science* 319, 1827–1830

Kuhlmann, Markus & Nellen, Wolfgang 2004: RNAinterferenz. *Biologie in unserer Zeit* 34, 142–150

Lane, Natasha et al. 2003: Resistance of IAPs to methylation reprogramming may provide a mechanism for epigenetic inheritance in the mouse. *Genesis* 35, 88–93

Lange, Michael & Winkelheide, Martin 2007: Wie die Epigenetik die Biologie revolutioniert. www.dradio.de/dlf/sendungen/dossier/701960/

Lavelle, Christophe & Prunell, Ariel 2007: Chromatin Polymorphism and the Nucleosome Superfamily. A Genealogy. *Cell Cycle* 6, 2113–2119

Lein, Sandro & Reuter, Gunter 2005: Heterochromatin und Gene silencing. *medgen* 17, 254–259

Lewis, Annabelle & Redrup, Lisa 2003: Genetic Imprinting: Conflict at the Callipyge Locus. *Current Biology* 15, R291-R294

Li, Bing, Carey, Michael & Workman, Jerry L. 2007: The Role of Chromatin during Transkription. *Cell* 128, 707–719

Li, En & Bird, Adrian 2007: DNA Methylation in Mammals. In: Allis, C. David, Jenuwein, Thomas & Reinberg, Danny (Eds.) 2007: Epigenetics. Cold Spring Harbor Laboratory Press, Cold Spring Harbor

Li, En, Bestor, Timothy H. & Jaenisch, Rudolf 1992: Targeted Mutation of the DNA Methyltransferase Gene Results in Embryonic Lethality. *Cell* 69, 915–926

Li, Gu et al. 2004: Rapid spontaneous accessibility of nucleosomal DNA. *Nature Structural & Molekular Biology* 12, 46–53

Li, Wan-Xiang et al. 2004: Interferon antagonist proteins of influenza and vaccinia viruses are suppressors of RNA silencing. *PNAS* 101, 1350–1355

Lin, Hong et al. 2007: Dosage Compensation in the Mouse Balances Up-Regulation and Silencing of X-Linked Genes. *PLoS Biology* 5, e326

Lippman, Zachary & Martienssen, Rob 2004: The role of RNA interference in heterochromatic silencing. *Nature* 431, 364–370

Liu, Dong et al. 1997: Maternal Care, Hippocampal Glucocorticoid Receptors, and Hypothalamic-Pituitary-Adrenal Responses to Stress. *Science* 277, 1659–1662

Luger, Karolin, Mäder, Arnim W., Richmon, Robin, Sargent, David & Richmond Timothy 1997: Crystal structure of the nucleosome core particle at 2.8Å resolution. *Nature* 389, 251–260

Luo, D. et al. 1996: Origin of floral asymmetry in *Antirrhinum*. *Nature* 383, 794–799

Lyko, Frank, Ramsahoye, Bernard H. & Jaenisch, Rudolf 2000: DNA methylation in *Drosophila melanogaster*. *Nature* 408, 538–539

Lynch, Michael 2007: The Origins of Genome Architecture. Sinauer Associates, Sunderland

Madan Babu, M. et al. 2008: Eukaryotic gene regulation in three dimensions and its impact on genome evolution. *Curr. Op. Gen. Dev.* 18, 1–12

Maestripieri, Dario & Mateo, Jill M. 2009: Maternal Effects in mammals. The University of Chicago Press, Chicago, London

Martin, George M. 2005: Epigenetic drift in aging identical twins. *PNAS* 102, 10413–10414

Matzke, Marjori & Matzke, Antonius J. M. 2004: Planting the Seed of a New Paradigm. *PLoS Biology* 2(5), 0582–0585

Matzke, Marjori A., Birchler, James A. 2005: RNAi-mediated pathways in the nucleus. *Nature Reviews Genetics* 6, 24–35

Matzke, Marjori & Mittelsten Scheid, Ortrun 2007: Epigenetic Regulation in Plants. In: Allis, C. David, Jenuwein, Thomas & Reinberg, Danny (Eds.) 2007: Epigenetics. Cold Spring Harbor Laboratory Press, Cold Spring Harbor

McGowan, Patrick O. et al. 2008: Promoter-Wide Hypermethylation of the Ribosomal RNA Gene Promoter in the Suicide Brain. *PLoS ONE 3*, e2085

McGowan, Patrick O. et al. 2009: Epigenetic regulation of the glucocorticoid receptor in human brain associates with childhood abuse. *Nature Neuroscience*, doi:10.1038/nn.2270

Meaburn, Karen J. & Misteli, Tom 2007: Chromosome territories. *Nature* 445

Meaburn, Karen J., Misteli, Tom & Soutoglou, Evi 2007: Spatial genome organization in the formation of chromosomal translocations. *Semin. Cancer Biol.* 17, 80–90

Meaney, Michael J. 2001: Maternal Care, Gene Expression, and the Transmission of Individual Differences in Stress Reactivity Across Generations. *Ann. Rev. Neurosci.* 24, 1161–1192

Meaney, Michael J. 2005: Wie die Zuwendung der Eltern die Stressvulnerabilität beeinflusst:Molekularbiologische Grundlagen sozialer Erfahrung, *Verhaltenstherapie* 15, 110–112

Michaels, S. D. & Amasino, R. M. 2000: Memories of Winter: vernalization and the competence to flower. *Plants, Cell and Environment* 23, 1145–1153

Migeon, Barbara R. 2007: Females Are Mosaics. X Inactivation and Sex Differences in Disease. Oxford University Press, Oxford, New York

Mikkelsen, Tarjei S. et al. 2007: Genome-wide maps of chromatin state in pluripotent and lineage-commited cells. *Nature* 448, 553–560

Mikkelsen, Tarjei S. et al. 2007: Genome of the marsupial *Monodelphis domestica* reveals innovation in non-coding sequenzes. *Nature* 447, 167–178

Misteli, Tom 2005: Concepts in nuclear architecture. *BioEssay* 27, 477–487

Misteli, Tom 2007: Beyond the Sequence: Cellular Organization of Genome Function. *Cell* 128, 787–800

Mito, Yoshiko, Henikoff, Jorja G. & Henikoff, Steven 2005: Genome-scale profiling of histone H3.3 replacement patterns. *Nature Genetics* 37, 1090–1097

Morgan, Daniel K. & Whitelaw, Emma 2008: The case for transgenerational epigenetic inheritance in humans. *Mamm Genome* 19, 394–397

Morgan, Hugh D., Sutherland, Heidi, Martin, David I. K. & Whitelaw, Emma 1999: Epigenetic inheritance at the agouti locus in the mouse. *Nature Genetics* 23, 314–318

Morgan, Hugh D. et al. 2005: Epigenetics reprogramming in mammals. *Human Mol. Gen.* 14, R47-R58

Moss, Lenny 2003: What Genes Can't Do. MIT Press, Cambridge

Moss, Lenny 2006: Redundancy, Plasticity, and Detachment: The Implications of Comparative Genomics for Evolutionary Thinking. *Philosophy of Science* 73, 930–946

Naruse, Yoshihisa et al. 2004: Circadian and Light-induced Transcription of Clock Gene Per1 Depends on Histone Acetylation and Deacetylation. *Mol. Cell. Biol.* 24, 6278–6287

Nguyen, Di Kim & Disteche, Christine M. 2006: Dosage compensation of the active X chromosome in mammals. *Nature Genetics*, 47–53

Oates, N. A. et al. 2006: Increased DNA Methylation at the Axin1 Gene in a Monozygotic Twin from Pair Discordant for a Caudal Duplication Anomaly. *Am. J. Human Genetics* 79, 155–162

Oberlander, Tim F. et al. 2008: Prenatal exposure to maternal depression, neonatal methylation of human glucocorticoid receptor gene (NR3C1) and infant cortisol stress responses. *Epigenetics* 3, 97–106

Okano, Masaki, Bell, Daphne W. & Haber, Daniel A. 1999: DNA Methyltransferases Dnmt3a and Dnmt3b Are Essential for De Novo Methylation and Mammalian Development. *Cell* 99, 247–257

Ovcharenko, Ivan 2008: Widespread Ultraconservation Divergence in Primates. *Mol. Biol. Evol.* 25, 1668–1676

Pagliucci, Massimo 2007: Do we need an extended evolutionary synthesis? *Evolution* 61, 2743–2749

Parada, Luis A., McQueen, Philip G. & Misteli, Tom 2004: Tissue-specific spatial organisation of genomes. *Genome Biology* 5: R44

Pearson, Helen 2006: What is a Gene? *Nature* 441, 399–401

Pembrey, Marcus & ALSPAC Study Team 2004: The Avon Longitudinal Study of Parents and Children (ALSPAC): a resource for genetic epidemiology. *European J. Endocrinology* 151, 125–129

Pembrey, Marcus E. 2002: Time to take epigenetic inheritance seriously. *Europ. J. Human Gen.* 10, 669–671

Pembrey, Marcus E. et al. 2006: Sex-specific, male-line transgenerational responses in humans. *Europ. J. Human Gen.* 14, 159–166

Pennisi, Elisabeth 2007: DNA Study Forces Rethink of What it Means to be a Gene. *Science* 316, 1556–1557

Pennisi, Elisabeth 2008: Modernizing the Modern Synthesis. *Science* 321, 196–197

Petronis, Arturo et al. 2003: Monozygotic Twins exhibit Numerous Epigenetic Differences: Clues to Twin Discordance. *Schizophrenia Bulletin* 29, 169–178

Pfeffer, Sebastien et al. 2004: Identification of Virus-Encoded MicroRNAs. *Science* 304, 734–736

Phair, Robert D. et al. 2004: Global Nature of Dynamic Protein-Chromatin Interactions In Vivo: Three Dimensional Genome Scanning and Dynamic Interaction Networks of Chromatin Proteins. *Mol. Cell. Biol.* 24, 6393–6402

Post, Senja 2008: Klimakatastrophe oder Katastrophenklima? Die Berichterstattung über den Klimawandel aus Sicht der Klimaforscher. *medien skripten* 51, Verlag Reinhard Fischer, München

Probst, Aline, Dunleavy, Elaine & Almouzni, Genevieve 2009: Epigenetik inheritance during the cell cycle. *Nature Reviews Molecular Cell Biology* 10, 192–206

Quellet, Dominique L. et al. 2006: MicroRNAs in Gene Regulation: When the Smallest Governs It All. *J. Biomedicine Biotechnology* Vol. 2006, Article ID 69616, 1–20

Rabl, Carl 1885: Über Zelltheilung. *Morphologisches Jahrbuch* 10(2), 214–330

Rakyan, Vardhman K. et al. 2003: Transgenerational inheritance of epigenetic states at the murin *Axin^{Fu}* allele occurs after maternal and paternal transmission. *PNAS* 100(5), 2538–2543

Rakyan, Vardhman K., Preis, Jost, Morgan, Hugh & Whitelaw, Emma 2001: The marks, mechanisms and memory of epigenetic states in mammals. *Biochem. J.* 356, 1–10

Rapp, Ryan A. & Wendel, Jonathan F. 2005: Epigenetics and plant evolution. *New Phytologist* 168, 81–91

Richter, Karsten, Nessling, Michelle & Lichter, Peter 2007: Experimental evidence for the influence of molecular crowding on nuclear architecture. *J. Cell Science* 120, 1673–1680

Rippe, Karsten 2007: Dynamic organization of the cell nucleus. *Curr. Op. Gen. & Dev.* 17, 373–380

Ripperger, Jürgen A. & Schibler, Ueli 2006: Rhythmic CLOCK-BMAL1 binding to multiple E-box motifs driven circadian Dbp transcription and chromatin transitions. *Nature Genetics* 38, 369–374

Rollins, Robert A. et al. 2006: Large-scale structure of genomic methylation patterns. *Genome Res.* 16, 157–163

Ross, M. T. et al. 2005: The DNA sequenz of the human X chromosome. *Nature* 434, 325–337

Rutherford, Suzanne L. & Lindquist, Susan 1998: Hsp90 as a capacitor for morphological evolution. *Nature* 396, 336–342

Saha, Anjanabha, Wittmeyer, Jaccheline & Cairns, Bradley R. 2006: Chromatin remodelling: the industrial revolution of DNA around histones. *Nature Reviews Molecular Cell Biology* 7, 437–447

Sangster, Todd A. et al. 2007: Phenotypic Diversity and Altered Environmental Plasticity in Arabidopsis thaliana with Reduced Hsp90 Levels. *PLoS ONE* 7, e648

Sangster, Todd A. et al. 2008a: HSP90 affects the expression of genetic variation and developmental stability in quantitative traits. *PNAS* 105, 2963–2968

Sangster, Todd A. et al. 2008b: HSP90-buffered genetic variation is common in Arabidopsis thaliana. *PNAS* 105, 2969–2974

Sapp, Jan 2003: Genesis. The Evolution of Biology. Oxford University Press, Oxford, New York

Scherer, Stewart 2008: A Short Guide to the Human Genome. Cold Spring Harbor Laboratory Press, Cold Spring Harbor

Schneider, Robert & Grosschedl, Rudolf 2007: Dynamics and interplay of nuclear architecture, genome organization, and gene expression. *Genes & Development* 21, 3027–3043

Schübeler, Dirk 2007: Enhancing genome annotation with chromatin. *Nature Genetics* 39, 284–285

Schübeler, Dirk et al. 2000: Genomic Targeting of Methylated DNA: Influence of Methylation on Transcription, Replication, Chromatin Structure, and Histone Acetylation. *Mol. Cell. Biology* 20, 9103–9112

Shahbazian, Mona D. & Grunstein, Michael 2007: Functions of Side-Specific Histone Acetylation and Deacetylation. *Ann. Rev. Biochem.* 76, 75–100

Shilatifard, Ali 2006: Chromatin Modifications by Methylation and Ubiquitination: Implications in the Regulation of Gene Expression. *Ann. Rev. Biochem.* 75, 243–69

Smith, E. R. et al. 2005: A human protein complex homologous to the *Drosophila* MSE complex is responsible for the majority of histone H4 acetylation at lysin 16. *Mol. Cell. Biol.* 25, 9175–9188

Sollars, Vincent et al. 2003: Evidence for a epigenetic mechanism by which Hsp90 acts as a capacitor for morphological evolution. *Nature genetics* 33, 70–74

Stotz, Karola & Griffiths, Paul 2004: Genes: Philosophical analysis put to test. *Hist. Philos. Life Sci.* 26, 5–28

Strahl, Brian D. & Allis, C. David 2000: The language of covalent histone modifications. *Nature* 403, 41–45

Sung, Sibum & Amasino, Richard M. 2005: Remembering Winter: Towards a Molecular Understanding of Vernalization. *Ann. Rev. Plant Biol.* 56, 491–508

Szyf, Moshe 2008: The role of DNA hypermethylation and demethylation in cancer and cancer therapy. *Current Oncology* 15, 72–75

Szyf, Moshe, McGowan, Patrick & Meaney, Michael J. 2008: The Social Environment and the Epigenome. *Environ. Mol. Mutagenesis* 49, 46–60

The ENCODE Project Consortium 2007: Identification and analysis of functional elements in 1 % of the human genome by the ENCODE pilot project. *Nature* 447, 799–816

Theißen, Günter 2000: Evolutionary developmental genetics of floral symmetry: the revealing power of Linnaeus' monstrous flower. *BioEssays* 22, 209–213

van Driel, Roel, Fransz, Paul F. & Verschure, Pernette J. 2003: The eukaryotic genome: a system regulated at different hierarchical levels. *J. Cell Science* 116, 4067–4075

van Speybroeck, Linda, Van de Vijver, Gertrudis & De Waele, Dani (Hg.) 2002: From Epigenesis to Epigenetics. The Genome in Context. Annals of the New York Academy of Sciences 981. The New York Academy of Sciences, New York

Vastenhouw, Nadine L. et al. 2006: Long-term gene silencing by RNAi. *Nature* 442, 882

Vaughn, Matthew W. et al. 2007: Epigenetic Natural Variation in *Arabidopsis thaliana*. *PLoS Biology* 5, e174

Verma, Mukesh, Dunn, Barbara K. & Umar, Asad (Ed.) 2003: Epigenetics in Cancer Prevention. Early Detection and Risk Assessment. Annals of the New York Academy of Sciences 983. The New York Academy of Sciences, New York

Voss, Julia 2007: Darwins Bilder. Ansichten der Evolutionstheorie 1837–1874. Fischer Taschenbuchverlag, Frankfurt a. M.

Wachsmuth, Malte, Caudron-Herger, Maiwen & Rippe, Karsten 2008: Genome organization: Balancing stability and plasticity. *Biochimica et Biophysica Acta* 1783, 2061–2079

Waterland, Robert A. & Jirtle, Randy L. 2002: Maternal dietary methyl donor supplementation affects offspring phenotype by increasing cytosin methylation at the agouti locus in A^{vy} mice. *The FASEB J.* 16, A228

Waterland, Robert A. & Jirtle, Randy L. 2003: Transposable Elements: Targets for Early Nutritional Effects on Epigenetic Gene Regulation. *Mollecular and Cellular Biology* 23, 5293–5300

Waterland, Robert A. & Jirtle, Randy L. 2004: Early Nutrition, Epigenetic Changes at Transposons and Imprinted Genes, and Enhanced Susceptibility to Adult Chronic Disease. *Nutrition* 20, 63–68

Waterland, Robert A., Travisano, Michael & Tahiliani, Kajal G. 2007: Diet-induced hypermethylation at *agouti viable yellow* is not inherited transgenerationally through the female. *The FASEB Journal* 21, 3380–3385

Waterland, Robert A. et al. 2006: Maternal methyl supplements increase offspring DNA methylation at Axin fused. *Genesis* 44, 401–406

Weaver, Ian C. G. et al. 2004: Epigenetic programming by maternal behavior. *Nature Neuroscience* 7, 847–854

Weaver, Ian C. G. et al. 2005: Reversal of Maternal Programming of Stress Responses in Adult Offspring through Methyl Supplementation: Altering Epigenetic Marking Later in Life. *J. Neurosci.* 25, 11045–11054

Weaver, Ian C. G., Meaney, Michael, J. & Szyf, Moshe 2006: Maternal care effects on the hippocampal transcriptome and anxiety-mediated behaviors in the offspring that are reversible in adulthood. *PNAS* 103, 3480–3485

West-Eberhard, Mary Jane 2003: Developmental Plasticity and Evolution. Oxford University Press, Oxford, New York

West-Eberhard, Mary Jane 2005: Phenotypic Accommodation: Adaptive Innovation Due to Developmental Plasticity. *J. Exp. Zool. (Mol Dev Ecol)* 304B, 610–618

Whitelaw, Emma & Martin, David I. K. 2001: Retrotransposons as epigenetic mediators of phenotypic variation in mammals. *Nature Genetics* 27, 361–365

Whitelaw, Nadia C. & Whitelaw, Emma 2006: How lifetimes shape epi-genotype within and across generations. *Human Molecular Genetics* 15, Review Issue 2, doi:10.1093/hmg/ddl200

Wolff, George L., Kodell, Ralph, Moore, Stephen & Cooney, Craig 1998: Maternal epigenetics and methyl supplements effect agouti gene expression in A^{vy}/a mice. *The FASEB Journal* 12, 949–957

Wong, Albert H. C., Gottesman, Irving I. & Petronis, Arturas 2005: Phenotypic differences in genetically identical organisms: the epigenetic perspective. *Human Molecular Genetics* 14, R11-R18

Xiao, Han et al. 2008: A Retrotransposon-Mediated Gene Duplication Underlies Morphological Variation of Tomato Fruit. *Science* 319, 1527–1530

Xu, Guo-Liang et al. 1999: Chromosome instability and immunodeficiency syndrome caused by mutations in a DNA methyltransferase gene. *Nature* 402, 187–191

Yoo, Christine B. & Jones, Peter A. 2006: Epigenetic therapy of cancer: past, present and future. *Nature Reviews Drug Discovery* 5, 37–50

Zilberman, Daniel & Henikoff, Steven 2007: Genome-wide analysis of DNA methylation patterns. *Development* 134, 3959–3965

Zimmer, Carl 2008: Now: The Rest of the Genome, *New York Times* 11.11.2008

Glossar

Allel – Eine von mehreren Zustandsformen eines Gens. In Körperzellen mit doppeltem (diploidem) Chromosomensatz ist jedes
Gen in einem mütterlichen und einem väterlichen Allel vorhanden.

Blastozyste – In der frühen Embryonalentwicklung der Säugetiere
entstehender Hohlkeim, der in seinem Inneren den Embryoblast
enthält, eine Zellmasse, aus der der eigentliche Embryo hervorgeht; enthält embryonale Stammzellen.

Chaperone – Proteine, die anderen Proteinen helfen, ihre korrekte
dreidimensionale Form (Konfiguration) anzunehmen, z. B. das
Hitzeschockprotein Hsp90.

Chromatin – Substanz, aus der die Chromosomen aufgebaut sind;
besteht zu etwa gleichen Teilen aus DNA und Proteinen, insb.
Histonen.

CpG-Inseln – Abschnitte der DNA, in denen Cytosin-Guanin-
Sequenzen (CpG-Dinukleotide) in überdurchschnittlicher Häufung zu finden sind, oft in Verbindung mit Genpromotoren,
normalerweise nicht methyliert.

Deletion – Verlust von DNA-Abschnitten, von kurzen Sequenzen
bis hin zu ganzen Chromosomen.

DICER – Enzymkomplex, der aus doppelsträngiger RNA kurze
siRNAs herausschneidet, s. RNAi.

Enhancer – Regulatorische Sequenzen der DNA, an die Proteine
binden, um die Transkription von Genen zu verstärken; können
weit entfernt vom Gen-Ort liegen.

Epiallel – Eine von mehreren epigenetischen Zustandsformen
eines Gens.

Epigenom – Gesamtheit aller epigenetischen Markierungen eines
Genoms.

Epigenotyp – Die spezifische epigenetische Ausstattung (Epiallelkombination) eines Individuums.

Epimutation – Spontane oder durch Umwelteinflüsse induzierte reversible Veränderung der epigenetischen Markierungsmuster; kann unter Umständen vererbt werden.

Exon – Codierende Abschnitte eines Proteingens; werden durch nichtcodierende Introns unterbrochen.

Genotyp – Die spezifische genetische Ausstattung (Allelkombination) eines Individuums.

Histon – Relativ kleine Proteine, die die Untereinheiten eines Nukleosoms bilden. Das eine Ende ihrer Aminosäureketten ragt als Histonschwanz heraus und kann zahlreiche Modifikationen erfahren.

Imprinting – Genomische Prägung; die mütterliche oder väterliche Herkunft eines Gens entscheidet über Genexpression; wird zumeist durch DNA-Methylierung über die Keimzellen weitergegeben.

Intron – Nichtcodierende Sequenzen eines Proteingens, die zwischen die codierenden Exons gestreut sind. Werden mit transkribiert und später aus der RNA durch Spleißen herausgeschnitten.

Keimzellen – Eizellen und Spermien

Nukleosom – Komplex aus acht Histonmolekülen (je zwei H2A, H2B, H3 und H4), um den im Chromatin gut anderthalb Windungen der DNA gewickelt sind; »Verpackungseinheit« der DNA.

Maternale Effekte – Nicht genetische Einflüsse der Mütter auf ihre Nachkommen.

Meiose – Reife- oder Reduktionsteilung, eigentlich zwei aufeinanderfolgende Teilungen mit nur einmaliger Verdopplung der DNA, dadurch Reduktion auf den einfachen (haploiden) Chromosomensatz. Findet nur bei der Produktion von Eizellen und Spermien statt.

Methylierung – Anhaftung einer Methylgruppe an die DNA (an die Base Cytosin) oder an Proteine, z. B. die Histonschwänze der Nukleosomen.

Methyltransferasen – Enzyme, die Methylgruppen an größere Moleküle binden, z. B. an die DNA oder die Histonschwänze der Nukleosomen.

MicroRNA – Kurze, in speziellen RNA-Genen im Genom codierte RNA, die mit dem RISC-Komplex an komplementäre mRNA bindet und deren Translation reguliert.

Mitose – Einfache Zellteilung

mRNA – *Messenger*- oder Boten-RNA, Produkt der Transkription und des nachfolgenden Spleißens; verlässt den Zellkern und transportiert die Information der DNA zu den Ribosomen, den Orten der Proteinbiosynthese.

Mutation – Vererbbare Veränderung der DNA-Sequenz; entsteht durch Kopierfehler bei der Replikation oder durch Mutagene, z. B. Strahlung oder Chemikalien.

Phänotyp – Erscheinungsbild und Verhalten eines Organismus, Summe aller Merkmale und Eigenschaften.

Promotor – Regulatorische Sequenz eines Gens, an die das Enzym RNA-Polymerase bindet, um die Transkription einzuleiten.

Protein – Makromoleküle, die aus spezifisch zusammengesetzten und gefalteten Aminosäurenketten bestehen.

Replikation – Verdopplung der DNA einer Zelle, erfolgt während der Synthese-Phase des Zellzyklus in Vorbereitung auf eine Zellteilung.

Retrovirus – Virus, das RNA enthält (wie z. B. HIV), die im Falle einer Infektion erst durch das Enzym *Reverse*-Transkriptase in DNA übersetzt werden muss. Diese wird anschließend ins Wirtsgenom integriert, Ursprung vieler Retrotransposons.

RISC – Enzymkomplex, der durch kurze siRNAs zu komplementärer mRNA geleitet wird, um diese zu zerstören.

RNA-Interferenz (RNAi) – Zerstörung komplementärer mRNA

durch den RISC-Komplex, ein Prozess, der durch doppelsträngige RNAs ausgelöst und durch kurze doppelsträngige RNAs,
siRNAs, geleitet wird. Zielt vor allem auf Viren und Transposons.

Sequenzierung – Hier: Ermittlung der Basenfolge der DNA oder
RNA. Früher ein mühsames Geschäft, heute durch Roboter
weitgehend automatisiert.

siRNA – *Small interfering RNA,* kurze Sequenzen (21–25 Basenpaare) doppelsträngiger RNA; Produkt des DICER-Enzymkom-
plexes; leiten RISC, um komplementäre mRNA zu zerstören.
RNA-Interferenz.

Spleißen (splicing) – Entfernen der nichtcodierenden Introns
aus einem RNA-Transkript und die Verkopplung der codierenden Exons zu einer mRNA, die als Proteinvorlage dient. Durch
alternatives Spleißen können aus einem Transkript mehrere
unterschiedliche mRNAs bzw. Proteine entstehen.

Transkription – Übertragung der Sequenz eines DNA-Strangs
in eine komplementäre RNA.

Transkript – Die RNA-Kopie eines Abschnitts der DNA; das Produkt der Transkription.

Translation – Übersetzung der mRNA in die Aminosäurekette
eines Proteins, findet an den Ribosomen statt.

Transposon – Bewegliches genetisches Element, »springendes
Gen«.

Zellzyklus – Umfasst die hier als Arbeitskern bezeichnete Interphase und die anschließende Zellteilung.

Register

Abbildungsnachweis

S. 26, Carolus Linnaeus, Ausschnitt eines Porträts von Hendrik Hollander 1853 (© gemeinfrei auf Wikimedia commons), S. 30, Goethes Peloria (nach Gustafsson 1979), S. 107, Dosiskompensation (nach Migeon 2007), S. 116, Copycat (© picture-alliance/dpa – Fotoreport), S. 126, Nukleosom (© Luger Lab/Karolin Luger), S. 153, Chromosomenterritorien (© Bolzer et al. 2005), S. 164, Intermingling (© Branco und Pombo 2006), S. 172, Epigenetische Ebenen (Reprinted by permission from Macmillan Publishers Ltd: Nature Reviews Molecular Cell Biology 10 (Probst et al.), © 2009), S. 228, Daphnia lumholtzi (© Department of Ecology and Evolutionary Biology/Anurag Agrawal)